# 天津市主要农作物新品种动态
（2023）

王连芬　李纪周　赖立松　主编

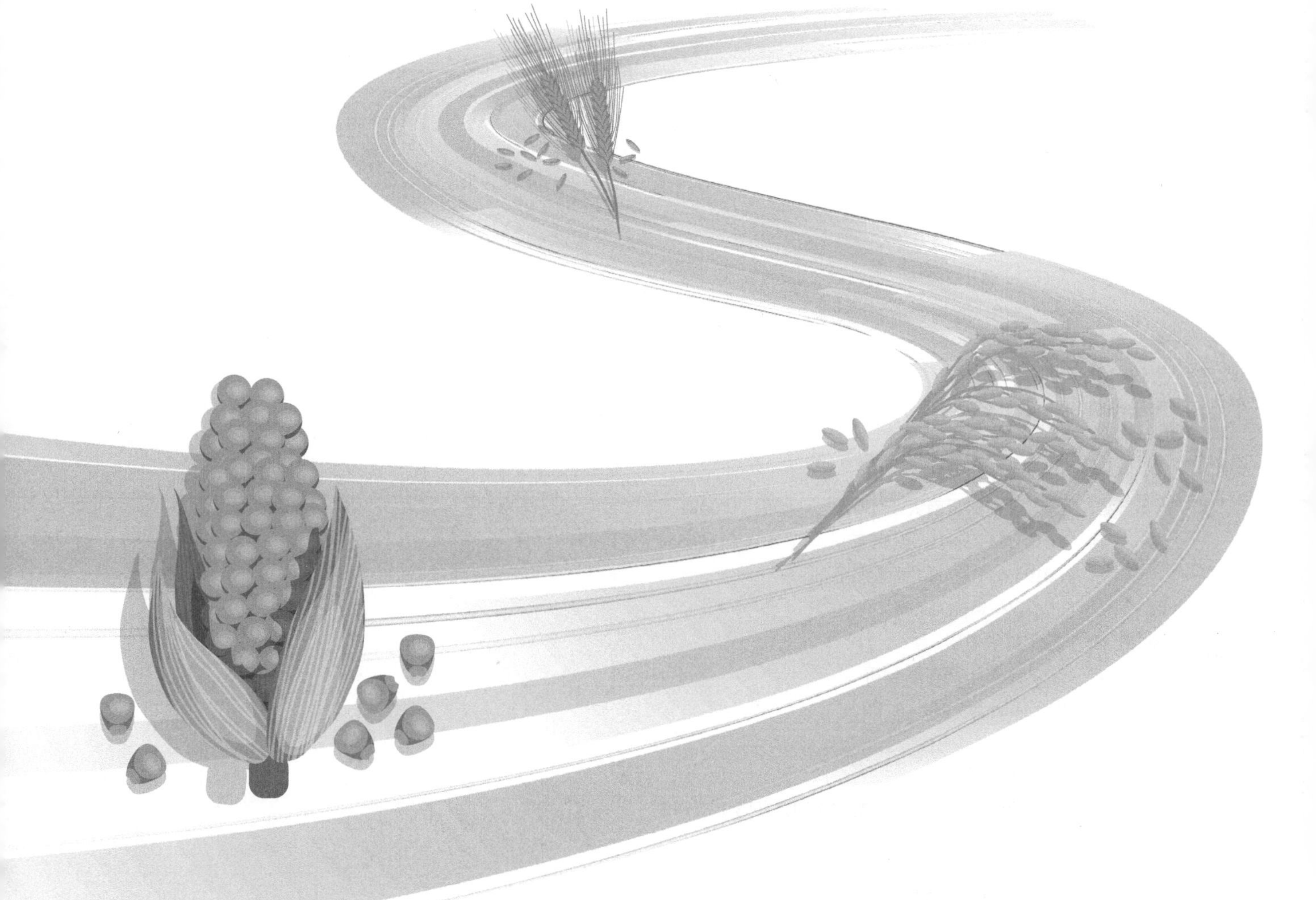

中国农业科学技术出版社

图书在版编目(CIP)数据

天津市主要农作物新品种动态 . 2023 / 王连芬，李纪周，赖立松主编 . --北京：中国农业科学技术出版社，2024.12. --ISBN 978-7-5116-7244-5

Ⅰ. S329.221

中国国家版本馆 CIP 数据核字第 20242AA488 号

| | |
|---|---|
| **责任编辑** | 施睿佳 |
| **责任校对** | 王　彦 |
| **责任印制** | 姜义伟　王思文 |

| | |
|---|---|
| **出 版 者** | 中国农业科学技术出版社 |
| | 北京市中关村南大街 12 号　　邮编：100081 |
| **电　　话** | （010）82106631（编辑室）　　（010）82106624（发行部） |
| | （010）82109709（读者服务部） |
| **网　　址** | https://castp.caas.cn |
| **经 销 者** | 各地新华书店 |
| **印 刷 者** | 北京建宏印刷有限公司 |
| **开　　本** | 210 mm×285 mm　1/16 |
| **印　　张** | 12.25 |
| **字　　数** | 435 千字 |
| **版　　次** | 2024 年 12 月第 1 版　2024 年 12 月第 1 次印刷 |
| **定　　价** | 50.00 元 |

◀━━ 版权所有·翻印必究 ━━▶

# 《天津市主要农作物新品种动态（2023）》编委会

**主　　编：** 王连芬　李纪周　赖立松

**副 主 编：** 徐建坡　梁　晨　于澎湃　李　争　尹超群

**编写人员：** （按照姓氏笔画排列）

丁建文　于福安　于澎湃　王　丽　王连芬
王志强　王妍卿　王建贺　尹超群　申天兵
田　海　付　兴　付艳中　付婷婷　冯学良
刘文政　刘玉华　刘学中　刘春芳　吕桂山
朱　崴　林建华　苏京平　李　争　李　岩
李　胜　李　茜　李亚东　李纪周　李宏伟
杨永安　杨红军　杨宇涵　杨晓斌　吴建金
邹美智　张　瑞　张云月　张华颖　张艳红
陈　勇　郑久明　林建华　柳　凡　袁文娅
赵长海　胥林华　郭小丽　顾红艳　徐建坡
梁　丹　梁　晨　崔如清　赖立松　楼辰军
魏立军

# 前　言

在天津市农业农村委员会、天津市农业发展服务中心领导的大力支持下，在各承试单位的共同努力下，2023 年天津市继续开展主要农作物品种试验工作，为天津市农业生产筛选了一批优良新品种，搭建了优质"看禾选种"平台。2023 年，天津市共有 23 个品种通过审定，其中小麦 7 个、水稻 2 个、玉米 12 个、大豆 2 个。

现将各作物品种试验总结汇编成册，以便备案、查询，供各生产、经营、科研等单位参考。在此，对长期辛勤工作在品种试验第一线的广大科技工作者和支持这项工作的各级领导、专家表示衷心的感谢。

本书力求客观、公正、详尽，但由于汇总资料时间仓促，欠妥之处在所难免，恭请读者批评指正。

编委会
2024 年 11 月

# 目　　录

第一章　2022—2023年度天津市冬小麦区域试验总结 …………………………………………… 1

第二章　2022—2023年度天津市冬小麦生产试验总结 …………………………………………… 29

第三章　2022—2023年度天津市冬小麦区试品种抗寒性鉴定试验总结 ………………………… 36

第四章　2023年天津市春小麦区域试验总结 ……………………………………………………… 40

第五章　2023年天津市春稻品种区域试验总结 …………………………………………………… 49

第六章　2023年天津市春稻品种生产试验总结 …………………………………………………… 64

第七章　2023年天津市麦茬稻品种区域试验总结 ………………………………………………… 66

第八章　2023年天津市特用稻品种试验总结 ……………………………………………………… 75

第九章　2023年天津市优质稻品种区域试验总结 ………………………………………………… 82

第十章　2023年天津市普通玉米品种区域试验总结 ……………………………………………… 93

第十一章　2023年天津市普通玉米品种生产试验总结 …………………………………………… 119

第十二章　2023年天津市鲜食玉米品种区域试验总结 …………………………………………… 127

附录1　天津市农业农村委员会公告（小麦）……………………………………………………… 165

附录2　天津市农业农村委员会公告（稻、玉米、大豆）………………………………………… 171

附录3　天津市农作物品种审定委员会文件（津品审〔2023〕1号）…………………………… 180

附录4　2023年撤销审定公告 ……………………………………………………………………… 184

# 第一章 2022—2023年度天津市冬小麦区域试验总结

## 一、试验目的

为了客观、公正、科学地评价新育成小麦品种在天津市的丰产性、适应性、抗逆性、品质及其利用价值，为天津市小麦新品种审定提供依据。

## 二、参试品种及承试单位

### 1. 参试品种

各参试品种和育种（供种）单位见表1-1。

表1-1 2022—2023年度天津市冬小麦区域试验参试品种

| 序号 | 参试年次 | 品种名称 | 育种（供种）单位 |
|---|---|---|---|
| 1 | 1 | 津农21 | 天津市农业科学院 |
| 2 | 1 | 杰麦101 | 天津国杰农业科技有限公司 |
| 3 | 1 | 津农22 | 天津市农业科学院 |
| 4 | 1 | 津麦299 | 天津蓟县康恩伟泰种子有限公司 |
| 5 | 1 | 良星87 | 山东良星种业有限公司（育种单位）、天津中天大地科技有限公司（申请单位） |
| 6 | 1 | 马兰一号 | 河北大地种业有限公司（育种单位）、天津玖河农业科技发展有限公司（申请单位） |
| 7 | 1 | 良星28 | 山东良星种业有限公司（育种单位）、天津中天大地科技有限公司（供种单位） |
| 8 | 1 | 京优369 | 北京市农林科学院杂交小麦研究所 |
| 9 | 1 | 鲁研745 | 山东鲁研农业良种有限公司 |
| 10 | 1 | 乐土T90 | 河北乐土种业有限公司 |
| 11 | 1 | 连增293 | 山东连增种业有限公司 |
| 12 | 2 | 中麦108（11RH73） | 中国农业科学院作物科学研究所 |
| 13 | 2 | 鑫瑞麦77 | 济南鑫瑞种业科技有限公司 |
| 14 | 2 | 小偃155 | 中国科学院遗传与发育生物学研究所 |
| 15 | 2 | 润麦2008 | 河北润硕种子科技有限公司 |
| 16 | 2 | 鲁原158 | 山东鲁研农业良种有限公司（申请单位、育种单位）、山东省农业科学院原子能农业应用研究所（育种单位） |
| 17 | 2 | 农大105 | 中国农业大学农学院 |
| 18 | 2 | 乐土18 | 河北乐土种业有限公司 |
| 19 | 2 | 兰德麦856（兰德50856） | 河北兰德泽农种业有限公司 |
| 20 | 2 | 津麦5038 | 河北曲育农业科技有限公司、天津蓟县康恩伟泰种子有限公司 |
| 21 | 2 | 济麦5172 | 天津市农业科学院农作物研究所（申请单位）、山东省农业科学院作物研究所（申请单位、育种单位） |
| 22 | 2 | JM038 | 山东省农业科学院作物研究所 |
| 23 | 2 | 盈亿166 | 深州市种业有限公司 |
| 24 | 2 | 农大8156 | 中国农业大学、天津农学院 |

(续表)

| 序号 | 参试年次 | 品种名称 | 育种（供种）单位 |
|---|---|---|---|
| 25 | 2 | 乐土 702 | 河北乐土种业有限公司 |
| 26 | 2 | 津农 19 | 天津市农业科学院农作物研究所 |
| 27 | 2 | 成麦 17 | 天津市占山农业科技发展有限公司 |
| 28 | 3 | 中麦 806 | 中国农业科学院作物科学研究所 |
| 29 | 3 | 中麦 578 | 中国农业科学院作物科学研究所、中国农业科学院棉花研究所 |
| 30 | 3 | 鲁研 951 | 山东省农业科学院原子能农业应用研究所（申请单位、育种单位）、山东鲁研农业良种有限公司（育种单位） |
| 31 | 2 | 农大 8156 | 中国农业大学、天津农学院 |
| 32 | 1 | 津农 6 号（CK） | 天津市农业科学院农作物研究所 |
| 33 | 2 | 济麦 22（CK） | 山东省农业科学院作物研究所 |

**2. 承试单位**

天津市宝坻区农业发展服务中心（宝坻）、天津蓟县康恩伟泰种子有限公司（蓟州）、天津保农仓农业科技有限公司（保农仓）、天津市优质农产品开发示范中心（优农）。

### 三、试验管理

试验管理概况见表 1-2。

**表 1-2　2022—2023 年度天津市冬小麦区域试验田间管理概况**

| 项目 | 宝坻 | 蓟州 | 保农仓 | 优农 |
|---|---|---|---|---|
| 前茬作物 | 玉米 | 玉米 | 玉米 | 玉米 |
| 土质 | 壤土 | 黏土 | 重壤土 | 盐碱黏重 |
| 底肥 | 2022 年 9 月 27 日，每亩撒施 50 千克掺混肥（N∶P∶K＝18∶20∶5） | 2022 年 9 月 26 日底施 45% 硫酸钾型复合肥（N∶P∶K＝14∶16∶15）65 千克/亩* | 2022 年 10 月 12 日亩底施有机肥 1.5 吨、小麦配方肥 40 千克（N∶P∶K＝19∶22∶10）、磷酸二铵 20 千克 | 2022 年 9 月 14 日机械撒施复合肥 40 千克/亩＋磷酸二铵 20 千克/亩 |
| 追肥 | 2023 年 3 月 28 日追施尿素 30 千克/亩 | 2023 年 4 月 12 日浇水，每亩撒施尿素 20 千克；5 月 29 日喷施有机水溶肥，促进籽粒灌浆，增粒重 | 2023 年 4 月 6 日随返青水追施尿素 20 千克/亩 | 2023 年 3 月 18 日撒施 46% 尿素 20 千克/亩 |
| 水（旱）地 | 水浇地 | 水浇地 | 水浇地 | 旱地 |
| 浇水 | 2022 年 11 月 25 日；2023 年 3 月 28 日浇返青水，4 月 29 日、5 月 25 日浇水 | 2022 年 10 月 13 日、11 月 26 日；2023 年 3 月 27 日、4 月 14 日和 5 月 18 日，共浇水 5 次，方法为漫灌 | 2022 年 11 月 24 日浇冻水，2023 年 4 月 6 日浇返青水，方法为漫灌 | 2022 年 12 月 9 日；2023 年 3 月 18 日、4 月 29 日大水漫灌 |
| 中耕除草 | 2023 年 4 月 16 日用苯磺隆、2 甲 4 氯钠兑水化学除草 1 次 | 2023 年 4 月 21 日，人工喷施双唑草酮＋2 甲·双氟进行化学除草；5 月 30 日人工拔除田间杂草 | 2023 年 4 月 12 日使用 20% 双氟·氟氯酯水分散颗粒剂 5 克/亩化学除草 1 次 | 无 |

---

\* 1 亩 ≈ 667 平方米，15 亩＝1 公顷，全书同。

(续表)

| 项目 | 宝坻 | 蓟州 | 保农仓 | 优农 |
|---|---|---|---|---|
| 植保 | 2023年5月16日用高效氯氟氰菊酯+吡虫啉叶面喷雾除治蚜虫 | 2023年4月21日，人工喷施高效氯氟氰菊酯除虫；5月2日用无人机喷施噻虫高氯氟+磷酸二氢钾，防治蚜虫、吸浆虫 | 2023年4月30日和5月18日分别用无人机喷施呋虫胺、三唑酮除治蚜虫、吸浆虫 | 2023年5月13日无人机喷施高效氟氯氰菊酯、啶虫脒防治蚜虫 |
| 其他 | 2022年9月29日播种，2023年6月21日收获 | 2022年10月6日播种，2023年6月23日收获 | 2022年10月13日播种，2023年6月20日收获 | 2022年10月12日播种，2023年6月14日收获 |

### 四、气象条件

经对气象资料分析，2022—2023年度各试验点冬小麦生育期间，主要表现为以下几个特点。

（1）苗期。2022年秋季，气温偏高，墒情适宜，各试点适时适墒播种出苗，形成冬前壮苗。

（2）越冬期。入冬后气象条件不佳，2022年12月15—17日、2023年1月11—15日、2023年1月22—25日先后出现3次强降温过程，2022年12月极端低温为-15～-10.5℃；2023年1月极端低温-19～-14.8℃。气温骤降，麦苗几乎未经抗寒锻炼进入越冬期，造成叶片枯黄，抗冻害能力偏弱；雨雪稀少，麦田基本无积雪覆盖，旱情加重。

（3）返青期。返青期略晚于常年，返青后苗情接近常年，部分地块苗情较弱，有死苗现象。返青期有效降水偏少，光照较为充足。

（4）抽穗灌浆期。天气晴朗，气温偏高，降水偏少，利于灌浆收获。

### 五、试验结果

（1）2022—2023年度对照品种为津农6号、济麦22，26个参试品种，产量汇总表见附表1-1至附表1-6。根据参试品种在区试中的综合表现，推荐津麦299、连增293、津麦5038、盈亿166、成麦17继续参试，其他品种停止试验。

（2）以产量性状为依据，对参试品种进行方差分析和品种评价。表1-3（A组）和表1-4（B组）为参试品种产量的方差分析，表1-5（A组）和表1-6（B组）为参试品种的多点（随机区组）方差分析。

**表1-3　2022—2023年度天津市冬小麦区域试验产量方差分析（试点效应固定）（A组）**
单年多点（随机区组）方差分析

性状：产量
年份：2022—2023年度
试点：宝坻、蓟州、保农仓、优农
品种：济麦22（CK）、杰麦101、津麦299、津农21、津农22、津农6号、乐土T90、连增293、良星28、良星87、鲁研745、马兰一号、鑫瑞麦77、中麦108
重复：3次

| 变异来源 | 自由度 | 平方和 | 均方 | $F$值 | 概率（小于0.05显著） |
|---|---|---|---|---|---|
| 试点内区组 | 8 | 1.298 57 | 0.162 32 | 1.313 01 | 0.245 |
| 品种 | 13 | 134.421 32 | 10.340 10 | 83.640 79 | 0.000 |
| 试点 | 3 | 259.397 32 | 86.465 77 | 699.419 26 | 0.000 |
| 品种×试点 | 39 | 150.770 01 | 3.865 90 | 31.271 14 | 0.000 |
| 误差 | 104 | 12.857 01 | 0.123 63 | | |
| 总变异 | 167 | 558.744 23 | | | |

注：本试验的误差变异系数CV（%）=3.199。

### 表1-4 2022—2023年度天津市冬小麦区域试验产量方差分析（试点效应固定）（B组）

单年多点（随机区组）方差分析

性状：产量

年份：2022—2023年度

试点：宝坻、蓟州、保农仓、优农

品种：JM038、成麦17、济麦22（CK）、济麦5172、津麦5038、津农19、津农6号（CK）、兰德麦856、乐土18、乐土702、鲁原158、农大105、农大8156、润麦2008、盈亿166

重复：3次

| 变异来源 | 自由度 | 平方和 | 均方 | $F$值 | 概率（小于0.05显著） |
|---|---|---|---|---|---|
| 试点内区组 | 8 | 1.561 98 | 0.195 25 | 0.614 07 | 0.764 |
| 品种 | 14 | 905.467 71 | 64.676 26 | 203.413 43 | 0.000 |
| 试点 | 3 | 520.825 00 | 173.608 33 | 546.015 87 | 0.000 |
| 品种×试点 | 42 | 341.720 19 | 8.136 19 | 25.589 16 | 0.000 |
| 误差 | 112 | 35.610 93 | 0.317 95 | | |
| 总变异 | 179 | 1 805.185 81 | | | |

注：本试验的误差变异系数CV（%）=5.460。

### 表1-5 2022—2023年度天津市冬小麦区域试验多点（随机区组）方差分析（A组）

多重比较结果（LSD法）

| 品种名称 | 品种均值 | 0.05显著性 | 0.01显著性 |
|---|---|---|---|
| 津麦299 | 12.521 08 | a | A |
| 连增293 | 11.763 75 | b | B |
| 中麦108 | 11.703 00 | bc | BC |
| 济麦22（CK） | 11.471 67 | cd | BCD |
| 津农22 | 11.420 25 | cd | BCD |
| 津农21 | 11.372 58 | d | CD |
| 良星87 | 11.333 00 | d | CD |
| 津农6号 | 11.325 00 | d | D |
| 乐土T90 | 11.261 92 | d | D |
| 鑫瑞麦77 | 10.460 42 | e | E |
| 马兰一号 | 10.337 17 | ef | E |
| 杰麦101 | 10.100 08 | fg | EF |
| 鲁研745 | 9.872 08 | g | F |
| 良星28 | 8.956 50 | h | G |

注：$LSD_{0.05}=0.285\ 6$；$LSD_{0.01}=0.377\ 5$。

### 表1-6 2022—2023年度天津市冬小麦区域试验多点（随机区组）方差分析（B组）

多重比较结果（LSD法）

| 品种名称 | 品种均值 | 0.05显著性 | 0.01显著性 |
|---|---|---|---|
| 津麦5038 | 12.768 00 | a | A |
| 兰德麦856 | 12.739 50 | a | A |
| 乐土18 | 12.705 67 | a | A |
| 农大8156 | 12.535 42 | a | A |

(续表)

| 品种名称 | 品种均值 | 0.05 显著性 | 0.01 显著性 |
|---|---|---|---|
| 盈亿 166 | 12.419 33 | a | AB |
| 成麦 17 | 11.916 50 | b | BC |
| 济麦 22（CK） | 11.395 25 | c | CD |
| 津农 6 号（CK） | 11.241 33 | c | DE |
| 农大 105 | 10.650 08 | d | E |
| 济麦 5172 | 9.486 17 | e | F |
| 鲁原 158 | 8.181 83 | f | G |
| 津农 19 | 7.598 67 | g | GH |
| JM038 | 7.309 75 | gh | HI |
| 乐土 702 | 7.013 42 | h | HI |
| 润麦 2008 | 6.962 75 | h | I |

注：$LSD_{0.05} = 0.458\ 1$；$LSD_{0.01} = 0.605\ 4$。

（3）品种稳定性和适应度分析。

品种稳定性分析：Shukla 变异系数数值越大，品种越不稳定。各品种稳定性（Shukla 方差）分析见表 1-7（A 组）和表 1-8（B 组），各品种 Shukla 方差及其显著性检验（F 测验）见表 1-9（A 组）和表 1-10（B 组），各品种 Shukla 方差的多重比较（F 测验）见表 1-11（A 组）和表 1-12（B 组）。

**表 1-7　2022—2023 年度天津市冬小麦区域试验各品种小区产量方差分析（A 组）**
品种稳定性（Shukla 方差）分析法

性状：产量
年份：2022—2023 年度
试点：宝坻、蓟州、保农仓、优农
品种：济麦 22（CK）、杰麦 101、津麦 299、津农 21、津农 22、津农 6 号、乐土 T90、连增 293、良星 28、良星 87、鲁研 745、马兰一号、鑫瑞麦 77、中麦 108
重复：3 次

| 变异来源 | 自由度 | 平方和 | 均方 | F 值 | 概率（小于 0.05 显著） |
|---|---|---|---|---|---|
| 区组 | 8 | 1.298 36 | 0.162 30 | 1.312 71 | 0.245 |
| 环境 | 3 | 259.397 22 | 86.465 74 | 699.371 22 | 0.000 |
| 品种 | 13 | 134.421 22 | 10.340 09 | 83.635 03 | 0.000 |
| 互作 | 39 | 150.769 45 | 3.865 88 | 31.268 89 | 0.000 |
| 误差 | 104 | 12.857 89 | 0.123 63 | | |
| 总变异 | 167 | 558.744 14 | | | |

**表 1-8　2022—2023 年度天津市冬小麦区域试验各品种小区产量方差分析（B 组）**
品种稳定性（Shukla 方差）分析法

性状：产量
年份：2022—2023 年度
试点：宝坻、蓟州、保农仓、优农
品种：JM038、成麦 17、济麦 22（CK）、济麦 5172、津麦 5038、津农 19、津农 6 号（CK）、兰德麦 856、乐土 18、乐土 702、鲁原 158、农大 105、农大 8156、润麦 2008、盈亿 166
重复：3 次

| 变异来源 | 自由度 | 平方和 | 均方 | F 值 | 概率（小于 0.05 显著） |
|---|---|---|---|---|---|
| 区组 | 8 | 1.562 50 | 0.195 31 | 0.614 32 | 0.764 |
| 环境 | 3 | 520.824 77 | 173.608 26 | 546.049 32 | 0.000 |

（续表）

| 变异来源 | 自由度 | 平方和 | 均方 | F 值 | 概率（小于 0.05 显著） |
|---|---|---|---|---|---|
| 品种 | 14 | 905.466 13 | 64.676 16 | 203.425 63 | 0.000 |
| 互作 | 42 | 341.723 42 | 8.136 27 | 25.590 98 | 0.000 |
| 误差 | 112 | 35.608 73 | 0.317 94 | | |
| 总变异 | 179 | 1 805.185 55 | | | |

**表 1-9  2022—2023 年度天津市冬小麦区域试验各品种 Shukla 方差及其显著性检验（$F$ 测验）（A 组）**

| 品种名称 | DF | Shukla 方差 | F 值 | 概率 | 互作方差 | 品种均值 | Shukla 变异系数（%） |
|---|---|---|---|---|---|---|---|
| 济麦 22（CK） | 3 | 1.120 45 | 27.188 1 | 0.000 | 1.079 2 | 11.471 7 | 9.227 2 |
| 杰麦 101 | 3 | 0.746 93 | 18.124 4 | 0.000 | 0.705 7 | 10.100 1 | 8.556 9 |
| 津麦 299 | 3 | 0.139 98 | 3.396 7 | 0.021 | 0.098 8 | 12.521 1 | 2.988 1 |
| 津农 21 | 3 | 0.988 89 | 23.995 6 | 0.000 | 0.947 7 | 11.372 6 | 8.744 1 |
| 津农 22 | 3 | 0.802 38 | 19.469 9 | 0.000 | 0.761 2 | 11.420 2 | 7.843 6 |
| 津农 6 号 | 3 | 0.668 62 | 16.224 1 | 0.000 | 0.627 4 | 11.325 0 | 7.220 2 |
| 乐土 T90 | 3 | 1.017 82 | 24.697 7 | 0.000 | 0.976 6 | 11.261 9 | 8.958 3 |
| 连增 293 | 3 | 0.000 00 | 0.000 0 | 1.000 | 0.000 0 | 11.763 8 | 0.000 3 |
| 良星 28 | 3 | 5.353 22 | 129.897 3 | 0.000 | 5.312 0 | 8.956 5 | 25.832 7 |
| 良星 87 | 3 | 0.000 00 | 0.000 0 | 1.000 | 0.000 0 | 11.333 3 | 0.000 3 |
| 鲁研 745 | 3 | 5.262 21 | 127.688 9 | 0.000 | 5.221 0 | 9.872 1 | 23.236 7 |
| 马兰一号 | 3 | 0.189 25 | 4.592 3 | 0.005 | 0.148 0 | 10.337 2 | 4.208 4 |
| 鑫瑞麦 77 | 3 | 0.773 55 | 18.770 5 | 0.000 | 0.732 3 | 10.460 4 | 8.408 0 |
| 中麦 108 | 3 | 1.103 08 | 26.766 5 | 0.000 | 1.061 9 | 11.703 0 | 8.974 4 |

注：DF 误差 = 104；Shukla 方差误差 = 0.041 21。
各品种 Shukla 方差同质性检验（Bartlett 测验）Prob. = 0.000 00 极显著，不同质，各品种稳定性差异极显著。

**表 1-10  2022—2023 年度天津市冬小麦区域试验各品种 Shukla 方差及其显著性检验（$F$ 测验）（B 组）**

| 品种名称 | DF | Shukla 方差 | F 值 | 概率 | 互作方差 | 品种均值 | Shukla 变异系数（%） |
|---|---|---|---|---|---|---|---|
| JM038 | 3 | 3.681 84 | 34.741 5 | 0.000 | 3.575 9 | 7.309 8 | 26.250 1 |
| 成麦 17 | 3 | 0.649 92 | 6.132 6 | 0.001 | 0.543 9 | 11.916 5 | 6.765 2 |
| 济麦 22（CK） | 3 | 2.726 42 | 25.726 2 | 0.000 | 2.620 4 | 11.395 3 | 14.490 1 |
| 济麦 5172 | 3 | 1.215 41 | 11.468 5 | 0.000 | 1.109 4 | 9.486 0 | 11.621 7 |
| 津麦 5038 | 3 | 1.218 25 | 11.495 3 | 0.000 | 1.112 3 | 12.768 0 | 8.644 6 |
| 津农 19 | 3 | 6.790 93 | 64.078 4 | 0.000 | 6.684 9 | 7.598 7 | 34.294 7 |
| 津农 6 号（CK） | 3 | 1.287 78 | 12.151 4 | 0.000 | 1.181 8 | 11.241 5 | 10.094 9 |
| 兰德麦 856 | 3 | 1.103 06 | 10.408 9 | 0.000 | 0.997 1 | 12.739 5 | 8.244 2 |
| 乐土 18 | 3 | 1.304 50 | 12.309 1 | 0.000 | 1.198 5 | 12.705 7 | 8.989 3 |
| 乐土 702 | 3 | 4.142 82 | 39.091 2 | 0.000 | 4.036 8 | 7.013 4 | 29.021 4 |
| 鲁原 158 | 3 | 3.769 56 | 35.569 2 | 0.000 | 3.663 6 | 8.181 8 | 23.729 8 |

(续表)

| 品种名称 | DF | Shukla 方差 | F 值 | 概率 | 互作方差 | 品种均值 | Shukla 变异系数（%） |
| --- | --- | --- | --- | --- | --- | --- | --- |
| 农大 105 | 3 | 1.416 35 | 13.364 6 | 0.000 | 1.310 4 | 10.650 1 | 11.174 6 |
| 农大 8156 | 3 | 1.716 15 | 16.193 4 | 0.000 | 1.610 2 | 12.535 4 | 10.450 5 |
| 润麦 2008 | 3 | 8.091 92 | 76.354 4 | 0.000 | 7.985 9 | 6.962 8 | 40.855 0 |
| 盈亿 166 | 3 | 1.567 83 | 14.793 8 | 0.000 | 1.461 8 | 12.419 3 | 10.082 1 |

注：DF 误差＝112；Shukla 方差误差＝0.105 98。

各品种 Shukla 方差同质性检验（Bartlett 测验）Prob.＝0.709 54 不显著，同质，各品种稳定性差异不显著。

表 1-11　2022—2023 年度天津市冬小麦区域试验各品种 Shukla 方差的多重比较（F 测验）（A 组）

| 品种名称 | Shukla 方差 | 0.05 显著性 | 0.01 显著性 |
| --- | --- | --- | --- |
| 良星 28 | 5.353 22 | a | A |
| 鲁研 745 | 5.262 21 | a | A |
| 济麦 22（CK） | 1.120 45 | ab | AB |
| 中麦 108 | 1.103 08 | ab | AB |
| 乐土 T90 | 1.017 82 | ab | AB |
| 津农 21 | 0.988 89 | ab | AB |
| 津农 22 | 0.802 38 | ab | AB |
| 鑫瑞麦 77 | 0.773 55 | ab | AB |
| 杰麦 101 | 0.746 93 | ab | AB |
| 津农 6 号 | 0.668 62 | ab | AB |
| 马兰一号 | 0.189 25 | b | AB |
| 津麦 299 | 0.139 98 | b | B |
| 连增 293 | 0.000 00 | b | B |
| 良星 87 | 0.000 00 | b | B |

表 1-12　2022—2023 年度天津市冬小麦区域试验各品种 Shukla 方差的多重比较（F 测验）（B 组）

| 品种名称 | Shukla 方差 | 0.05 显著性 | 0.01 显著性 |
| --- | --- | --- | --- |
| 润麦 2008 | 8.091 92 | a | A |
| 津农 19 | 6.790 93 | a | A |
| 乐土 702 | 4.142 82 | ab | A |
| 鲁原 158 | 3.769 56 | ab | A |
| JM038 | 3.681 84 | ab | A |
| 济麦 22（CK） | 2.726 42 | ab | A |
| 农大 8156 | 1.716 15 | ab | A |
| 盈亿 166 | 1.567 83 | ab | A |
| 农大 105 | 1.416 35 | ab | A |
| 乐土 18 | 1.304 50 | ab | A |
| 津农 6 号（CK） | 1.287 78 | ab | A |
| 津麦 5038 | 1.218 25 | ab | A |

(续表)

| 品种名称 | Shukla 方差 | 0.05 显著性 | 0.01 显著性 |
|---|---|---|---|
| 济麦 5172 | 1.215 41 | ab | A |
| 兰德麦 856 | 1.103 06 | ab | A |
| 成麦 17 | 0.649 92 | b | A |

品种适应度分析：适应度是衡量品种间适应性的指标，适应度越大说明品种适应范围越广（表1-13 至表1-16）。

### 表 1-13  2022—2023 年度天津市冬小麦区域试验品种适应度分析（A 组）

性状：产量
年份：2022—2023 年度
试点：宝坻、蓟州、保农仓、优农
品种：济麦 22（CK）、杰麦 101、津麦 299、津农 21、津农 22、津农 6 号、乐土 T90、连增 293、良星 28、良星 87、鲁研 745、马兰一号、鑫瑞麦 77、中麦 108
重复：3 次

| 品种名称 | 品种均值 | 适应度（％） |
|---|---|---|
| 济麦 22（CK） | 11.471 67 | 75.000 |
| 杰麦 101 | 10.100 08 | 25.000 |
| 津麦 299 | 12.521 08 | 100.000 |
| 津农 21 | 11.372 58 | 50.000 |
| 津农 22 | 11.420 25 | 75.000 |
| 津农 6 号 | 11.325 00 | 50.000 |
| 乐土 T90 | 11.261 92 | 75.000 |
| 连增 293 | 11.763 75 | 100.000 |
| 良星 28 | 8.956 50 | 0.000 |
| 良星 87 | 11.333 00 | 100.000 |
| 鲁研 745 | 9.872 08 | 25.000 |
| 马兰一号 | 10.337 17 | 25.000 |
| 鑫瑞麦 77 | 10.460 42 | 25.000 |
| 中麦 108 | 11.703 00 | 75.000 |

结果表明：济麦 22（CK）、津麦 299、津农 22、乐土 T90、连增 293、良星 87、中麦 108 品种适应性广（适应度≥60％）。

### 表 1-14  2022—2023 年度天津市冬小麦区域试验品种适应度分析（B 组）

性状：产量
年份：2022—2023 年度
试点：宝坻、蓟州、保农仓、优农
品种：JM038、成麦 17、济麦 22（CK）、济麦 5172、津麦 5038、津农 19、津农 6 号（CK）、兰德麦 856、乐土 18、乐土 702、鲁原 158、农大 105、农大 8156、润麦 2008、盈亿 166
重复：3 次

| 品种名称 | 品种均值 | 适应度（％） |
|---|---|---|
| JM038 | 7.309 75 | 0.000 |

(续表)

| 品种名称 | 品种均值 | 适应度（%） |
|---|---|---|
| 成麦 17 | 11.916 50 | 100.000 |
| 济麦 22（CK） | 11.395 25 | 75.000 |
| 济麦 5172 | 9.486 17 | 25.000 |
| 津麦 5038 | 12.768 00 | 100.000 |
| 津农 19 | 7.598 67 | 0.000 |
| 津农 6 号（CK） | 11.241 33 | 75.000 |
| 兰德麦 856 | 12.739 50 | 100.000 |
| 乐土 18 | 12.705 67 | 100.000 |
| 乐土 702 | 7.013 42 | 0.000 |
| 鲁原 158 | 8.181 83 | 25.000 |
| 农大 105 | 10.650 08 | 75.000 |
| 农大 8156 | 12.535 42 | 100.000 |
| 润麦 2008 | 6.962 75 | 0.000 |
| 盈亿 166 | 12.419 33 | 100.000 |

结果表明：成麦 17、济麦 22（CK）、津麦 5038、津农 6 号（CK）、兰德麦 856、乐土 18、农大 105、农大 8156、盈亿 166 品种适应性广（适应度≥60%）。

表 1-15　2022—2023 年度天津市冬小麦区域试验单年单点试验的误差变异系数（CV）（A 组）

性状：产量

| 年份 | 试点名称 | CV（%） |
|---|---|---|
| 2022—2023 | 宝坻 | 3.350 |
| 2022—2023 | 蓟州 | 4.268 |
| 2022—2023 | 保农仓 | 3.596 |
| 2022—2023 | 优农 | 1.391 |

表 1-16　2022—2023 年度天津市冬小麦区域试验单年单点试验的误差变异系数（CV）（B 组）

性状：产量

| 年份 | 试点名称 | CV（%） |
|---|---|---|
| 2022—2023 | 宝坻 | 10.273 |
| 2022—2023 | 蓟州 | 4.389 |
| 2022—2023 | 保农仓 | 3.984 |
| 2022—2023 | 优农 | 1.145 |

附表 1-1  2022—2023 年度天津市冬小麦区域试验各试点参试品种产量汇总（A 组）

| 品种名称 | 试点名称 | 小区产量（千克） | | | 小区产量总和（千克） | 平均亩产量（千克） | 比对照增减（%） |
| --- | --- | --- | --- | --- | --- | --- | --- |
| | | Ⅰ | Ⅱ | Ⅲ | | | |
| 济麦22（CK） | 宝坻 | 11.70 | 11.98 | 11.59 | 35.27 | 587.83 | — |
| | 蓟州 | 10.25 | 10.82 | 11.03 | 32.10 | 535.00 | — |
| | 优农 | 11.56 | 11.26 | 11.19 | 34.01 | 566.58 | — |
| | 保农仓 | 12.30 | 11.70 | 12.28 | 36.28 | 604.50 | — |
| | 平均 | 11.17 | 11.35 | 11.27 | 34.42 | 573.48 | — |
| 杰麦101 | 宝坻 | 10.12 | 10.43 | 10.75 | 31.30 | 521.68 | -11.25 |
| | 蓟州 | 7.28 | 7.20 | 7.32 | 21.80 | 363.33 | -32.09 |
| | 优农 | 10.68 | 10.55 | 10.52 | 31.75 | 528.93 | -6.65 |
| | 保农仓 | 11.59 | 12.43 | 12.33 | 36.35 | 606.00 | 0.25 |
| | 平均 | 9.36 | 9.39 | 9.53 | 30.30 | 504.99 | -11.94 |
| 津麦299 | 宝坻 | 12.52 | 12.06 | 12.30 | 36.88 | 614.73 | 4.58 |
| | 蓟州 | 11.43 | 10.97 | 10.51 | 32.91 | 548.50 | 2.52 |
| | 优农 | 12.95 | 13.31 | 13.19 | 39.45 | 657.20 | 15.99 |
| | 保农仓 | 13.48 | 13.33 | 14.20 | 41.01 | 683.50 | 13.07 |
| | 平均 | 12.30 | 12.11 | 12.00 | 37.56 | 625.98 | 9.16 |
| 津农21 | 宝坻 | 10.48 | 10.61 | 10.16 | 31.25 | 520.86 | -11.39 |
| | 蓟州 | 9.97 | 10.52 | 10.66 | 31.15 | 519.17 | -2.96 |
| | 优农 | 12.71 | 12.91 | 13.07 | 38.69 | 644.54 | 13.76 |
| | 保农仓 | 12.32 | 11.42 | 11.64 | 35.38 | 589.50 | -2.48 |
| | 平均 | 11.05 | 11.35 | 11.30 | 34.12 | 568.52 | -0.86 |
| 津农22 | 宝坻 | 10.77 | 10.88 | 12.03 | 33.67 | 561.22 | -4.53 |
| | 蓟州 | 9.72 | 10.51 | 10.14 | 30.37 | 506.17 | -5.39 |
| | 优农 | 13.16 | 13.18 | 13.01 | 39.35 | 655.54 | 15.70 |
| | 保农仓 | 10.50 | 11.49 | 11.66 | 33.65 | 561.00 | -7.20 |
| | 平均 | 11.22 | 11.52 | 11.73 | 34.26 | 570.98 | -0.44 |
| 津农6号 | 宝坻 | 10.61 | 11.34 | 10.99 | 32.93 | 548.84 | -6.63 |
| | 蓟州 | 10.16 | 10.77 | 10.48 | 31.41 | 523.50 | -2.15 |
| | 优农 | 12.26 | 11.88 | 12.16 | 36.30 | 604.73 | 6.73 |
| | 保农仓 | 11.62 | 11.36 | 12.28 | 35.26 | 587.50 | -2.81 |
| | 平均 | 11.01 | 11.33 | 11.21 | 33.98 | 566.14 | -1.28 |
| 乐土T90 | 宝坻 | 11.79 | 11.84 | 11.85 | 35.48 | 591.37 | 0.60 |
| | 蓟州 | 10.01 | 9.95 | 10.70 | 30.66 | 511.00 | -4.49 |
| | 优农 | 11.98 | 12.13 | 12.25 | 36.36 | 605.73 | 6.91 |
| | 保农仓 | 10.60 | 10.72 | 11.32 | 32.64 | 544.00 | -10.01 |
| | 平均 | 11.26 | 11.31 | 11.60 | 33.79 | 563.03 | -1.82 |

(续表)

| 品种名称 | 试点名称 | 小区产量（千克） | | | 小区产量总和（千克） | 平均亩产量（千克） | 比对照增减（%） |
|---|---|---|---|---|---|---|---|
| | | I | II | III | | | |
| 连增293 | 宝坻 | 12.19 | 11.95 | 11.77 | 35.90 | 598.40 | 1.80 |
| | 蓟州 | 9.76 | 9.78 | 10.35 | 29.89 | 498.17 | -6.88 |
| | 优农 | 13.08 | 12.87 | 12.53 | 38.48 | 641.04 | 13.14 |
| | 保农仓 | 11.90 | 12.40 | 12.59 | 36.89 | 615.00 | 1.74 |
| | 平均 | 11.68 | 11.53 | 11.55 | 35.29 | 588.15 | 2.56 |
| 良星28 | 宝坻 | 8.70 | 7.11 | 7.29 | 23.10 | 384.96 | -34.51 |
| | 蓟州 | 4.60 | 4.96 | 4.21 | 13.77 | 229.50 | -57.10 |
| | 优农 | 11.79 | 12.08 | 11.64 | 35.51 | 591.57 | 4.41 |
| | 保农仓 | 11.73 | 11.24 | 12.13 | 35.10 | 585.00 | -3.23 |
| | 平均 | 8.36 | 8.05 | 7.71 | 26.87 | 447.76 | -21.92 |
| 良星87 | 宝坻 | 11.33 | 11.62 | 11.72 | 34.68 | 577.93 | -1.68 |
| | 蓟州 | 8.62 | 9.44 | 9.38 | 27.44 | 457.33 | -14.52 |
| | 优农 | 12.32 | 12.41 | 12.37 | 37.10 | 618.06 | 9.09 |
| | 保农仓 | 12.48 | 12.47 | 11.83 | 36.78 | 613.00 | 1.41 |
| | 平均 | 10.76 | 11.16 | 11.16 | 34.00 | 566.58 | -1.20 |
| 鲁研745 | 宝坻 | 10.72 | 11.04 | 11.15 | 32.92 | 548.58 | -6.68 |
| | 蓟州 | 5.09 | 4.39 | 4.29 | 13.77 | 229.50 | -57.10 |
| | 优农 | 11.93 | 11.88 | 11.96 | 35.77 | 595.90 | 5.17 |
| | 保农仓 | 11.60 | 12.00 | 12.41 | 36.01 | 600.00 | -0.74 |
| | 平均 | 9.25 | 9.10 | 9.13 | 29.62 | 493.50 | -13.95 |
| 马兰一号 | 宝坻 | 11.24 | 11.32 | 10.91 | 33.47 | 557.76 | -5.12 |
| | 蓟州 | 7.83 | 7.56 | 8.14 | 23.53 | 392.17 | -26.70 |
| | 优农 | 11.12 | 11.17 | 10.83 | 33.12 | 551.75 | -2.62 |
| | 保农仓 | 11.41 | 11.83 | 10.69 | 33.93 | 565.50 | -6.45 |
| | 平均 | 10.06 | 10.02 | 9.96 | 31.01 | 516.80 | -9.88 |
| 鑫瑞麦77 | 宝坻 | 11.68 | 11.75 | 11.87 | 35.30 | 588.25 | 0.07 |
| | 蓟州 | 7.99 | 7.62 | 7.11 | 22.72 | 378.67 | -29.22 |
| | 优农 | 11.14 | 10.90 | 11.05 | 33.09 | 551.25 | -2.71 |
| | 保农仓 | 10.87 | 11.86 | 11.69 | 34.42 | 573.50 | -5.13 |
| | 平均 | 10.27 | 10.09 | 10.01 | 31.38 | 522.92 | -8.82 |
| 中麦108 | 宝坻 | 11.80 | 11.77 | 11.78 | 35.35 | 589.11 | 0.22 |
| | 蓟州 | 10.70 | 11.11 | 11.46 | 33.27 | 554.50 | -2.13 |
| | 优农 | 12.14 | 11.98 | 12.25 | 36.37 | 605.89 | 13.25 |
| | 保农仓 | 11.46 | 11.87 | 12.12 | 35.45 | 591.00 | -2.23 |
| | 平均 | 11.55 | 11.62 | 11.83 | 35.11 | 585.13 | 2.03 |

### 附表 1-2 2022—2023 年度天津市冬小麦区域试验各试点参试品种产量汇总（B 组）

| 品种名称 | 试点名称 | 小区产量（千克） | | | 小区产量总和（千克） | 平均亩产量（千克） | 比对照增减（%） |
| --- | --- | --- | --- | --- | --- | --- | --- |
| | | Ⅰ | Ⅱ | Ⅲ | | | |
| JM038 | 宝坻 | 1.99 | 6.72 | 5.15 | 13.85 | 230.79 | -60.20 |
| | 蓟州 | 4.07 | 3.88 | 4.11 | 12.06 | 201.00 | -61.73 |
| | 优农 | 11.75 | 11.79 | 11.62 | 35.16 | 585.77 | 3.44 |
| | 保农仓 | 8.28 | 9.18 | 9.19 | 26.65 | 444.00 | -26.91 |
| | 平均 | 5.94 | 7.46 | 6.96 | 21.93 | 365.39 | -35.86 |
| 成麦 17 | 宝坻 | 11.96 | 11.19 | 11.84 | 34.98 | 582.96 | 0.53 |
| | 蓟州 | 10.64 | 10.69 | 9.78 | 31.11 | 518.50 | -1.27 |
| | 优农 | 12.79 | 13.01 | 12.96 | 38.75 | 645.61 | 14.00 |
| | 保农仓 | 13.02 | 13.00 | 12.13 | 38.15 | 636.00 | 4.69 |
| | 平均 | 11.80 | 11.63 | 11.53 | 35.75 | 595.77 | 4.57 |
| 济麦 22（CK） | 宝坻 | 11.93 | 11.01 | 11.86 | 34.79 | 579.89 | — |
| | 蓟州 | 10.07 | 10.81 | 10.63 | 31.51 | 525.17 | — |
| | 优农 | 11.36 | 11.38 | 11.25 | 33.99 | 566.31 | — |
| | 保农仓 | 11.33 | 12.45 | 12.67 | 36.45 | 607.50 | — |
| | 平均 | 11.12 | 11.07 | 11.25 | 34.19 | 569.72 | — |
| 济麦 5172 | 宝坻 | 7.11 | 7.55 | 6.82 | 21.48 | 358.06 | -38.25 |
| | 蓟州 | 7.11 | 6.59 | 6.39 | 20.09 | 334.83 | -36.24 |
| | 优农 | 11.95 | 12.30 | 12.17 | 36.42 | 606.80 | 7.15 |
| | 保农仓 | 11.69 | 12.36 | 11.79 | 35.84 | 597.50 | -1.65 |
| | 平均 | 8.72 | 8.81 | 8.46 | 28.46 | 474.30 | -16.75 |
| 津麦 5038 | 宝坻 | 11.51 | 11.88 | 11.47 | 34.86 | 580.94 | 0.18 |
| | 蓟州 | 12.07 | 12.03 | 12.25 | 36.35 | 605.83 | 15.36 |
| | 优农 | 14.21 | 14.18 | 14.21 | 42.61 | 709.79 | 25.34 |
| | 保农仓 | 13.41 | 12.76 | 13.24 | 39.41 | 657.00 | 8.15 |
| | 平均 | 12.60 | 12.70 | 12.64 | 38.31 | 638.39 | 12.05 |
| 津农 19 | 宝坻 | 8.38 | 9.26 | 8.77 | 26.41 | 440.24 | -24.08 |
| | 蓟州 | 2.22 | 2.10 | 1.91 | 6.23 | 103.83 | -80.23 |
| | 优农 | 11.23 | 10.81 | 10.84 | 32.88 | 547.77 | -3.27 |
| | 保农仓 | 9.08 | 8.10 | 8.48 | 25.66 | 427.50 | -29.63 |
| | 平均 | 7.28 | 7.39 | 7.17 | 22.80 | 379.84 | -33.33 |
| 津农 6 号（CK） | 宝坻 | 10.59 | 11.01 | 11.20 | 32.81 | 546.76 | -5.71 |
| | 蓟州 | 9.85 | 10.74 | 9.97 | 30.56 | 509.33 | -3.02 |
| | 优农 | 11.89 | 11.92 | 12.01 | 35.81 | 596.59 | 5.35 |
| | 保农仓 | 11.44 | 11.96 | 12.31 | 35.71 | 595.00 | -2.06 |
| | 平均 | 10.78 | 11.22 | 11.06 | 33.72 | 561.92 | -1.37 |

（续表）

| 品种名称 | 试点名称 | 小区产量（千克） | | | 小区产量总和（千克） | 平均亩产量（千克） | 比对照增减（%） |
| --- | --- | --- | --- | --- | --- | --- | --- |
| | | Ⅰ | Ⅱ | Ⅲ | | | |
| 兰德麦856 | 宝坻 | 11.42 | 12.00 | 11.57 | 34.98 | 583.06 | 0.55 |
| | 蓟州 | 11.65 | 12.22 | 12.22 | 36.09 | 601.50 | 14.53 |
| | 优农 | 13.79 | 13.90 | 13.98 | 41.67 | 694.25 | 22.59 |
| | 保农仓 | 12.80 | 13.58 | 13.75 | 40.13 | 669.00 | 10.12 |
| | 平均 | 12.29 | 12.71 | 12.59 | 38.22 | 636.95 | 11.80 |
| 乐土18 | 宝坻 | 11.99 | 12.48 | 12.14 | 36.61 | 610.12 | 5.21 |
| | 蓟州 | 12.36 | 11.57 | 11.43 | 35.36 | 589.33 | 12.22 |
| | 优农 | 13.99 | 14.12 | 13.94 | 42.05 | 700.52 | 23.70 |
| | 保农仓 | 13.03 | 12.85 | 12.57 | 38.45 | 641.00 | 5.51 |
| | 平均 | 12.78 | 12.72 | 12.50 | 38.12 | 635.24 | 11.50 |
| 乐土702 | 宝坻 | 4.99 | 3.14 | 6.43 | 14.56 | 242.68 | -58.15 |
| | 蓟州 | 3.05 | 2.78 | 2.48 | 8.31 | 138.50 | -73.63 |
| | 优农 | 9.84 | 9.71 | 9.68 | 29.23 | 486.96 | -14.01 |
| | 保农仓 | 10.13 | 10.98 | 10.95 | 32.06 | 534.50 | -12.02 |
| | 平均 | 5.96 | 5.21 | 6.20 | 21.04 | 350.66 | -38.45 |
| 鲁原158 | 宝坻 | 5.95 | 5.67 | 4.92 | 16.53 | 275.54 | -52.48 |
| | 蓟州 | 5.08 | 4.36 | 4.31 | 13.75 | 229.17 | -56.36 |
| | 优农 | 10.59 | 10.70 | 11.03 | 32.32 | 538.48 | -4.91 |
| | 保农仓 | 11.45 | 12.15 | 11.98 | 35.58 | 593.00 | -2.39 |
| | 平均 | 7.21 | 6.91 | 6.75 | 24.55 | 409.05 | -28.20 |
| 农大105 | 宝坻 | 10.44 | 10.62 | 11.11 | 32.17 | 536.19 | -7.54 |
| | 蓟州 | 9.39 | 8.59 | 9.33 | 27.31 | 455.17 | -13.33 |
| | 优农 | 12.46 | 12.33 | 12.19 | 36.98 | 616.13 | 8.80 |
| | 保农仓 | 10.77 | 9.96 | 10.61 | 31.34 | 522.50 | -13.99 |
| | 平均 | 10.76 | 10.51 | 10.88 | 31.95 | 532.50 | -6.53 |
| 农大8156 | 宝坻 | 11.73 | 11.52 | 11.98 | 35.23 | 587.08 | 1.24 |
| | 蓟州 | 11.83 | 11.56 | 11.77 | 35.16 | 586.00 | 11.58 |
| | 优农 | 12.84 | 12.58 | 12.78 | 38.20 | 636.45 | 12.39 |
| | 保农仓 | 14.02 | 13.50 | 14.32 | 41.84 | 697.50 | 14.81 |
| | 平均 | 12.13 | 11.89 | 12.18 | 37.61 | 626.76 | 10.01 |
| 润麦2008 | 宝坻 | 5.64 | 3.74 | 2.70 | 12.08 | 201.38 | -65.27 |
| | 蓟州 | 1.85 | 2.44 | 1.77 | 6.06 | 101.00 | -80.77 |
| | 优农 | 11.22 | 11.44 | 11.36 | 34.01 | 566.58 | 0.05 |
| | 保农仓 | 10.68 | 9.86 | 10.85 | 31.39 | 523.00 | -13.91 |
| | 平均 | 6.24 | 5.87 | 5.28 | 20.89 | 347.99 | -38.92 |

(续表)

| 品种名称 | 试点名称 | 小区产量（千克） | | | 小区产量总和（千克） | 平均亩产量（千克） | 比对照增减（%） |
|---|---|---|---|---|---|---|---|
| | | Ⅰ | Ⅱ | Ⅲ | | | |
| 盈亿166 | 宝坻 | 11.16 | 12.21 | 12.89 | 36.26 | 604.35 | 4.22 |
| | 蓟州 | 11.90 | 11.68 | 11.03 | 34.61 | 576.83 | 9.84 |
| | 优农 | 13.55 | 13.82 | 13.43 | 40.80 | 679.73 | 20.03 |
| | 保农仓 | 12.85 | 11.94 | 12.57 | 37.36 | 622.50 | 2.47 |
| | 平均 | 12.20 | 12.57 | 12.45 | 37.26 | 620.85 | 8.98 |

附表1-3　2022—2023年度天津市冬小麦区域试验参试品种（系）室内考种结果汇总（A组）*

| 品种名称 | 试点名称 | 穗型 | 壳色 | 芒 | 每穗粒数 第Ⅰ重复 | 每穗粒数 第Ⅱ重复 | 每穗粒数 平均 | 粒色 | 籽粒饱满度 | 粒质 | 黑胚率（%） | 千粒重 第Ⅰ重复 | 千粒重 第Ⅱ重复 | 千粒重 平均 | 容重 第Ⅰ重复 | 容重 第Ⅱ重复 | 容重 平均 |
|---|---|---|---|---|---|---|---|---|---|---|---|---|---|---|---|---|---|
| 济麦22（CK） | 宝坻 | 1 | 1 | 5 | 32.3 | 32.1 | 32.2 | 1 | 1 | 1 | 0 | 48.3 | 48.1 | 48.2 | 790.0 | 785.0 | 788.0 |
| | 蓟州 | 1 | 1 | 5 | 32.3 | 32.1 | 32.2 | 1 | 1 | 1 | 0 | 48.3 | 48.1 | 48.2 | 790.0 | 785.0 | 788.0 |
| | 优衣 | 1 | 1 | 5 | 41.6 | 36.9 | 39.3 | 5 | 1 | 1 | 0 | 48.8 | 48.9 | 48.9 | 792.0 | 796.0 | 794.0 |
| | 平均 | | | | | | 34.6 | | | | | | | 48.4 | | | 790.0 |
| 杰麦101 | 宝坻 | 1 | 1 | 5 | 37.0 | 37.6 | 37.3 | 3 | 2 | 1 | 0 | 51.4 | 51.2 | 51.3 | 770.0 | 775.0 | 773.0 |
| | 蓟州 | 1 | 1 | 5 | 37.0 | 37.6 | 37.3 | 3 | 2 | 1 | 0 | 51.4 | 51.2 | 51.3 | 770.0 | 775.0 | 773.0 |
| | 优衣 | 1 | 1 | 5 | 20.8 | 33.6 | 27.2 | 5 | 1 | 1 | 0 | 54.3 | 54.4 | 54.4 | 800.0 | 799.0 | 799.5 |
| | 平均 | | | | | | 33.9 | | | | | | | 52.3 | | | 782.0 |
| 津麦299 | 宝坻 | 1 | 1 | 5 | 41.4 | 41.2 | 41.3 | 5 | 1 | 1 | 0 | 44.0 | 44.2 | 44.1 | 774.0 | 772.0 | 773.0 |
| | 蓟州 | 1 | 1 | 5 | 41.4 | 41.2 | 41.3 | 5 | 1 | 1 | 0 | 44.0 | 44.2 | 44.1 | 774.0 | 772.0 | 773.0 |
| | 优衣 | 1 | 1 | 5 | 34.1 | 36.7 | 35.4 | 5 | 1 | 1 | 0 | 46.9 | 46.8 | 46.9 | 814.0 | 815.0 | 814.5 |
| | 平均 | | | | | | 39.3 | | | | | | | 45.0 | | | 787.0 |
| 津农21 | 宝坻 | 1 | 1 | 5 | 29.6 | 30.2 | 29.9 | 1 | 1 | 1 | 0 | 49.5 | 49.7 | 49.6 | 782.0 | 784.0 | 783.0 |
| | 蓟州 | 1 | 1 | 5 | 29.6 | 30.2 | 29.9 | 1 | 1 | 1 | 0 | 49.5 | 49.7 | 49.6 | 782.0 | 784.0 | 783.0 |
| | 优衣 | 1 | 1 | 5 | 39.9 | 35.3 | 37.6 | 1 | 1 | 1 | 0 | 49.3 | 49.0 | 49.2 | 795.0 | 790.0 | 792.5 |
| | 平均 | | | | | | 32.5 | | | | | | | 49.5 | | | 786.0 |
| 津农22 | 宝坻 | 1 | 1 | 5 | 40.7 | 40.3 | 40.5 | 1 | 1 | 1 | 0 | 47.4 | 47.3 | 47.4 | 770.0 | 774.0 | 772.0 |
| | 蓟州 | 1 | 1 | 5 | 40.7 | 40.3 | 40.5 | 1 | 1 | 1 | 0 | 47.4 | 47.3 | 47.4 | 770.0 | 774.0 | 772.0 |
| | 优衣 | 1 | 1 | 5 | 38.6 | 39.7 | 39.2 | 1 | 1 | 1 | 0 | 44.8 | 44.5 | 44.7 | 780.0 | 776.0 | 778.0 |
| | 平均 | | | | | | 40.1 | | | | | | | 46.5 | | | 774.0 |

注：*本章相关记载项目和标准依据《农作物品种试验信息化技术规程 小麦》（NY/T 1301—2025）。

（续表）

| 品种名称 | 试点名称 | 穗型 | 壳色 | 芒 | 每穗粒数 第Ⅰ重复 | 每穗粒数 第Ⅱ重复 | 每穗粒数 平均 | 粒色 | 籽粒饱满度 | 粒质 | 黑胚率（%） | 千粒重（克） 第Ⅰ重复 | 千粒重（克） 第Ⅱ重复 | 千粒重（克） 平均 | 容重（克/升） 第Ⅰ重复 | 容重（克/升） 第Ⅱ重复 | 容重（克/升） 平均 |
|---|---|---|---|---|---|---|---|---|---|---|---|---|---|---|---|---|---|
| 津农6号（CK） | 宝坻 | 1 | 1 | 5 | 33.9 | 33.5 | 33.7 | 1 | 1 | 1 | 0 | 52.7 | 52.4 | 52.6 | 786.0 | 781.0 | 784.0 |
|  | 蓟州 | 1 | 1 | 5 | 33.9 | 33.5 | 33.7 | 1 | 1 | 1 | 0 | 52.7 | 52.4 | 52.6 | 786.0 | 781.0 | 784.0 |
|  | 优农 | 2 | 1 | 5 | 29.4 | 28.8 | 29.1 | 1 | 1 | 1 | 0 | 53.7 | 54.1 | 53.9 | 800.0 | 799.0 | 799.5 |
|  | 平均 |  |  |  |  |  | 32.2 |  |  |  |  |  |  | 53.0 |  |  | 789.0 |
| 乐土T90 | 宝坻 | 1 | 1 | 5 | 35.5 | 35.4 | 35.5 | 3 | 1 | 1 | 0 | 46.2 | 45.8 | 46.0 | 784.0 | 786.0 | 785.0 |
|  | 蓟州 | 1 | 1 | 5 | 35.5 | 35.4 | 35.5 | 3 | 1 | 1 | 0 | 46.2 | 45.8 | 46.0 | 784.0 | 786.0 | 785.0 |
|  | 优农 | 1 | 1 | 5 | 36.4 | 36.2 | 36.3 | 5 | 1 | 1 | 0 | 52.4 | 52.0 | 52.2 | 769.0 | 773.0 | 771.0 |
|  | 平均 |  |  |  |  |  | 35.8 |  |  |  |  |  |  | 48.1 |  |  | 780.0 |
| 连增293 | 宝坻 | 1 | 1 | 5 | 39.6 | 39.4 | 39.5 | 3 | 2 | 1 | 0 | 46.5 | 46.1 | 46.3 | 783.0 | 785.0 | 784.0 |
|  | 蓟州 | 1 | 1 | 5 | 39.6 | 39.4 | 39.5 | 3 | 2 | 1 | 0 | 46.5 | 46.1 | 46.3 | 783.0 | 785.0 | 784.0 |
|  | 优农 | 3 | 1 | 5 | 42.9 | 40.1 | 41.5 | 1 | 1 | 1 | 0 | 49.3 | 49.2 | 49.3 | 804.0 | 801.0 | 802.5 |
|  | 平均 |  |  |  |  |  | 40.2 |  |  |  |  |  |  | 47.3 |  |  | 790.0 |
| 良星28 | 宝坻 | 1 | 1 | 5 | 43.2 | 43.6 | 43.4 | 5 | 2 | 1 | 0 | 51.7 | 51.4 | 51.6 | 775.0 | 778.0 | 777.0 |
|  | 蓟州 | 1 | 1 | 5 | 43.2 | 43.6 | 43.4 | 5 | 2 | 1 | 0 | 51.7 | 51.4 | 51.6 | 775.0 | 778.0 | 777.0 |
|  | 优农 | 1 | 1 | 5 | 42.9 | 40.0 | 41.5 | 1 | 1 | 1 | 0 | 46.8 | 46.9 | 46.9 | 772.0 | 776.0 | 774.0 |
|  | 平均 |  |  |  |  |  | 42.8 |  |  |  |  |  |  | 50.0 |  |  | 776.0 |
| 良星87 | 宝坻 | 1 | 1 | 5 | 43.5 | 43.2 | 43.4 | 1 | 1 | 1 | 0 | 47.0 | 46.6 | 46.8 | 793.0 | 788.0 | 791.0 |
|  | 蓟州 | 1 | 1 | 5 | 43.5 | 43.2 | 43.4 | 1 | 1 | 1 | 0 | 47.0 | 46.6 | 46.8 | 793.0 | 788.0 | 791.0 |
|  | 优农 | 1 | 1 | 5 | 39.5 | 37.6 | 38.6 | 1 | 1 | 1 | 0 | 51.7 | 51.7 | 51.7 | 787.0 | 787.0 | 787.0 |
|  | 平均 |  |  |  |  |  | 41.8 |  |  |  |  |  |  | 48.4 |  |  | 790.0 |

(续表)

| 品种名称 | 试点名称 | 穗型 | 壳色 | 芒 | 每穗粒数 第Ⅰ重复 | 每穗粒数 第Ⅱ重复 | 每穗粒数 平均 | 粒色 | 籽粒饱满度 | 粒质 | 黑胚率(%) | 千粒重(克) 第Ⅰ重复 | 千粒重(克) 第Ⅱ重复 | 千粒重(克) 平均 | 容重(克/升) 第Ⅰ重复 | 容重(克/升) 第Ⅱ重复 | 容重(克/升) 平均 |
|---|---|---|---|---|---|---|---|---|---|---|---|---|---|---|---|---|---|
| 鲁研745 | 宝坻 | 3 | 1 | 5 | 50.8 | 50.2 | 50.5 | 1 | 2 | 3 | 0 | 48.9 | 48.5 | 48.7 | 786.0 | 782.0 | 784.0 |
|  | 蓟州 | 3 | 1 | 5 | 50.8 | 50.2 | 50.5 | 1 | 2 | 3 | 0 | 48.9 | 48.5 | 48.7 | 786.0 | 782.0 | 784.0 |
|  | 优农 | 1 | 1 | 5 | 35.4 | 43.4 | 39.4 | 5 | 1 | 1 | 0 | 48.9 | 48.7 | 48.8 | 789.0 | 792.0 | 790.5 |
|  | 平均 |  |  |  |  |  | 46.8 |  |  |  |  |  |  | 48.7 |  |  | 786.0 |
| 马兰一号 | 宝坻 | 3 | 1 | 5 | 43.8 | 43.4 | 43.6 | 3 | 1 | 1 | 0 | 47.6 | 47.1 | 47.4 | 796.0 | 782.0 | 789.0 |
|  | 蓟州 | 3 | 1 | 5 | 43.8 | 43.4 | 43.6 | 3 | 1 | 1 | 0 | 47.6 | 47.1 | 47.4 | 796.0 | 782.0 | 789.0 |
|  | 优农 | 3 | 1 | 5 | 35.7 | 44.0 | 39.9 | 1 | 1 | 1 | 0 | 49.6 | 49.5 | 49.6 | 796.0 | 793.0 | 794.5 |
|  | 平均 |  |  |  |  |  | 42.4 |  |  |  |  |  |  | 48.1 |  |  | 791.0 |
| 鑫瑞麦77 | 宝坻 | 1 | 1 | 5 | 42.0 | 42.1 | 42.1 | 3 | 1 | 1 | 0 | 41.7 | 41.3 | 41.5 | 776.0 | 777.0 | 777.0 |
|  | 蓟州 | 1 | 1 | 5 | 42.0 | 42.1 | 42.1 | 3 | 1 | 1 | 0 | 41.7 | 41.3 | 41.5 | 776.0 | 777.0 | 777.0 |
|  | 优农 | 1 | 1 | 5 | 35.4 | 42.2 | 38.8 | 1 | 1 | 1 | 0 | 45.0 | 45.3 | 45.2 | 806.0 | 805.0 | 805.5 |
|  | 平均 |  |  |  |  |  | 41.0 |  |  |  |  |  |  | 42.7 |  |  | 787.0 |
| 中麦108 | 宝坻 | 1 | 1 | 5 | 39.6 | 39.1 | 39.4 | 1 | 1 | 1 | 0 | 37.4 | 37.6 | 37.5 | 768.0 | 772.0 | 770.0 |
|  | 蓟州 | 1 | 1 | 5 | 39.6 | 39.1 | 39.4 | 1 | 1 | 1 | 0 | 37.4 | 37.6 | 37.5 | 768.0 | 772.0 | 770.0 |
|  | 优农 | 1 | 1 | 5 | 31.8 | 32.6 | 32.2 | 5 | 1 | 1 | 0 | 47.9 | 47.6 | 47.8 | 815.0 | 817.0 | 816.0 |
|  | 平均 |  |  |  |  |  | 37.0 |  |  |  |  |  |  | 40.9 |  |  | 785.0 |

附表1-4　2022—2023年度天津市冬小麦区域试验参试品种（系）室内考种结果汇总（B组）

| 品种名称 | 试点名称 | 穗型 | 壳色 | 芒 | 每穗粒数 第Ⅰ重复 | 每穗粒数 第Ⅱ重复 | 每穗粒数 平均 | 粒色 | 籽粒饱满度 | 粒质 | 黑胚率（%） | 千粒重（克）第Ⅰ重复 | 千粒重（克）第Ⅱ重复 | 千粒重（克）平均 | 容重（克/升）第Ⅰ重复 | 容重（克/升）第Ⅱ重复 | 容重（克/升）平均 |
|---|---|---|---|---|---|---|---|---|---|---|---|---|---|---|---|---|---|
| JM038 | 宝坻 | 3 | 1 | 5 | 50.1 | 49.3 | 49.7 | 3 | 2 | 1 | 0 | 50.0 | 50.2 | 50.1 | 780.0 | 776.0 | 778.0 |
| | 蓟州 | 1 | 1 | 5 | 43.5 | 41.8 | 42.7 | 3 | 2 | 3 | 5.0 | 50.2 | 50.7 | 50.5 | 822.0 | 818.0 | 820.0 |
| | 优衣 | 1 | 1 | 5 | 45.0 | 55.4 | 50.2 | 1 | 1 | 1 | 0 | 50.5 | 50.4 | 50.5 | 778.0 | 782.0 | 780.0 |
| | 平均 | | | | | | 47.5 | | | | | | | 50.4 | | | 793.0 |
| 成麦17 | 宝坻 | 1 | 1 | 5 | 31.3 | 31.5 | 31.4 | 1 | 1 | 1 | 0 | 51.8 | 51.2 | 51.5 | 794.0 | 792.0 | 793.0 |
| | 蓟州 | 1 | 1 | 5 | 31.8 | 33.1 | 32.5 | 3 | 2 | 3 | 14.0 | 55.2 | 54.9 | 55.1 | 832.0 | 834.0 | 833.0 |
| | 优衣 | 1 | 1 | 5 | 31.3 | 37.1 | 34.2 | 5 | 1 | 1 | 0 | 49.7 | 49.9 | 49.8 | 811.0 | 809.0 | 810.0 |
| | 平均 | | | | | | 32.7 | | | | | | | 52.1 | | | 812.0 |
| 济麦22（CK） | 宝坻 | 1 | 1 | 5 | 32.2 | 33.4 | 32.8 | 1 | 1 | 1 | 0 | 48.8 | 48.5 | 48.7 | 795.0 | 794.0 | 795.0 |
| | 蓟州 | 1 | 1 | 5 | 31.6 | 32.9 | 32.3 | 3 | 2 | 1 | 9.0 | 54.3 | 54.1 | 54.2 | 833.0 | 835.0 | 834.0 |
| | 优衣 | 1 | 1 | 5 | 35.4 | 33.8 | 34.6 | 5 | 1 | 1 | 0 | 48.7 | 48.5 | 48.6 | 800.0 | 795.0 | 797.5 |
| | 平均 | | | | | | 33.2 | | | | | | | 50.5 | | | 809.0 |
| 济麦5172 | 宝坻 | 3 | 1 | 5 | 50.2 | 49.8 | 50.0 | 1 | 2 | 1 | 0 | 45.7 | 45.9 | 45.8 | 779.0 | 774.0 | 777.0 |
| | 蓟州 | 1 | 1 | 5 | 40.1 | 40.8 | 40.5 | 3 | 2 | 3 | 13.5 | 47.5 | 47.1 | 47.3 | 804.0 | 803.0 | 804.0 |
| | 优衣 | 1 | 1 | 5 | 30.9 | 45.0 | 38.0 | 5 | 1 | 1 | 0 | 50.4 | 50.4 | 50.4 | 817.0 | 817.0 | 817.0 |
| | 平均 | | | | | | 42.8 | | | | | | | 47.8 | | | 799.0 |
| 津麦5038 | 宝坻 | 3 | 1 | 5 | 34.8 | 34.5 | 34.7 | 1 | 1 | 3 | 6.2 | 53.2 | 53.4 | 53.3 | 781.0 | 783.0 | 782.0 |
| | 蓟州 | 1 | 1 | 5 | 36.5 | 37.5 | 37.0 | 3 | 2 | 3 | 5.5 | 51.2 | 50.9 | 51.1 | 832.0 | 836.0 | 834.0 |
| | 优衣 | 3 | 1 | 5 | 37.6 | 33.7 | 35.7 | 5 | 1 | 1 | 0 | 53.6 | 54.0 | 53.8 | 792.0 | 795.0 | 793.5 |
| | 平均 | | | | | | 35.8 | | | | | | | 52.7 | | | 803.0 |

# 第一章 2022—2023年度天津市冬小麦区域试验总结

（续表）

| 品种名称 | 试点名称 | 穗型 | 壳色 | 芒 | 每穗粒数 第Ⅰ重复 | 每穗粒数 第Ⅱ重复 | 每穗粒数 平均 | 粒色 | 籽粒饱满度 | 粒质 | 黑胚率（%） | 千粒重（克）第Ⅰ重复 | 千粒重（克）第Ⅱ重复 | 千粒重（克）平均 | 容重（克/升）第Ⅰ重复 | 容重（克/升）第Ⅱ重复 | 容重（克/升）平均 |
|---|---|---|---|---|---|---|---|---|---|---|---|---|---|---|---|---|---|
| 津农19 | 宝坻 | 1 | 1 | 5 | 53.1 | 52.8 | 53.0 | 1 | 1 | 1 | 0 | 40.4 | 40.5 | 40.5 | 792.0 | 790.0 | 791.0 |
| | 蓟州 | 1 | 1 | 5 | 37.5 | 38.1 | 37.8 | 3 | 2 | 1 | 9.0 | 46.2 | 45.9 | 46.1 | 824.0 | 821.0 | 823.0 |
| | 优衣 | 1 | 1 | 5 | 48.1 | 49.7 | 48.9 | 5 | 1 | 1 | 0 | 48.6 | 48.6 | 48.6 | 808.0 | 805.0 | 806.5 |
| | 平均 | | | | | | 46.6 | | | | | | | 45.1 | | | 807.0 |
| 津农6号(CK) | 宝坻 | 1 | 1 | 5 | 33.6 | 34.6 | 34.1 | 1 | 1 | 1 | 0 | 53.0 | 52.8 | 52.9 | 788.0 | 786.0 | 787.0 |
| | 蓟州 | 1 | 1 | 5 | 33.2 | 34.1 | 33.7 | 1 | 2 | 1 | 3.5 | 55.0 | 55.4 | 55.2 | 819.0 | 821.0 | 820.0 |
| | 优衣 | 2 | 1 | 5 | 31.2 | 34.3 | 32.8 | 1 | 1 | 1 | 0 | 53.0 | 53.8 | 53.4 | 798.0 | 801.0 | 799.5 |
| | 平均 | | | | | | 33.5 | | | | | | | 53.8 | | | 802.0 |
| 兰德麦856 | 宝坻 | 3 | 1 | 5 | 38.7 | 38.2 | 38.5 | 1 | 1 | 1 | 0 | 52.7 | 52.4 | 52.6 | 787.0 | 784.0 | 786.0 |
| | 蓟州 | 1 | 1 | 5 | 39.8 | 40.7 | 40.3 | 1 | 2 | 3 | 7.5 | 54.3 | 53.9 | 54.1 | 821.0 | 820.0 | 821.0 |
| | 优衣 | 1 | 1 | 5 | 36.6 | 33.8 | 35.2 | 5 | 1 | 1 | 0 | 53.5 | 53.8 | 53.6 | 803.0 | 805.0 | 804.0 |
| | 平均 | | | | | | 38.0 | | | | | | | 53.4 | | | 804.0 |
| 乐土18 | 宝坻 | 1 | 1 | 5 | 36.2 | 35.8 | 36.0 | 1 | 1 | 1 | 0 | 47.6 | 47.8 | 47.7 | 784.0 | 786.0 | 785.0 |
| | 蓟州 | 1 | 1 | 5 | 42.8 | 41.3 | 42.1 | 3 | 3 | 3 | 16.5 | 51.5 | 51.1 | 51.3 | 811.0 | 813.0 | 812.0 |
| | 优衣 | 1 | 1 | 5 | 42.9 | 38.2 | 40.6 | 5 | 1 | 1 | 0 | 50.0 | 50.3 | 50.1 | 812.0 | 811.0 | 811.5 |
| | 平均 | | | | | | 39.6 | | | | | | | 49.7 | | | 803.0 |
| 乐土702 | 宝坻 | 3 | 1 | 5 | 39.2 | 39.8 | 39.5 | 1 | 1 | 3 | 0 | 44.9 | 44.6 | 44.8 | 774.0 | 770.0 | 772.0 |
| | 蓟州 | 1 | 1 | 5 | 36.4 | 35.3 | 35.9 | 3 | 2 | 3 | 13.5 | 52.6 | 52.3 | 52.5 | 801.0 | 800.0 | 801.0 |
| | 优衣 | 3 | 1 | 5 | 50.2 | 53.5 | 51.9 | 5 | 1 | 1 | 0 | 52.3 | 52.6 | 52.5 | 781.0 | 782.0 | 781.5 |
| | 平均 | | | | | | 42.4 | | | | | | | 49.9 | | | 785.0 |

(续表)

| 品种名称 | 试点名称 | 穗型 | 壳色 | 芒 | 每穗粒数 第I重复 | 每穗粒数 第II重复 | 每穗粒数 平均 | 粒色 | 籽粒饱满度 | 粒质 | 黑胚率（%） | 千粒重（克）第I重复 | 千粒重（克）第II重复 | 千粒重（克）平均 | 容重（克/升）第I重复 | 容重（克/升）第II重复 | 容重（克/升）平均 |
|---|---|---|---|---|---|---|---|---|---|---|---|---|---|---|---|---|---|
| 鲁原158 | 宝坻 | 3 | 1 | 5 | 50.6 | 49.8 | 50.2 | 3 | 2 | 3 | 0 | 42.1 | 42.3 | 42.2 | 779.0 | 780.0 | 780.0 |
| | 蓟州 | 1 | 1 | 5 | 37.3 | 35.8 | 36.6 | 3 | 3 | 3 | 8.5 | 55.2 | 54.8 | 55.0 | 794.0 | 795.0 | 795.0 |
| | 优农 | 1 | 1 | 5 | 41.7 | 39.8 | 40.8 | 5 | 1 | 1 | 0 | 49.2 | 49.1 | 49.1 | 771.0 | 766.0 | 768.5 |
| | 平均 | | | | | | 42.5 | | | | | | | 48.8 | | | 781.0 |
| 农大105 | 宝坻 | 1 | 1 | 5 | 33.9 | 33.6 | 33.8 | 5 | 1 | 1 | 0 | 48.9 | 48.5 | 48.7 | 777.0 | 776.0 | 777.0 |
| | 蓟州 | 1 | 1 | 5 | 31.5 | 30.2 | 30.9 | 3 | 2 | 3 | 8.0 | 52.1 | 51.8 | 52.0 | 838.0 | 841.0 | 840.0 |
| | 优农 | 1 | 1 | 5 | 30.4 | 33.8 | 32.1 | 5 | 1 | 1 | 0 | 52.0 | 52.3 | 52.1 | 801.0 | 803.0 | 802.0 |
| | 平均 | | | | | | 32.3 | | | | | | | 50.9 | | | 806.0 |
| 农大8156 | 宝坻 | 1 | 1 | 5 | 44.4 | 44.2 | 44.3 | 1 | 1 | 1 | 0 | 42.1 | 51.4 | 46.8 | 770.0 | 774.0 | 772.0 |
| | 蓟州 | 1 | 1 | 5 | 35.6 | 36.5 | 36.1 | 1 | 2 | 3 | 5.5 | 49.6 | 49.3 | 49.5 | 786.0 | 788.0 | 787.0 |
| | 优农 | 1 | 1 | 5 | 40.7 | 29.6 | 35.2 | 5 | 1 | 1 | 0 | 54.7 | 55.0 | 54.8 | 801.0 | 805.0 | 803.0 |
| | 平均 | | | | | | 38.5 | | | | | | | 50.4 | | | 787.0 |
| 润麦2008 | 宝坻 | 3 | 1 | 5 | 48.1 | 47.6 | 47.9 | 3 | 2 | 1 | 0 | 39.7 | 39.4 | 39.6 | 791.0 | 792.0 | 792.0 |
| | 蓟州 | 1 | 1 | 5 | 38.5 | 38.9 | 38.7 | 3 | 3 | 3 | 4.5 | 46.1 | 46.5 | 46.3 | 808.0 | 810.0 | 809.0 |
| | 优农 | 2 | 1 | 5 | 30.5 | 30.5 | 30.5 | 5 | 1 | 1 | 0 | 44.3 | 44.1 | 44.2 | 800.0 | 787.0 | 793.5 |
| | 平均 | | | | | | 39.0 | | | | | | | 43.4 | | | 798.0 |
| 盈亿166 | 宝坻 | 1 | 1 | 5 | 38.5 | 38.7 | 38.6 | 1 | 1 | 1 | 0 | 48.2 | 48.5 | 48.4 | 776.0 | 772.0 | 774.0 |
| | 蓟州 | 1 | 1 | 5 | 39.5 | 40.8 | 40.2 | 3 | 2 | 3 | 10.5 | 46.8 | 46.4 | 46.6 | 807.0 | 810.0 | 809.0 |
| | 优农 | 1 | 1 | 5 | 41.8 | 39.3 | 40.6 | 5 | 1 | 1 | 0 | 48.8 | 49.0 | 48.9 | 795.0 | 796.0 | 795.5 |
| | 平均 | | | | | | 39.8 | | | | | | | 48.0 | | | 793.0 |

# 第一章 2022—2023年度天津市冬小麦区域试验总结

附表1-5 2022—2023年度天津市冬小麦区域试验参试品种（系）综合性状汇总（A组）

| 品种名称 | 试点名称 | 出苗期(月/日) | 抽穗期(月/日) | 成熟期(月/日) | 全生育期(天) | 幼苗习性 | 基本苗(万株/亩) | 最高总茎数(万茎/亩) | 有效穗数(万穗/亩) | 有效分蘖率(%) | 株高(厘米) | 冻害级别 | 冻害死茎率(%) | 越冬百分率(%) | 耐旱性 | 耐湿性 | 抗青干 | 倒伏程度 | 倒伏面积(%) | 锈病反应型 | 锈病严重度(%) | 锈病普遍率(%) | 白粉病 | 蚜虫 | 细菌性条斑病 | 散黑穗病 | 穗发芽 | 落粒性 | 熟相 |
|---|---|---|---|---|---|---|---|---|---|---|---|---|---|---|---|---|---|---|---|---|---|---|---|---|---|---|---|---|---|
| 济麦22(CK) | 宝坻 | 10/9 | 5/4 | 6/18 | 252 | 2 | 27.0 | 55.1 | 35.3 | 64.1 | 68.8 | 5 | 43.4 | 56.6 | 1 | 1 | 1 | 1 | 0 | 1 | 0 | 0 | 1 | 1 | 1 | 1 | 1 | 3 | 1 |
| | 保农仓 | 10/20 | 5/3 | 6/18 | | 2 | 20.6 | 76.3 | 40.8 | 53.4 | 73.3 | | | | | | | | | | | | | | | | | | |
| | 蓟州 | 10/9 | 5/4 | 6/18 | 252 | 2 | 27.0 | 55.1 | 35.3 | 64.1 | 68.8 | 5 | 43.4 | 56.6 | 1 | 1 | 1 | 1 | 0 | 1 | 0 | 0 | 1 | 1 | 1 | 1 | 1 | 3 | 1 |
| | 优农 | 10/23 | 5/4 | 6/12 | 232 | 3 | 27.9 | 81.7 | 42.1 | 51.6 | 71.1 | 4 | 0.5 | 99.5 | | | | | | | | | 3 | | | | | | |
| | 平均 | | | | 245.3 | | 25.6 | 67.1 | 38.4 | 58.3 | 70.5 | | 29.1 | | | | | | | | | | | | | | | | |
| 杰麦101 | 宝坻 | 10/9 | 5/5 | 6/18 | 252 | 2 | 25.2 | 30.7 | 29.3 | 95.6 | 63.8 | 5 | 48.5 | 51.5 | 1 | 1 | 1 | 1 | 0 | 1 | 0 | 0 | 1 | 1 | 1 | 1 | 1 | 3 | 1 |
| | 保农仓 | 10/20 | 5/2 | 6/15 | | 2 | 23.0 | 82.1 | 38.6 | 47.0 | 68.0 | | | | | | | | | | | | | | | | | | |
| | 蓟州 | 10/9 | 5/5 | 6/18 | 252 | 2 | 25.2 | 30.7 | 29.3 | 95.6 | 63.8 | 5 | 48.5 | 51.5 | 1 | 1 | 1 | 1 | 0 | 1 | 0 | 0 | 1 | 1 | 1 | 1 | 1 | 3 | 1 |
| | 优农 | 10/23 | 5/4 | 6/10 | 230 | 3 | 34.6 | 49.1 | 35.0 | 71.2 | 63.7 | 4 | 3.2 | 96.8 | | | | | | | | | 2 | | | | | | |
| | 平均 | | | | 244.0 | | 27.0 | 48.2 | 33.1 | 77.4 | 64.8 | | 33.4 | | | | | | | | | | | | | | | | |
| 津麦299 | 宝坻 | 10/9 | 5/3 | 6/18 | 252 | 2 | 25.8 | 45.3 | 35.5 | 78.3 | 69.9 | 5 | 33.9 | 66.1 | 1 | 1 | 1 | 1 | 0 | 1 | 0 | 0 | 1 | 1 | 1 | 1 | 1 | 3 | 1 |
| | 保农仓 | 10/20 | 5/3 | 6/18 | | 2 | 21.9 | 71.1 | 42.9 | 60.4 | 74.7 | | | | | | | | | | | | | | | | | | |
| | 蓟州 | 10/9 | 5/5 | 6/18 | 252 | 2 | 25.8 | 45.3 | 35.5 | 78.3 | 69.9 | 5 | 33.9 | 66.1 | 1 | 1 | 1 | 1 | 0 | 1 | 0 | 0 | 1 | 1 | 1 | 1 | 1 | 3 | 1 |
| | 优农 | 10/23 | 5/3 | 6/8 | 228 | 3 | 32.3 | 79.8 | 38.9 | 48.8 | 73.3 | 4 | 1.0 | 99.0 | | | | | | | | | 4 | | | | | | |
| | 平均 | | | | 244.0 | | 26.5 | 60.4 | 38.2 | 66.4 | 71.9 | | 22.9 | | | | | | | | | | | | | | | | |
| 津农21 | 宝坻 | 10/9 | 5/5 | 6/17 | 251 | 2 | 24.8 | 39.7 | 31.2 | 78.5 | 69.7 | 5 | 48.7 | 51.3 | 1 | 1 | 1 | 1 | 0 | 1 | 0 | 0 | 1 | 1 | 1 | 1 | 1 | 3 | 1 |
| | 保农仓 | 10/19 | 5/3 | 6/13 | | 2 | 21.5 | 78.9 | 38.6 | 48.9 | 77.0 | | | | | | | | | | | | | | | | | | |
| | 蓟州 | 10/9 | 5/5 | 6/17 | 251 | 2 | 24.8 | 39.7 | 31.2 | 78.5 | 69.7 | 5 | 48.7 | 51.3 | 1 | 1 | 1 | 1 | 0 | 1 | 0 | 0 | 1 | 1 | 1 | 1 | 1 | 3 | 1 |
| | 优农 | 10/23 | 5/4 | 6/7 | 226 | 3 | 32.3 | 59.2 | 39.2 | 66.2 | 72.4 | 4 | 3.7 | 96.3 | | | | | | | | | 4 | | | | | | |
| | 平均 | | | | 242.7 | | 24.4 | 54.4 | 35.1 | 68.0 | 72.2 | | 33.7 | | | | | | | | | | | | | | | | |

(续表)

| 品种名称 | 试点名称 | 出苗期(月/日) | 抽穗期(月/日) | 成熟期(月/日) | 全生育期(天) | 幼苗习性 | 基本苗(万株/亩) | 最高总茎数(万茎/亩) | 有效穗数(万穗/亩) | 有效分蘖率(%) | 株高(厘米) | 冻害级别 | 冻害死茎率(%) | 越冬百分率(%) | 耐旱性 | 耐湿性 | 抗青干 | 倒伏程度 | 倒伏面积(%) | 锈病反应型 | 锈病严重度(%) | 锈病普遍率(%) | 白粉病 | 蚜虫 | 细菌性条斑病 | 散黑穗病 | 穗发芽 | 落粒性 | 熟相 |
|---|---|---|---|---|---|---|---|---|---|---|---|---|---|---|---|---|---|---|---|---|---|---|---|---|---|---|---|---|---|
| 津农22 | 宝坻 | 10/9 | 5/6 | 6/18 | 252 | 2 | 25.9 | 50.5 | 30.1 | 59.6 | 62.3 | 5 | 48.1 | 51.9 | 1 | 1 | 1 | 1 | 0 | 1 | 0 | 0 | 1 | 1 | 1 | 1 | 1 | 3 | 1 |
|  | 保农仓 | 10/20 | 5/4 | 6/14 |  | 2 | 23.1 | 75.8 | 37.4 | 49.4 | 71.7 |  |  |  | 1 | 1 | 1 | 1 | 0 | 1 | 0 | 0 | 1 | 1 | 1 | 1 | 1 | 1 | 1 |
|  | 蓟州 | 10/9 | 5/6 | 6/18 | 252 | 2 | 25.9 | 50.5 | 30.1 | 59.6 | 62.3 | 5 | 48.1 | 51.9 | 1 | 1 | 1 | 1 | 0 | 1 | 0 | 0 | 3 | 1 | 1 | 1 | 1 | 3 | 1 |
|  | 优农 | 10/23 | 5/5 | 6/7 | 227 | 3 | 28.0 | 78.2 | 37.7 | 48.1 | 72.5 | 4 | 2.8 | 97.2 | 1 | 1 | 1 | 1 | 0 | 1 | 0 | 0 | 1 | 1 | 1 | 1 | 1 | 1 | 1 |
|  | 平均 |  |  |  | 243.7 |  | 25.7 | 63.7 | 33.8 | 54.2 | 67.2 |  | 33.0 |  |  |  |  |  |  |  |  |  |  |  |  |  |  |  |  |
| 津农6号(CK) | 宝坻 | 10/9 | 5/4 | 6/17 | 251 | 2 | 25.8 | 45.5 | 30.9 | 67.9 | 70.7 | 5 | 47.3 | 52.7 | 1 | 1 | 1 | 1 | 0 | 1 | 0 | 0 | 1 | 1 | 1 | 1 | 1 | 3 | 1 |
|  | 保农仓 | 10/20 | 5/2 | 6/15 |  | 2 | 22.9 | 67.1 | 38.8 | 57.8 | 74.7 |  |  |  | 1 | 1 | 1 | 1 | 0 | 1 | 0 | 0 | 1 | 1 | 1 | 1 | 1 | 1 | 1 |
|  | 蓟州 | 10/9 | 5/4 | 6/17 | 251 | 2 | 25.8 | 45.5 | 30.9 | 67.9 | 70.7 | 5 | 47.3 | 52.7 | 1 | 1 | 1 | 1 | 0 | 1 | 0 | 0 | 4 | 1 | 1 | 1 | 1 | 3 | 1 |
|  | 优农 | 10/23 | 5/4 | 6/8 | 228 | 3 | 31.9 | 67.8 | 39.2 | 57.8 | 80.1 | 4 | 2.1 | 97.9 | 1 | 1 | 1 | 1 | 0 | 1 | 0 | 0 | 1 | 1 | 1 | 1 | 1 | 1 | 1 |
|  | 平均 |  |  |  | 243.3 |  | 26.6 | 56.5 | 34.9 | 62.8 | 74.0 |  | 32.2 |  |  |  |  |  |  |  |  |  |  |  |  |  |  |  |  |
| 京优369 | 宝坻 | 10/9 | — | — | — | 2 | 27.8 | — | — | — | — | 5 | 100.0 | 0 | — | — | — | 1 | 0 | 1 | 0 | 0 | — | — | — | — | — | — | — |
|  | 保农仓 | 10/21 | 5/2 | 6/18 | 252 | 2 | 21.2 | 33.3 | 24.9 | 74.7 | 65.0 |  |  |  | — | — | — | 1 | 0 | 1 | 0 | 0 | — | — | — | — | — | — | — |
|  | 蓟州 | 10/9 | — | — | — | 2 | 27.8 | — | — | — | — | 5 | 100.0 | 0 | — | — | — | 1 | 0 | 1 | 0 | 0 | — | — | — | — | — | — | — |
|  | 优农 |  |  |  |  |  |  |  |  |  |  |  |  |  |  |  |  |  |  |  |  |  |  |  |  |  |  |  |  |
|  | 平均 |  |  |  | — |  | 25.6 | 33.3 | 24.9 | 74.7 | 65.0 |  | 100.0 |  |  |  |  |  |  |  |  |  |  |  |  |  |  |  |  |
| 乐土190 | 宝坻 | 10/9 | 5/3 | 6/18 | 252 | 2 | 26.4 | 53.3 | 31.3 | 58.7 | 68.6 | 5 | 38.4 | 61.6 | 1 | 1 | 1 | 1 | 0 | 1 | 0 | 0 | 1 | 1 | 1 | 1 | 1 | 3 | 1 |
|  | 保农仓 | 10/20 | 5/3 | 6/18 | 252 | 2 | 21.0 | 71.6 | 36.1 | 50.4 | 73.0 |  |  |  | 1 | 1 | 1 | 1 | 0 | 1 | 0 | 0 | 1 | 1 | 1 | 1 | 1 | 1 | 1 |
|  | 蓟州 | 10/9 | 5/3 | 6/18 | 252 | 2 | 26.4 | 53.3 | 31.3 | 58.7 | 68.6 | 5 | 38.4 | 61.6 | 1 | 1 | 1 | 1 | 0 | 1 | 0 | 0 | 3 | 1 | 1 | 1 | 1 | 3 | 1 |
|  | 优农 | 10/23 | 5/4 | 6/13 | 233 | 3 | 31.7 | 67.8 | 39.8 | 58.7 | 70.2 | 3 | 2.1 | 97.9 | 1 | 1 | 1 | 1 | 0 | 1 | 0 | 0 | 1 | 1 | 1 | 1 | 1 | 1 | 1 |
|  | 平均 |  |  |  | 245.7 |  | 26.4 | 61.5 | 34.6 | 56.6 | 70.1 |  | 26.3 |  |  |  |  |  |  |  |  |  |  |  |  |  |  |  |  |

# 第一章 2022—2023年度天津市冬小麦区域试验总结

(续表)

| 品种名称 | 试点名称 | 出苗期(月/日) | 抽穗期(月/日) | 成熟期(月/日) | 全生育期(天) | 幼苗习性 | 基本苗(万株/亩) | 最高总茎数(万茎/亩) | 有效穗数(万穗/亩) | 有效分蘖率(%) | 株高(厘米) | 冻害级别 | 冻害死茎率(%) | 越冬百分率(%) | 耐旱性 | 耐湿性 | 抗青干 | 倒伏程度 | 倒伏面积(%) | 锈病反应型 | 锈病严重度(%) | 锈病普遍率(%) | 白粉病 | 蚜虫 | 细菌性条斑病 | 散黑穗病 | 穗发芽 | 落粒性 | 熟相 |
|---|---|---|---|---|---|---|---|---|---|---|---|---|---|---|---|---|---|---|---|---|---|---|---|---|---|---|---|---|---|
| 连增293 | 宝坻 | 10/9 | 5/3 | 6/18 | 252 | 2 | 24.8 | 58.5 | 30.9 | 52.7 | 70.6 | 5 | 35.4 | 64.6 | 1 | 1 | 1 | 1 | 0 | 1 | 0 | 0 | 1 | 1 | 1 | 1 | 1 | 3 | 1 |
| | 保农仓 | 10/20 | 5/4 | 6/17 | | 2 | 19.2 | 68.5 | 36.4 | 53.1 | 75.7 | | | | | | | | | | | | | | | | | | |
| | 蓟州 | 10/9 | 5/3 | 6/18 | 252 | 2 | 24.8 | 58.5 | 30.9 | 52.7 | 70.6 | 5 | 35.4 | 64.6 | 1 | 1 | 1 | 1 | 0 | 1 | 0 | 0 | 1 | 1 | 1 | 1 | 1 | 3 | 1 |
| | 优农 | 10/23 | 5/4 | 6/12 | 232 | 3 | 29.6 | 63.7 | 33.0 | 51.8 | 71.6 | 4 | 0.4 | 99.6 | | | | | | | | | 3 | 1 | 1 | 1 | 1 | 3 | 1 |
| | 平均 | | 5/3 | 6/18 | 245.3 | | 24.6 | 62.3 | 32.8 | 52.6 | 72.1 | | 23.7 | | | | | | | | | | | | | | | | |
| 良星28 | 宝坻 | 10/9 | 5/2 | 6/17 | 252 | 2 | 25.8 | 26.1 | 23.8 | 91.2 | 63.4 | 5 | 66.2 | 33.8 | 1 | 1 | 1 | 1 | 0 | 1 | 0 | 0 | 1 | 1 | 1 | 1 | 1 | 3 | 1 |
| | 保农仓 | 10/21 | | | | | 21.9 | 86.4 | 37.0 | 42.8 | 72.3 | | | | | | | | | | | | | | | | | | |
| | 蓟州 | 10/9 | 5/3 | 6/18 | 252 | 2 | 25.8 | 26.1 | 23.8 | 91.2 | 63.4 | 5 | 66.2 | 33.8 | 1 | 1 | 1 | 1 | 0 | 1 | 0 | 0 | 1 | 1 | 1 | 1 | 1 | 3 | 1 |
| | 优农 | 10/23 | 5/3 | 6/10 | 230 | 3 | 31.8 | 53.2 | 30.5 | 57.2 | 69.8 | 3 | 0.6 | 99.4 | | | | | | | | | 3 | 1 | 1 | 1 | 1 | 3 | 1 |
| | 平均 | | | | 244.7 | | 26.3 | 48.0 | 28.8 | 70.6 | 67.2 | | 44.3 | | | | | | | | | | | | | | | | |
| 良星87 | 宝坻 | 10/9 | 5/5 | 6/18 | 252 | 2 | 26.7 | 37.0 | 27.8 | 75.2 | 61.9 | 5 | 63.1 | 36.9 | 1 | 1 | 1 | 1 | 0 | 1 | 0 | 0 | 1 | 1 | 1 | 1 | 1 | 3 | 1 |
| | 保农仓 | 10/20 | 5/4 | 6/16 | | 2 | 19.7 | 66.4 | 37.0 | 55.6 | 67.7 | | | | | | | | | | | | | | | | | | |
| | 蓟州 | 10/9 | 5/5 | 6/18 | 252 | 2 | 26.7 | 37.0 | 27.8 | 75.2 | 61.9 | 5 | 63.1 | 36.9 | 1 | 1 | 1 | 1 | 0 | 1 | 0 | 0 | 1 | 1 | 1 | 1 | 1 | 3 | 1 |
| | 优农 | 10/23 | 5/5 | 6/6 | 226 | 3 | 29.9 | 55.9 | 33.2 | 59.5 | 66.6 | 4 | 2.4 | 97.6 | | | | | | | | | 3 | 1 | 1 | 1 | 1 | 3 | 1 |
| | 平均 | | | | 243.3 | | 25.7 | 49.1 | 31.4 | 66.4 | 64.5 | | 42.9 | | | | | | | | | | | | | | | | |
| 鲁研745 | 宝坻 | 10/9 | 5/6 | 6/18 | 252 | 2 | 26.7 | 28.7 | 22.5 | 78.3 | 66.0 | 5 | 57.0 | 43.0 | 1 | 1 | 1 | 1 | 0 | 1 | 0 | 0 | 1 | 1 | 1 | 1 | 1 | 3 | 1 |
| | 保农仓 | 10/20 | 5/4 | 6/15 | | 2 | 21.9 | 74.1 | 33.4 | 45.1 | 72.7 | | | | | | | | | | | | | | | | | | |
| | 蓟州 | 10/9 | 5/6 | 6/18 | 252 | 2 | 26.7 | 28.7 | 22.5 | 78.3 | 66.0 | 5 | 57.0 | 43.0 | 1 | 1 | 1 | 1 | 0 | 1 | 0 | 0 | 1 | 1 | 1 | 1 | 1 | 3 | 1 |
| | 优农 | 10/9 | 5/5 | 6/6 | 225 | 3 | 33.8 | 63.1 | 36.5 | 57.8 | 71.1 | 4 | 3.4 | 96.6 | | | | | | | | | 4 | 1 | 1 | 1 | 1 | 1 | 1 |
| | 平均 | | | | 243 | | 27.3 | 48.7 | 28.7 | 64.9 | 68.9 | | 39.1 | | | | | | | | | | | | | | | | |

（续表）

| 品种名称 | 试点名称 | 出苗期(月/日) | 抽穗期(月/日) | 成熟期(月/日) | 全生育期(天) | 幼苗习性 | 基本苗(万株/亩) | 最高总茎数(万茎/亩) | 有效穗数(万穗/亩) | 有效分蘖率(%) | 株高(厘米) | 冻害级别 | 冻害死茎率(%) | 越冬日分率(%) | 耐旱性 | 耐湿性 | 抗青干 | 倒伏程度 | 倒伏面积(%) | 锈病反应型 | 锈病严重度 | 锈病普遍率(%) | 白粉病 | 其他病虫害蚜虫 | 细菌性条斑病 | 散黑穗病 | 穗发芽 | 落粒性 | 熟相 |
|---|---|---|---|---|---|---|---|---|---|---|---|---|---|---|---|---|---|---|---|---|---|---|---|---|---|---|---|---|---|
| 马兰一号 | 宝坻 | 10/9 | 5/4 | 6/18 | 252 | 2 | 24.7 | 37.9 | 28.7 | 75.6 | 56.2 | 5 | 66.7 | 33.3 | 1 | | 1 | 1 | 0 | 1 | 0 | 0 | 1 | 1 | 1 | 1 | 1 | 3 | 1 |
| | 保农仓 | 10/21 | 5/4 | 6/17 | | 2 | 20.0 | 71.9 | 35.5 | 49.3 | 62.0 | | | | | | | | | | | | | | | | | | |
| | 蓟州 | 10/9 | 5/4 | 6/18 | 252 | 2 | 24.7 | 37.9 | 28.7 | 75.6 | 56.2 | 5 | 66.7 | 33.3 | 1 | | 1 | 1 | 0 | 1 | 0 | 0 | 1 | 1 | 1 | 1 | 1 | 3 | 1 |
| | 优农 | 10/23 | 5/5 | 6/12 | 232 | 3 | 35.0 | 45.7 | 40.2 | 88.0 | 52.5 | 5 | 9.0 | 91.0 | 1 | | | 1 | 0 | 1 | 0 | 0 | 4 | 1 | 1 | 1 | 1 | 1 | 1 |
| | 平均 | | | | 245.3 | | 26.1 | 48.4 | 33.3 | 72.1 | 56.7 | | 47.5 | | | | | | | | | | | | | | | | |
| 鑫瑞麦77 | 宝坻 | 10/9 | 5/5 | 6/18 | 252 | 2 | 26.4 | 52.1 | 31.8 | 60.9 | 70.9 | 5 | 45.2 | 54.8 | 1 | | 1 | 1 | 0 | 1 | 0 | 0 | 1 | 1 | 1 | 1 | 1 | 3 | 1 |
| | 保农仓 | 10/20 | 5/4 | 6/17 | | 2 | 20.4 | 65.6 | 38.6 | 58.8 | 76.3 | | | | | | | | | | | | | | | | | | |
| | 蓟州 | 10/9 | 5/5 | 6/18 | 252 | 2 | 26.4 | 52.1 | 31.8 | 60.9 | 70.9 | 5 | 45.2 | 54.8 | 1 | | | 1 | 0 | 1 | 0 | 0 | 1 | 1 | 1 | 1 | 1 | 3 | 1 |
| | 优农 | 10/23 | 5/5 | 6/10 | 230 | 3 | 34.3 | 66.3 | 44.7 | 67.5 | 74.9 | 4 | 1.3 | 98.7 | 1 | | | 1 | 0 | 1 | 0 | 0 | 4 | 1 | 1 | 1 | 1 | 1 | 1 |
| | 平均 | | | | 244.7 | | 26.9 | 59.0 | 36.7 | 62.0 | 73.3 | | 30.6 | | | | | | | | | | | | | | | | |
| 中麦108 | 宝坻 | 10/9 | 5/1 | 6/16 | 250 | 2 | 25.7 | 43.0 | 29.0 | 67.6 | 77.0 | 5 | 38.9 | 61.1 | 1 | | 1 | 1 | 0 | 1 | 0 | 0 | 1 | 1 | 1 | 1 | 1 | 3 | 3 |
| | 保农仓 | 10/20 | 5/1 | 6/13 | | 2 | 22.1 | 81.4 | 38.9 | 47.8 | 79.0 | | | | | | | | | | | | | | | | | | |
| | 蓟州 | 10/9 | 5/1 | 6/16 | 250 | 2 | 25.7 | 43.0 | 29.0 | 67.6 | 77.0 | 5 | 38.9 | 61.1 | 1 | | | 1 | 0 | 1 | 0 | 0 | 1 | 1 | 1 | 1 | 1 | 3 | 3 |
| | 优农 | 10/23 | 5/2 | 6/9 | 230 | 3 | 27.7 | 56.7 | 35.4 | 62.4 | 71.7 | 3 | 0.8 | 99.2 | 1 | | | 1 | 0 | 1 | 0 | 0 | 3 | 1 | 1 | 1 | 1 | 1 | 1 |
| | 平均 | | | | 243.3 | | 25.3 | 56.0 | 33.1 | 61.4 | 76.2 | | 26.2 | | | | | | | | | | | | | | | | |

# 第一章 2022—2023年度天津市冬小麦区域试验总结

附表1-6 2022—2023年度天津市冬小麦区域试验参试品种（系）综合性状汇总（B组）

| 品种名称 | 试点名称 | 出苗期(月/日) | 抽穗期(月/日) | 成熟期(月/日) | 全生育期(天) | 幼苗习性 | 基本苗(万株/亩) | 最高总茎数(万茎/亩) | 有效穗数(万穗/亩) | 有效分蘖率(%) | 株高(厘米) | 冻害 级别 | 冻害 死茎率(%) | 越冬百分率(%) | 耐旱性 | 耐湿性 | 抗青干 | 倒伏 程度 | 倒伏 面积(%) | 锈病 反应型 | 锈病 严重度(%) | 锈病 普遍率(%) | 白粉病 | 其他病虫害 蚜虫 | 其他病虫害 细菌性条斑病 | 其他病虫害 散黑穗病 | 穗发芽 | 落粒性 | 熟相 |
|---|---|---|---|---|---|---|---|---|---|---|---|---|---|---|---|---|---|---|---|---|---|---|---|---|---|---|---|---|---|
| JM038 | 宝坻 | 10/9 | 5/7 | 6/19 | 253 | 2 | 27.2 | 10.1 | 13.8 | 91.4 | 63.7 | 5 | 82.6 | 17.4 | 1 | 1 | 1 | 1 | 0 | 1 | 0 | 0 | 1 | 1 | 1 | 1 | 1 | 3 | 1 |
| | 保农仓 | 10/20 | 5/4 | 6/19 | | | 19.7 | 37.0 | 26.7 | | 60.0 | | | | | | | | | | | | | | | | | | |
| | 蓟州 | 10/16 | 5/9 | 6/20 | 247 | 2 | 25.2 | 13.8 | 10.3 | 74.6 | 59.0 | 4+ | 87.4 | 12.6 | 1 | 1 | 1 | 1 | 0 | 1 | 0 | 0 | 1 | 1 | 1 | 1 | 1 | 3 | 3 |
| | 优农 | 10/23 | 5/7 | 6/13 | 233 | 3 | 30.9 | 35.2 | 27.6 | 78.2 | 62.3 | 5 | 8.5 | 91.5 | | | | | | | | | 3 | | | | | | 1 |
| | 平均 | | | | 244 | | 25.7 | 24.0 | 19.6 | 81.4 | 61.3 | | 59.5 | | | | | | | | | | | | | | | | |
| 成麦17 | 宝坻 | 10/9 | 5/4 | 6/15 | 249 | 2 | 26.0 | 47.7 | 28.4 | 59.5 | 70.7 | 5 | 36.2 | 63.8 | 1 | 1 | 1 | 1 | 0 | 1 | 0 | 0 | 1 | 1 | 1 | 1 | 1 | 3 | 1 |
| | 保农仓 | 10/20 | 5/2 | 6/16 | | | 21.8 | 72.9 | | | 77.3 | | | | | | | | | | | | | | | | | | |
| | 蓟州 | 10/16 | 5/4 | 6/16 | 243 | 2 | 25.2 | 35.9 | 33.4 | 93.0 | 67.0 | 4 | 53.2 | 46.8 | 1 | 1 | 1 | 1 | 0 | 1 | 0 | 0 | 2 | 1 | 1 | 1 | 1 | 3 | 3 |
| | 优农 | 10/23 | 5/5 | 6/11 | 231 | 3 | 29.3 | 73.0 | 36.2 | 49.6 | 75.8 | 3 | 1.3 | 98.7 | | | | | | | | | 4 | | | | | | 1 |
| | 平均 | | | | 241 | | 25.6 | 57.4 | 32.7 | 67.4 | 72.7 | | 30.2 | | | | | | | | | | | | | | | | |
| 济麦22(CK) | 宝坻 | 10/9 | 5/4 | 6/18 | 252 | 2 | 26.7 | 53.8 | 31.1 | 57.9 | 67.0 | 5 | 43.8 | 56.2 | 1 | 1 | 1 | 1 | 0 | 1 | 0 | 0 | 1 | 1 | 1 | 1 | 1 | 3 | 1 |
| | 保农仓 | 10/20 | 5/3 | 6/17 | | | 20.9 | 85.3 | 42.7 | | 71.0 | | | | | | | | | | | | | | | | | | |
| | 蓟州 | 10/16 | 5/5 | 6/16 | 243 | 2 | 25.2 | 41.4 | 35.1 | 84.8 | 64.0 | 4 | 46.4 | 53.6 | 1 | 1 | 1 | 1 | 0 | 1 | 0 | 0 | 3 | 1 | 1 | 1 | 1 | 3 | 3 |
| | 优农 | 10/23 | 5/5 | 6/12 | 232 | 3 | 30.8 | 75.5 | 40.5 | 53.6 | 68.1 | 3 | 0.4 | 99.6 | | | | | | | | | 3 | | | | | | 1 |
| | 平均 | | | | 242 | | 25.9 | 64.0 | 37.4 | 65.4 | 67.5 | | 30.2 | | | | | | | | | | | | | | | | |
| 济麦5172 | 宝坻 | 10/9 | 5/5 | 6/18 | 252 | 2 | 27.3 | 29.2 | 21.8 | 74.6 | 61.4 | 5 | 58.7 | 41.3 | 1 | 1 | 1 | 1 | 0 | 1 | 0 | 0 | 1 | 1 | 1 | 1 | 1 | 3 | 1 |
| | 保农仓 | 10/21 | 5/3 | 6/15 | | | 19.3 | 60.1 | 40.2 | | 73.0 | | | | | | | | | | | | | | | | | | |
| | 蓟州 | 10/16 | 5/7 | 6/16 | 243 | 2 | 24.8 | 24.8 | 21.5 | 86.7 | 60.3 | 4+ | 78.0 | 22.0 | 1 | 1 | 1 | 1 | 0 | 1 | 0 | 0 | 2 | 1 | 1 | 1 | 1 | 3 | 3 |
| | 优农 | 10/23 | 5/5 | 6/8 | 228 | 3 | 34.1 | 60.0 | 37.0 | 61.7 | 70.6 | 3 | 2.3 | 97.7 | | | | | | | | | 3 | | | | | | 1 |
| | 平均 | | | | 241 | | 26.4 | 43.5 | 30.1 | 74.3 | 66.3 | | 46.3 | | | | | | | | | | | | | | | | |

· 25 ·

（续表）

| 品种名称 | 试点名称 | 出苗期(月/日) | 抽穗期(月/日) | 成熟期(月/日) | 全生育期(天) | 幼苗习性 | 基本苗(万株/亩) | 最高总茎数(万茎/亩) | 有效穗数(万穗/亩) | 有效分蘖率(%) | 株高(厘米) | 冻害级别 | 冻害死茎率(%) | 越冬百分率(%) | 耐旱性 | 耐湿性 | 抗青干 | 倒伏程度 | 倒伏面积(%) | 锈病反应型 | 锈病严重度(%) | 锈病普遍率(%) | 白粉病 | 蚜虫 | 细菌性条斑病 | 散黑穗病 | 穗发芽 | 落粒性 | 熟相 |
|---|---|---|---|---|---|---|---|---|---|---|---|---|---|---|---|---|---|---|---|---|---|---|---|---|---|---|---|---|---|
| 津麦5038 | 宝坻 | 10/9 | 5/3 | 6/18 | 252 | 2 | 28.0 | 39.4 | 28.5 | 72.3 | 71.2 | 5 | 39.4 | 60.6 | 1 | 1 | 1 | 1 | 0 | 1 | 0 | 0 | 1 | 1 | 1 | 1 | 1 | 3 | 1 |
|  | 保农仓 | 10/21 | 5/2 | 6/18 |  |  | 22.2 | 68.7 | 42.8 | 89.0 | 76.7 |  |  |  |  |  |  |  |  |  |  |  |  |  |  |  |  |  |  |
|  | 蓟州 | 10/16 | 5/3 | 6/21 | 248 | 2 | 25.6 | 42.7 | 38.0 | 89.0 | 68.7 | 4 | 55.8 | 44.2 | 1 | 1 | 1 | 1 | 0 | 1 | 0 | 0 | 3 | 1 | 1 | 1 | 1 | 3 | 1 |
|  | 优衣 | 10/23 | 5/4 | 6/13 | 233 | 3 | 35.0 | 86.9 | 39.8 | 45.8 | 75.2 | 3 | 0.3 | 99.7 | 1 | 1 | 1 | 1 | 0 | 1 | 0 | 0 | 3 | 1 | 1 | 1 | 1 | 3 | 1 |
|  | 平均 |  |  |  | 244 |  | 27.7 | 59.4 | 37.3 | 69.0 | 72.9 |  | 31.8 |  |  |  |  |  |  |  |  |  |  |  |  |  |  |  |  |
| 津农19 | 宝坻 | 10/9 | 5/5 | 6/15 | 249 | 2 | 27.9 | 28.4 | 23.0 | 80.7 | 61.7 | 5 | 52.2 | 47.8 | 1 | 1 | 1 | 1 | 0 | 1 | 0 | 0 | 1 | 1 | 1 | 1 | 1 | 3 | 1 |
|  | 保农仓 | 10/21 | 5/4 | 6/18 |  |  | 20.6 | 43.4 | 31.9 |  | 62.3 |  |  |  |  |  |  |  |  |  |  |  |  |  |  |  |  |  |  |
|  | 蓟州 | 10/16 | 5/6 | 6/21 | 248 | 2 | 24.9 | 8.1 | 6.7 | 82.7 | 56.0 | 4+ | 97.4 | 2.6 | 1 | 1 | 1 | 1 | 0 | 1 | 0 | 0 | 2 | 1 | 1 | 1 | 1 | 3 | 3 |
|  | 优衣 | 10/23 | 5/6 | 6/10 | 230 | 3 | 34.4 | 24.9 | 22.0 | 116.5 | 58.3 | 5 | 17.8 | 82.2 | 1 | 1 | 1 | 1 | 0 | 1 | 0 | 0 | 4 | 1 | 1 | 1 | 1 | 3 | 1 |
|  | 平均 |  |  |  | 242 |  | 26.9 | 26.2 | 20.9 | 93.3 | 59.6 |  | 55.8 |  |  |  |  |  |  |  |  |  |  |  |  |  |  |  |  |
| 津农6号(CK) | 宝坻 | 10/9 | 5/4 | 6/17 | 251 | 2 | 25.7 | 46.2 | 29.8 | 64.5 | 72.0 | 5 | 48.8 | 51.2 | 1 | 1 | 1 | 1 | 0 | 1 | 0 | 0 | 1 | 1 | 1 | 1 | 1 | 3 | 1 |
|  | 保农仓 | 10/20 | 5/3 | 6/18 | 252 |  | 22.2 | 72.6 | 41.9 |  | 78.3 |  |  |  |  |  |  |  |  |  |  |  |  |  |  |  |  |  |  |
|  | 蓟州 | 10/16 | 5/7 | 6/18 | 245 | 2 | 25.5 | 37.6 | 31.6 | 84.0 | 70.7 | 4+ | 58.7 | 41.3 | 1 | 1 | 1 | 1 | 0 | 1 | 0 | 0 | 3 | 1 | 1 | 1 | 1 | 3 | 1 |
|  | 优衣 | 10/23 | 5/4 | 6/8 | 228 | 3 | 31.9 | 89.6 | 38.5 | 42.9 | 79.9 | 3 | 0.0 | 100.0 | 1 | 1 | 1 | 1 | 0 | 1 | 0 | 0 | 3 | 1 | 1 | 1 | 1 | 3 | 1 |
|  | 平均 |  |  |  | 241 |  | 26.3 | 61.5 | 35.5 | 63.8 | 75.2 |  | 35.8 |  |  |  |  |  |  |  |  |  |  |  |  |  |  |  |  |
| 兰德麦856 | 宝坻 | 10/9 | 5/4 | 6/18 | 252 | 2 | 25.4 | 54.8 | 31.8 | 58.0 | 70.8 | 5 | 38.8 | 61.2 | 1 | 1 | 1 | 1 | 0 | 1 | 0 | 0 | 1 | 1 | 1 | 1 | 1 | 3 | 1 |
|  | 保农仓 | 10/20 | 5/3 | 6/18 |  |  | 19.1 | 81.6 | 40.8 |  | 74.7 |  |  |  |  |  |  |  |  |  |  |  |  |  |  |  |  |  |  |
|  | 蓟州 | 10/16 | 5/6 | 6/16 | 243 | 2 | 25.3 | 38.8 | 30.9 | 79.6 | 65.0 | 4 | 57.8 | 42.2 | 1 | 1 | 1 | 1 | 0 | 1 | 0 | 0 | 3 | 1 | 1 | 1 | 1 | 3 | 3 |
|  | 优衣 | 10/23 | 5/5 | 6/11 | 231 | 3 | 28.3 | 73.0 | 36.4 | 49.8 | 69.2 | 3 | 0.8 | 99.2 | 1 | 1 | 1 | 1 | 0 | 1 | 0 | 0 | 4 | 1 | 1 | 1 | 1 | 3 | 1 |
|  | 平均 |  |  |  | 242 |  | 24.5 | 62.0 | 35.0 | 62.5 | 69.9 |  | 32.5 |  |  |  |  |  |  |  |  |  |  |  |  |  |  |  |  |

# 第一章 2022—2023年度天津市冬小麦区域试验总结

（续表）

| 品种名称 | 试点名称 | 出苗期(月/日) | 抽穗期(月/日) | 成熟期(月/日) | 全生育期(天) | 幼苗习性 | 基本苗(万株/亩) | 最高总茎数(万茎/亩) | 有效穗数(万穗/亩) | 有效分蘖率(%) | 株高(厘米) | 冻害级别 | 冻害死茎率(%) | 越冬百分率(%) | 耐旱性 | 耐湿性 | 抗青干 | 倒伏程度 | 倒伏面积(%) | 锈病反应型 | 锈病严重度(%) | 锈病普遍率(%) | 白粉病 | 蚜虫 | 细菌性条斑病 | 散黑穗病 | 穗发芽 | 落粒性 | 熟相 |
|---|---|---|---|---|---|---|---|---|---|---|---|---|---|---|---|---|---|---|---|---|---|---|---|---|---|---|---|---|---|
| 乐土18 | 宝坻 | 10/9 | 5/3 | 6/16 | 250 | 2 | 28.0 | 51.6 | 27.8 | 54.0 | 72.6 | 5 | 35.4 | 64.6 | 1 | 1 | 1 | 1 | 0 | 1 | 0 | 0 | 1 | 1 | 1 | 1 | 1 | 3 | 1 |
| | 保农仓 | 10/20 | 5/3 | 6/16 | | | 19.7 | 90.9 | 41.6 | 78.8 | 80.7 | | | | | | | | | | | | | | | | | | |
| | 蓟州 | 10/16 | 5/5 | 6/15 | 242 | 2 | 25.5 | 39.2 | 30.9 | 49.0 | 72.7 | 4+ | 52.3 | 47.7 | 1 | 1 | 1 | 1 | 0 | 1 | 0 | 0 | 2 | 1 | 1 | 1 | 1 | 3 | 1 |
| | 优衣 | 10/23 | 5/4 | 6/10 | 230 | 3 | 31.6 | 88.9 | 43.6 | 60.6 | 80.1 | 3 | 0.4 | 99.6 | 1 | 1 | 1 | 1 | 0 | 1 | 0 | 0 | 3 | 1 | 1 | 1 | 1 | 3 | 1 |
| | 平均 | | | | 241 | | 26.2 | 67.7 | 36.0 | | 76.5 | | 29.4 | | | | | | | | | | | | | | | | |
| 乐土702 | 宝坻 | 10/9 | 5/5 | 6/19 | 253 | 2 | 26.3 | 9.0 | 11.8 | 93.3 | 58.7 | 5 | 84.8 | 15.2 | 1 | 1 | 1 | 1 | 0 | 1 | 0 | 0 | 1 | 1 | 1 | 1 | 1 | 3 | 1 |
| | 保农仓 | 10/20 | 5/2 | 6/18 | | | 20.5 | 43.4 | 33.8 | | 64.3 | | | | | | | | | | | | | | | | | | |
| | 蓟州 | 10/16 | 5/6 | 6/21 | 248 | 2 | 25.5 | 9.5 | 7.8 | 82.1 | 54.3 | 4+ | 97.3 | 2.7 | 1 | 1 | 1 | 2 | 3.3 | 1 | 0 | 0 | 2 | 1 | 1 | 1 | 1 | 3 | 3 |
| | 优衣 | 10/23 | 5/4 | 6/13 | 233 | 3 | 29.5 | 27.8 | 26.2 | 115.1 | 57.4 | 5 | 30.9 | 69.1 | 1 | 1 | 1 | 1 | 0 | 1 | 0 | 0 | 4 | 1 | 1 | 1 | 1 | 3 | 1 |
| | 平均 | | | | 245 | | 25.5 | 22.4 | 19.9 | 96.8 | 58.7 | | 71.0 | | | | | | | | | | | | | | | | |
| 鲁原158 | 宝坻 | 10/9 | 5/5 | 6/19 | 253 | 2 | 26.2 | 15.6 | 14.4 | 80.1 | 59.4 | 5 | 83.2 | 16.8 | 1 | 1 | 1 | 1 | 0 | 1 | 0 | 0 | 1 | 1 | 1 | 1 | 1 | 3 | 1 |
| | 保农仓 | 10/20 | 5/2 | 6/16 | | | 20.3 | 62.1 | 32.6 | | 72.0 | | | | | | | | | | | | | | | | | | |
| | 蓟州 | 10/16 | 5/7 | 6/20 | 247 | 2 | 25.1 | 17.0 | 12.3 | 72.4 | 56.0 | 4+ | 87.0 | 13.0 | 1 | 1 | 1 | 1 | 0 | 1 | 0 | 0 | 4 | 1 | 1 | 1 | 1 | 3 | 3 |
| | 优衣 | 10/23 | 5/5 | 6/10 | 230 | 3 | 35.7 | 49.0 | 33.5 | 68.3 | 66.9 | 4 | 13.1 | 86.9 | 1 | 1 | 1 | 1 | 0 | 1 | 0 | 0 | 3 | 1 | 1 | 1 | 1 | 3 | 1 |
| | 平均 | | | | 243 | | 26.8 | 35.9 | 23.2 | 73.6 | 63.6 | | 61.1 | | | | | | | | | | | | | | | | |
| 农大105 | 宝坻 | 10/9 | 5/3 | 6/16 | 250 | 2 | 27.0 | 45.5 | 28.6 | 62.9 | 69.7 | 5 | 52.4 | 47.6 | 1 | 1 | 1 | 1 | 0 | 1 | 0 | 0 | 1 | 1 | 1 | 1 | 1 | 3 | 3 |
| | 保农仓 | 10/20 | 5/2 | 6/13 | | | 21.2 | 81.8 | 41.9 | | 77.7 | | | | | | | | | | | | | | | | | | |
| | 蓟州 | 10/16 | 5/4 | 6/16 | 243 | 2 | 25.5 | 40.9 | 33.6 | 82.2 | 67.0 | 4+ | 67.1 | 32.9 | 1 | 1 | 1 | 1 | 0 | 1 | 0 | 0 | 3 | 1 | 1 | 1 | 1 | 3 | 1 |
| | 优衣 | 10/23 | 5/3 | 6/9 | 229 | 3 | 34.8 | 79.0 | 43.9 | 55.6 | 78.1 | 3 | 2.8 | 97.2 | 1 | 1 | 1 | 1 | 0 | 1 | 0 | 0 | 4 | 1 | 1 | 1 | 1 | 3 | 1 |
| | 平均 | | | | 241 | | 27.1 | 61.8 | 37.0 | 66.9 | 73.1 | | 40.8 | | | | | | | | | | | | | | | | |

(续表)

| 品种名称 | 试点名称 | 出苗期(月/日) | 抽穗期(月/日) | 成熟期(月/日) | 全生育期(天) | 幼苗习性 | 基本苗(万株/亩) | 最高总茎数(万茎/亩) | 有效穗数(万穗/亩) | 有效分蘖率(%) | 株高(厘米) | 冻害级别 | 冻害死茎率(%) | 越冬苗分率(%) | 耐旱性 | 耐湿性 | 抗青干 | 倒伏硬度 | 倒伏面积(%) | 锈病反应型 | 锈病严重度(%) | 锈病普遍率(%) | 白粉病 | 蚜虫 | 细菌性条斑病 | 散黑穗病 | 穗发芽 | 落粒性 | 熟相 |
|---|---|---|---|---|---|---|---|---|---|---|---|---|---|---|---|---|---|---|---|---|---|---|---|---|---|---|---|---|---|
| 农大8156 | 宝坻 | 10/9 | 5/3 | 6/16 | 250 | 2 | 27.2 | 51.3 | 28.1 | 54.9 | 71.2 | 5 | 38.1 | 61.9 | 1 | 1 | 1 | 1 | 0 | 1 | 0 | 0 | 1 | 1 | 1 | 1 | 1 | 3 | 1 |
|  | 保农仓 | 10/20 | 5/3 | 6/13 | 236 |  | 20.2 | 76.7 | 43.8 | 72.8 | 74.7 | 3 | 4.4 | 95.6 | 1 | 1 | 1 | 1 | 0 | 1 | 0 | 0 | 2 | 1 | 1 | 1 | 1 | 3 | 3 |
|  | 蓟州 | 10/16 | 5/5 | 6/16 | 243 | 2 | 25.3 | 45.6 | 38.3 | 84.0 | 67.3 | 4 | 44.3 | 55.7 | 1 | 1 | 1 | 1 | 0 | 1 | 0 | 0 | 2 | 1 | 1 | 1 | 1 | 3 | 3 |
|  | 优农 | 10/23 | 5/5 | 6/7 | 227 | 3 | 31.1 | 82.5 | 38.6 | 46.8 | 70.7 | 3 | 0.7 | 99.3 | 1 | 1 | 1 | 2 | 20 | 1 | 0 | 0 | 3 | 1 | 1 | 1 | 1 | 1 | 1 |
|  | 平均 |  |  |  | 239 |  | 26.0 | 64.0 | 37.2 | 64.6 | 71.0 |  | 21.9 |  |  |  |  |  |  |  |  |  |  |  |  |  |  |  |  |
| 消麦2008 | 宝坻 | 10/9 | 5/5 | 6/19 | 253 | 2 | 25.4 | 5.6 | 4.7 | 82.9 | 59.3 | 5 | 90.1 | 9.9 | 1 | 1 | 1 | 1 | 0 | 1 | 0 | 0 | 1 | 1 | 1 | 1 | 1 | 3 | 1 |
|  | 保农仓 | 10/20 | 5/2 | 6/16 |  |  | 21.3 | 61.4 | 32.6 |  | 65.0 |  |  |  |  |  |  |  |  |  |  |  |  |  |  |  |  |  |  |
|  | 蓟州 | 10/16 | 5/6 | 6/20 | 247 | 2 | 25.6 | 6.4 | 5.6 | 87.5 | 55.0 | 5 | 99.7 | 0.3 | 1 | 1 | 1 | 1 | 0 | 1 | 0 | 0 | 2 | 1 | 1 | 1 | 1 | 3 | 3 |
|  | 优农 | 10/23 | 5/5 | 6/10 | 230 | 3 | 38.2 | 20.5 | 24.8 | 121.2 | 59.8 | 5 | 23.9 | 76.1 | 1 | 1 | 1 | 1 | 0 | 1 | 0 | 0 | 3 | 1 | 1 | 1 | 1 | 1 | 1 |
|  | 平均 |  |  |  | 243 |  | 27.6 | 23.5 | 16.9 | 97.2 | 59.8 |  | 71.2 |  |  |  |  |  |  |  |  |  |  |  |  |  |  |  |  |
| 盈亿166 | 宝坻 | 10/9 | 5/2 | 6/18 | 252 | 2 | 25.4 | 67.9 | 28.8 | 42.5 | 60.2 | 5 | 10.9 | 89.1 | 1 | 1 | 1 | 1 | 0 | 1 | 0 | 0 | 1 | 1 | 1 | 1 | 1 | 3 | 1 |
|  | 保农仓 | 10/20 | 5/3 | 6/16 |  |  | 20.3 | 67.3 | 37.9 |  | 66.3 |  |  |  |  |  |  |  |  |  |  |  |  |  |  |  |  |  |  |
|  | 蓟州 | 10/16 | 5/4 | 6/18 | 245 | 2 | 25.2 | 49.0 | 35.5 | 72.4 | 60.7 | 4 | 31.2 | 68.8 | 1 | 1 | 1 | 1 | 0 | 1 | 0 | 0 | 3 | 1 | 1 | 1 | 1 | 3 | 3 |
|  | 优农 | 10/23 | 5/4 | 6/11 | 231 | 3 | 33.0 | 75.6 | 38.0 | 50.3 | 71.9 | 3 | 0.6 | 99.4 | 1 | 1 | 1 | 1 | 0 | 1 | 0 | 0 | 3 | 1 | 1 | 1 | 1 | 1 | 1 |
|  | 平均 |  |  |  | 243 |  | 26.0 | 65.0 | 35.1 | 55.1 | 64.8 |  | 14.2 |  |  |  |  |  |  |  |  |  |  |  |  |  |  |  |  |

# 第二章 2022—2023年度天津市冬小麦生产试验总结

## 一、试验目的

为了客观、公正、科学地评价新育成小麦品种在天津市的丰产性、适应性、抗逆性、品质及其利用价值，为天津市小麦新品种审定提供依据。

## 二、参试品种及承试单位

### 1. 参试品种

各参试品种和育种（供种）单位见表2-1。

表2-1 2022—2023年度天津市冬小麦生产试验参试品种

| 序号 | 参试年次 | 品种名称 | 育种（供种）单位 |
| --- | --- | --- | --- |
| 1 | 1 | 津农6号（CK） | 天津市农业科学院农作物研究所 |
| 2 | 2 | 济麦22（CK） | 山东省农业科学院作物研究所 |
| 3 | 3 | 中麦806 | 中国农业科学院作物科学研究所 |
| 4 | 3 | 中麦578 | 中国农业科学院作物科学研究所、中国农业科学院棉花研究所 |
| 5 | 3 | 鲁研951 | 山东省农业科学院原子能农业应用研究所（申请单位、育种单位）、山东鲁研农业良种有限公司（育种单位） |
| 6 | 2 | 农大8156 | 中国农业大学、天津农学院 |

### 2. 承试单位

天津市宝坻区农业发展服务中心（宝坻）、天津蓟县康恩伟泰种子有限公司（蓟州）、天津保农仓农业科技有限公司（保农仓）、天津市农业科学院农作物研究所（作物所）、天津市优质农产品开发示范中心（优农）。

## 三、试验概况

### （一）试验设计

参加2022—2023年度品种生产试验的参试品种共6个，其中对照品种为津农6号、济麦22。小区面积0.5亩，不设重复，全区收获。

### （二）试验要求

**1. 试验地选择及试验管理**

选择土壤肥力均匀具有代表性的地块，田间管理略高于当地大田生产水平。应保证同一试点各品种、各重复间的各项管理措施一致（包括播期、密度、施肥量与方法等），同一重复内的同一管理措施应在同一天内完成。试验管理应及时施肥、排灌、治虫、中耕除草，并采取有效的防护措施防止人、鼠、鸟（禽）、畜等对试验的危害。注意试验过程中不对病害进行药剂防治，不使用各种植物生长调节剂。

**2. 栽培管理要求**

（1）播种期。9月底至10月上旬。
（2）播种量。区域试验、生产试验、抗寒试验每亩25万株基本苗。
（3）田间管理。试验地要求肥力均匀，地势平坦，前茬作物相同。
（4）试验田四周设4行以上保护行，重复间设1米的观察道。
（5）麦行走向南北为宜。

**3. 观察记载**

严格按《天津市小麦品种生产试验记载标准》进行，各承试点记载统一使用天津市小麦品种生产试验记载本。观察要及时，记载要准确。切忌漏记、错记，确保数据齐全可靠，不漏项。各承试单位务必专人负责试验,确保试验过程和试验结果的科学性、准确性、真实性和公正性,并及时填报试验田间记载表和试验总结记载表。试验总结记载表需用Excel电子表格上报,并按试验方案中的顺序号填写,以便进行数据汇总分析。

（三）试验完成情况

作物所试点如期播种,前期长势较好,越冬期受极端天气影响,大部分小麦品种受到不同程度的冻害,个别品种死苗严重,产量急剧降低,故本年试验数据进行报废。

其他试点均正常完成试验。

试验管理概况见表2-2。

**表2-2　2022—2023年度天津市冬小麦生产试验田间管理概况**

| 项目 | 宝坻 | 蓟州 | 保农仓 | 优农 |
| --- | --- | --- | --- | --- |
| 前茬作物 | 玉米 | 玉米 | 玉米 | 玉米 |
| 土质 | 壤土 | 黏土 | 重壤土 | 盐碱黏重 |
| 底肥 | 2022年9月27日用播种机施肥,每亩40千克掺混肥(N:P:K=18:20:5) | 2022年9月26日底施45%硫酸钾型复合肥(N:P:K=14:16:15)65千克/亩 | 2022年10月12日亩底施有机肥1.5吨、小麦配方肥40千克(N:P:K=19:22:10)、磷酸二铵20千克 | 2022年9月14日机械撒施复合肥40千克/亩+磷酸二铵20千克/亩 |
| 追肥 | 2023年4月8日追施尿素30千克/亩 | 2023年4月12日浇水,每亩撒施尿素20千克;5月29日喷施有机水溶肥,促进籽粒灌浆,增粒重 | 2023年4月6日随返青水追施尿素20千克/亩 | 2023年3月18日撒施46%尿素20千克/亩 |
| 水(旱)地 | 水浇地 | 水浇地 | 水浇地 | 旱地 |
| 浇水 | 2022年11月25日;2023年3月28日浇返青水,4月29日、5月25日浇水1次 | 2022年10月13日、11月26日;2023年3月27日、4月14日和5月18日,共浇水5次,方法为漫灌 | 2022年11月24日浇冻水;2023年4月6日浇返青水,方法为漫灌 | 2022年12月9日;2023年3月18日、4月29日大水漫灌 |
| 中耕除草 | 2023年4月16日用苯磺隆、2甲4氯钠兑水化学除草1次 | 2023年4月21日人工喷施双唑草酮+2甲·双氟进行化学除草;5月30日人工拔除田间杂草 | 2023年4月12日使用20%双氟·氯氟酯水分散颗粒剂5克/亩化学除草1次 | 无 |
| 植保 | 2023年5月16日用高效氯氟氰菊酯+吡虫啉叶面喷雾除治蚜虫 | 2023年4月21日,人工喷施高效氯氟氰菊酯除虫;5月2日用无人机喷施噻虫高氯氟+磷酸二氢钾,防治蚜虫、吸浆虫 | 2023年4月30日和5月18日分别用无人机喷施呋虫胺、三唑酮除治蚜虫、吸浆虫 | 无 |
| 其他 | 2022年9月29日播种,2023年6月20日收获 | 2022年10月6日播种,2023年6月23日收获 | 2022年10月13日播种,2023年6月20日收获 | 2022年10月12日播种,2023年6月14日收获 |

## 四、气象条件

经对气象资料分析,2022—2023年度各试验点冬小麦生育期间,主要表现为以下几个特点。

（1）苗期。2022年秋季,气温偏高,墒情适宜,各试点适时适墒播种出苗,形成冬前壮苗。

（2）越冬期。入冬后气象条件不佳,2022年12月15—17日、2023年1月11—15日、2023年1月22—25日先后出现3次强降温过程,2022年12月极端低温为-15～-10.5℃;2023年1月极端低温-19～-14.8℃。气温骤降,麦苗几乎未经抗寒锻炼进入越冬期,造成叶片枯黄,抗冻害能力偏弱;雨雪稀少，麦田基本无积雪覆盖，旱情加重。

（3）返青期。返青期略晚于常年，返青后苗情接近常年，部分地块苗情较弱，有死苗现象。返青期有效降水偏少，光照较为充足。

（4）抽穗灌浆期。天气晴朗，气温偏高，降水偏少，利于灌浆收获。

## 五、试验结果

2022—2023 年度共有 6 个参试品种，其中对照品种为津农 6 号、济麦 22，具体结果见附表 2-1、附表 2-2 和附表 2-3。

附表 2-1　2022—2023 年度天津市冬小麦生产试验各试点参试品种产量汇总

| 品种名称 | 试点名称 | 小区产量（千克） | 平均亩产量（千克） | 比对照增减（%） |
| --- | --- | --- | --- | --- |
| 济麦 22（CK） | 宝坻 | 282.45 | 564.89 | — |
|  | 蓟州 | 257.81 | 515.62 | — |
|  | 保农仓 | 269.43 | 599.03 | — |
|  | 优农 | 284.11 | 568.22 | — |
|  | 平均 | 273.45 | 561.94 | — |
| 津农 6 号（CK） | 宝坻 | 266.68 | 533.35 | — |
|  | 蓟州 | 247.03 | 494.06 | — |
|  | 保农仓 | 244.50 | 543.61 | — |
|  | 优农 | 291.48 | 582.96 | — |
|  | 平均 | 262.42 | 538.49 | — |
| 鲁研 951 | 宝坻 | 291.62 | 583.24 | 3.25 |
|  | 蓟州 | 258.43 | 516.86 | 0.24 |
|  | 保农仓 | 263.74 | 586.38 | 3.20 |
|  | 优农 | 277.76 | 612.14 | 2.19 |
|  | 平均 | 272.89 | 574.66 | 2.26 |
| 农大 8156 | 宝坻 | 287.80 | 575.59 | 1.89 |
|  | 蓟州 | 270.36 | 540.72 | 4.87 |
|  | 保农仓 | 279.51 | 621.44 | 9.37 |
|  | 优农 | 313.02 | 626.04 | 4.51 |
|  | 平均 | 287.67 | 590.95 | 5.16 |
| 中麦 578 | 宝坻 | 186.67 | 373.35 | -33.91 |
|  | 蓟州 | 160.48 | 320.96 | -37.75 |
|  | 保农仓 | 249.80 | 555.39 | -2.26 |
|  | 优农 | 282.24 | 597.78 | -0.21 |
|  | 平均 | 219.80 | 461.87 | -17.81 |
| 中麦 806 | 宝坻 | 284.12 | 568.24 | 0.59 |
|  | 蓟州 | 245.83 | 491.66 | -4.65 |
|  | 保农仓 | 245.27 | 545.32 | -4.03 |
|  | 优农 | 306.57 | 629.80 | 5.14 |
|  | 平均 | 270.45 | 558.75 | -0.57 |

附表 2-2 2022—2023 年度天津市冬小麦生产试验参试品种（系）室内考种结果汇总*

| 品种名称 | 试点名称 | 穗型 | 壳色 | 芒 | 每穗粒数 第Ⅰ重复 | 每穗粒数 第Ⅱ重复 | 每穗粒数 平均 | 粒色 | 籽粒饱满度 | 粒质 | 黑胚率(%) | 千粒重(克) 第Ⅰ重复 | 千粒重(克) 第Ⅱ重复 | 千粒重(克) 平均 | 容重(克/升) 第Ⅰ重复 | 容重(克/升) 第Ⅱ重复 | 容重(克/升) 平均 |
|---|---|---|---|---|---|---|---|---|---|---|---|---|---|---|---|---|---|
| 济麦22(CK) | 宝坻 | 1 | 1 | 5 | 36.7 | 36.5 | 36.6 | 1 | 2 | 1 | 0 | 48.6 | 48.8 | 48.7 | 792.0 | 793.0 | 793.0 |
| | 蓟州 | 1 | 1 | 5 | 31.9 | 32.7 | 32.3 | 1 | 2 | 1 | 8 | 54.4 | 54.0 | 54.2 | 830.0 | 834.0 | 832.0 |
| | 保农仓 | | | | | | | | | | | | | | | | |
| | 优农 | 1 | 1 | 5 | 38.9 | | 38.9 | 5 | 1 | 1 | 0 | 48.9 | | 48.9 | 802.0 | | 802.0 |
| | 平均 | | | | | | 35.9 | | | | | | | 50.6 | | | 809.0 |
| 津农6号(CK) | 宝坻 | 1 | 1 | 5 | 35.2 | 35.8 | 35.5 | 1 | 1 | 1 | 0 | 52.8 | 52.5 | 52.7 | 789.0 | 787.0 | 788.0 |
| | 蓟州 | 1 | 1 | 5 | 32.8 | 34.0 | 33.4 | 1 | 2 | 1 | 3 | 55.2 | 55.0 | 55.1 | 824.0 | 826.0 | 825.0 |
| | 保农仓 | | | | | | | | | | | | | | | | |
| | 优农 | 2 | 1 | 5 | 34.7 | | 34.7 | 1 | 1 | 1 | 0 | 52.7 | | 52.7 | 803.0 | | 803.0 |
| | 平均 | | | | | | 34.5 | | | | | | | 53.5 | | | 805.3 |
| 鲁研951 | 宝坻 | 1 | 1 | 5 | 37.8 | 38.2 | 38.0 | 1 | 2 | 1 | 0 | 49.5 | 49.3 | 49.4 | 794.0 | 796.0 | 795.0 |
| | 蓟州 | 1 | 1 | 5 | 40.2 | 41.0 | 40.6 | 1 | 2 | 3 | 0 | 51.3 | 51.1 | 51.2 | 809.0 | 812.0 | 811.0 |
| | 保农仓 | 1 | 1 | 5 | | | 39.5 | 1 | 2 | 1 | 0 | | | 50.9 | | | 802.0 |
| | 优农 | 1 | 1 | 5 | 38.6 | | 38.6 | 5 | 1 | 1 | 0 | 53.7 | | 53.7 | 810.0 | | 810.0 |
| | 平均 | | | | | | 39.2 | | | | | | | 51.3 | | | 804.5 |
| 农大8156 | 宝坻 | 1 | 1 | 5 | 38.1 | 38.2 | 38.2 | 1 | 2 | 1 | 0 | 42.3 | 42.5 | 42.4 | 796.0 | 798.0 | 797.0 |
| | 蓟州 | 1 | 1 | 5 | 36.1 | 36.5 | 36.3 | 1 | 2 | 3 | 2.5 | 49.5 | 49.3 | 49.4 | 791.0 | 795.0 | 793.0 |
| | 保农仓 | 1 | 1 | 5 | | | 37.6 | 1 | 1 | 1 | 0.0 | | | 46.5 | | | 798.0 |
| | 优农 | 1 | 1 | 5 | 38.8 | | 38.8 | 5 | 1 | 1 | 0 | 51.7 | | 51.7 | 809.0 | | 809.0 |
| | 平均 | | | | | | 37.7 | | | | | | | 47.5 | | | 799.3 |

注：* 本章相关记载项目和标准依据《农作物品种试验信息化技术规程 小麦》（NY/T 1301—2025）。

(续表)

| 品种名称 | 试点名称 | 穗型 | 壳色 | 芒 | 每穗粒数 第Ⅰ重复 | 每穗粒数 第Ⅱ重复 | 每穗粒数 平均 | 粒色 | 籽粒饱满度 | 粒质 | 黑胚率（%） | 千粒重（克）第Ⅰ重复 | 千粒重（克）第Ⅱ重复 | 千粒重（克）平均 | 容重（克/升）第Ⅰ重复 | 容重（克/升）第Ⅱ重复 | 容重（克/升）平均 |
|---|---|---|---|---|---|---|---|---|---|---|---|---|---|---|---|---|---|
| 中麦578 | 宝坻 | 1 | 1 | 5 | 40.1 | 40.5 | 40.3 | 1 | 1 | 1 | 0 | 54.9 | 54.7 | 54.8 | 784.0 | 789.0 | 787.0 |
| | 蓟州 | 1 | 1 | 5 | 30.3 | 31.3 | 30.8 | 3 | 2 | 3 | 1.5 | 56.4 | 56.2 | 56.3 | 821.0 | 825.0 | 823.0 |
| | 保农仓 | | | | | | | | | | | | | | | | |
| | 优衣 | 1 | 1 | 5 | 30.6 | | 30.6 | 5 | 1 | 1 | 0 | 53.6 | | 53.6 | 822.0 | | 822.0 |
| | 平均 | | | | | | 33.9 | | | | | | | 54.9 | | | 810.7 |
| 中麦806 | 宝坻 | 1 | 1 | 5 | 34.3 | 34.5 | 34.4 | 1 | 1 | 1 | 0 | 46.9 | 45.7 | 46.3 | 794.0 | 798.0 | 796.0 |
| | 蓟州 | 1 | 1 | 5 | 33.9 | 35.1 | 34.5 | 3 | 2 | 3 | 4.5 | 51.4 | 51.0 | 51.2 | 836.0 | 832.0 | 834.0 |
| | 保农仓 | | | | | | | | | | | | | | | | |
| | 优衣 | 1 | 1 | 5 | 27.2 | | 27.2 | 5 | 1 | 1 | 0 | 50.8 | | 50.8 | 816.0 | | 816.0 |
| | 平均 | | | | | | 32.0 | | | | | | | 49.4 | | | 815.3 |

附表 2-3　2022—2023 年度天津市冬小麦生产试验参试品种（系）综合性状汇总

| 品种名称 | 试点名称 | 出苗期(月/日) | 抽穗期(月/日) | 成熟期(月/日) | 全生育期(天) | 幼苗习性 | 基本苗(万株/亩) | 最高总茎数(万茎/亩) | 有效穗数(万穗/亩) | 有效分蘖率(%) | 株高(厘米) | 冻害级别 | 冻害死茎率(%) | 越冬百分率(%) | 耐旱性 | 耐湿性 | 抗青干 | 倒伏程度 | 倒伏面积(%) | 锈病反应型 | 锈病严重度(%) | 锈病普遍率(%) | 白粉病 | 蚜虫 | 细菌性条斑病 | 散黑穗病 | 穗发芽 | 落粒性 | 熟相 |
|---|---|---|---|---|---|---|---|---|---|---|---|---|---|---|---|---|---|---|---|---|---|---|---|---|---|---|---|---|---|
| 济麦22(CK) | 宝坻 | 10/9 | 5/2 | 6/18 | 252 | 2 | 25.6 | 48.9 | 32.9 | 67.4 | 66.5 | 5 | 44.4 | 55.6 | 1 | 1 | 1 | 1 | 0 | 1 | 0 | 0 | 1 | 1 | 1 | 1 | 1 | 3 | 1 |
| | 蓟州 | 10/16 | 5/5 | 6/16 | 253 | 2 | 25.9 | 40.1 | 32.7 | 81.5 | 64.0 | 4 | 52.4 | 47.6 | 1 | 1 | 1 | 1 | 0 | 1 | 0 | 0 | 2 | 1 | 1 | 1 | 1 | 3 | 3 |
| | 保农仓 | | | | | | | | | | | | | | | | | | | | | | | | | | | | |
| | 优农 | 10/23 | 5/4 | 6/12 | 232 | 3 | 42.4 | 89.4 | 33.7 | 37.7 | 71.4 | 4 | 0.0 | 100.0 | 1 | 1 | 1 | 1 | 0 | 1 | 0 | 0 | 4 | 1 | 1 | 1 | 1 | 1 | 1 |
| | 平均 | | | | 245 | | 31.3 | 59.5 | 33.1 | 62.2 | 67.3 | | 32.3 | | | | | | | | | | | | | | | | |
| 津农6号(CK) | 宝坻 | 10/9 | 5/4 | 6/17 | 251 | 2 | 25.6 | 47.6 | 30.0 | 63.1 | 66.6 | 5 | 49.2 | 50.8 | 1 | 1 | 1 | 1 | 0 | 1 | 0 | 0 | 1 | 1 | 1 | 1 | 1 | 3 | 1 |
| | 蓟州 | 10/16 | 5/6 | 6/18 | 255 | 2 | 25.5 | 36.8 | 30.9 | 84.0 | 71.0 | 4+ | 63.3 | 36.7 | 1 | 1 | 1 | 1 | 0 | 1 | 0 | 0 | 3 | 1 | 1 | 1 | 1 | 3 | 3 |
| | 保农仓 | | | | | | | | | | | | | | | | | | | | | | | | | | | | |
| | 优农 | 10/23 | 5/4 | 6/8 | 228 | 3 | 36.7 | 99.0 | 45.4 | 45.9 | 76.9 | 4 | 0.0 | 100.0 | 1 | 1 | 1 | 1 | 0 | 1 | 0 | 0 | 3 | 1 | 1 | 1 | 1 | 1 | 1 |
| | 平均 | | | | 244 | | 29.3 | 61.1 | 35.4 | 64.3 | 71.5 | | 37.5 | | | | | | | | | | | | | | | | |
| 鲁研951 | 宝坻 | 10/9 | 5/3 | 6/18 | 252 | 2 | 25.6 | 45.8 | 32.6 | 71.2 | 67.5 | 5 | 43.8 | 56.3 | 1 | 1 | 1 | 1 | 0 | 1 | 0 | 0 | 1 | 1 | 1 | 1 | 1 | 3 | 1 |
| | 蓟州 | 10/16 | 5/5 | 6/18 | 255 | 2 | 25.1 | 34.3 | 28.5 | 83.1 | 65.0 | 4 | 50.1 | 49.9 | 1 | 1 | 1 | 1 | 0 | 1 | 0 | 0 | 4 | 1 | 1 | 1 | 1 | 3 | 3 |
| | 保农仓 | 10/20 | 5/3 | 6/16 | 239 | 2 | 22.7 | 73.7 | 39.7 | 76.4 | 75.0 | 3 | 16.7 | 83.3 | 1 | 1 | 1 | 1 | 0 | 1 | 0 | 0 | 3 | 1 | 1 | 1 | 1 | 3 | 3 |
| | 优农 | 10/23 | 5/4 | 6/10 | 230 | 2 | 41.4 | 72.0 | 40.4 | 56.1 | 71.4 | 4 | 0.8 | 99.2 | 1 | 1 | 1 | 1 | 0 | 1 | 0 | 0 | 3 | 1 | 1 | 1 | 1 | 1 | 1 |
| | 平均 | | | | 244 | | 30.7 | 50.7 | 33.8 | 71.7 | 69.7 | | 27.9 | | | | | | | | | | | | | | | | |
| 农大8156 | 宝坻 | 10/9 | 5/2 | 6/16 | 250 | 2 | 25.2 | 77.8 | 34.5 | 44.3 | 63.9 | 5 | 40.6 | 59.4 | 1 | 1 | 1 | 1 | 0 | 1 | 0 | 0 | 1 | 1 | 1 | 1 | 1 | 3 | 1 |
| | 蓟州 | 10/16 | 5/5 | 6/16 | 253 | 2 | 25.1 | 41.5 | 34.5 | 82.2 | 68.0 | 3 | 30.3 | 69.7 | 1 | 1 | 1 | 1 | 0 | 1 | 0 | 0 | 1 | 1 | 1 | 1 | 1 | 3 | 3 |
| | 保农仓 | 10/20 | 5/3 | 6/17 | 240 | 2 | 23.3 | 83.3 | 40.5 | 72.4 | 77.0 | 3 | 12.4 | 87.6 | 1 | 1 | 1 | 1 | 28 | 1 | 0 | 0 | 1 | 1 | 1 | 1 | 1 | 3 | 3 |
| | 优农 | 10/23 | 5/5 | 6/8 | 228 | 3 | 43.4 | 88.4 | 49.0 | 55.4 | 71.3 | 4 | 0.8 | 99.2 | 1 | 1 | 1 | 4 | 0 | 1 | 0 | 0 | 3 | 1 | 1 | 1 | 1 | 1 | 1 |
| | 平均 | | | | 242 | | 31.2 | 69.2 | 39.3 | 63.6 | 67.7 | | 21.0 | | | | | | | | | | | | | | | | |

（续表）

| 品种名称 | 试点名称 | 出苗期(月/日) | 抽穗期(月/日) | 成熟期(月/日) | 全生育期(天) | 幼苗习性 | 基本苗(万株/亩) | 最高总茎数(万茎/亩) | 有效穗数(万穗/亩) | 有效分蘖率(%) | 株高(厘米) | 冻害级别 | 冻害死茎率(%) | 越冬百分率(%) | 耐旱性 | 耐湿性 | 抗青干 | 倒伏程度 | 倒伏面积(%) | 锈病反应型 | 锈病严重度(%) | 锈病普遍率(%) | 白粉病 | 蚜虫 | 细菌性条斑病 | 散黑穗病 | 穗发芽 | 落粒性 | 熟相 |
|---|---|---|---|---|---|---|---|---|---|---|---|---|---|---|---|---|---|---|---|---|---|---|---|---|---|---|---|---|---|
| 中麦578 | 宝坻 | 10/9 | 5/3 | 6/18 | 252 | 2 | 26.7 | 40.0 | 26.4 | 66.0 | 59.3 | 5 | 67.3 | 32.7 | 1 | 1 | 1 | 1 | 0 | 1 | 0 | 0 | 1 | 1 | 1 | 1 | 1 | 3 | 1 |
| | 蓟州 | 10/16 | 5/6 | 6/19 | 256 | 2 | 25.9 | 30.8 | 20.8 | 67.5 | 58.0 | 4+ | 73.7 | 26.3 | 1 | 1 | 1 | 1 | 0 | 1 | 0 | 0 | 1 | 1 | 1 | 1 | 1 | 3 | 3 |
| | 保农仓 | | | | | | | | | | | | | | | | | | | | | | | | | | | | |
| | 优农 | 10/23 | 5/4 | 6/12 | 232 | 3 | 32.3 | 47.0 | 35.0 | 74.5 | 67.3 | 4 | 2.1 | 97.9 | 1 | 1 | 1 | 1 | 0 | 1 | 0 | 0 | 4 | 1 | 1 | 1 | 1 | 1 | 1 |
| | 平均 | | | | 246 | | 28.3 | 39.3 | 27.4 | 69.3 | 61.5 | | 47.7 | | | | | | | | | | | | | | | | |
| 中麦806 | 宝坻 | 10/9 | 5/2 | 6/17 | 251 | 2 | 25.2 | 49.3 | 34.2 | 69.3 | 74.8 | 5 | 39.3 | 60.7 | 1 | 1 | 1 | 1 | 0 | 1 | 0 | 0 | 1 | 1 | 1 | 1 | 1 | 3 | 1 |
| | 蓟州 | 10/16 | 5/5 | 6/16 | 253 | 2 | 25.1 | 44.4 | 31.8 | 71.6 | 73.0 | 4 | 45.1 | 54.9 | 1 | 1 | 1 | 1 | 0 | 1 | 0 | 0 | 2 | 1 | 1 | 1 | 1 | 3 | 1 |
| | 保农仓 | | | | | | | | | | | | | | | | | | | | | | | | | | | | |
| | 优农 | 10/23 | 5/4 | 6/10 | 230 | 3 | 39.0 | 65.7 | 52.0 | 79.1 | 80.8 | 4 | 0.0 | 100.0 | 1 | 1 | 1 | 1 | 0 | 1 | 0 | 0 | 4 | 1 | 1 | 1 | 1 | 1 | 1 |
| | 平均 | | | | 244 | | 29.8 | 53.1 | 39.3 | 73.3 | 76.2 | | 28.1 | | | | | | | | | | | | | | | | |

# 第三章 2022—2023年度天津市冬小麦区试品种抗寒性鉴定试验总结

## 一、试验目的

鉴定天津市冬小麦区试品种的抗寒性能,为天津市冬小麦的审定和推广提供依据。

## 二、试验设计及基本情况

2022—2023年度抗寒试验由宝坻区农业发展服务中心承担,试验地点位于宝坻区新安镇大赵村,土质为壤土,肥力中等,水浇地,前茬作物为春玉米。

试验材料为2022—2023年度区试参试品种,A组有15个,B组有15个,其中对照品种为津农6号,辅助对照品种为济麦22,试验采用随机区组排列,3次重复,小区面积13.335平方米(宽1.5米、长8.89米),每小区10行,行距15厘米,播种量按25万株/亩基本苗计算。

试验于2022年9月28日播种,播种方法为10行小区播种机播种,亩施底肥复混肥50千克(N:P:K=18:20:5)。10月9日出苗,11月25日浇封冻水。

## 三、试验鉴定方法及试验结果

试验鉴定采取田间目测法及计算枯株死茎法。

**1. 群体调查结果**

本试验于冬前10月14日调查基本苗数,试验设计基本苗在25万株/亩(按供种单位提供的发芽率及千粒重计算)左右,经调查,多数品种基本苗在25万~30万株/亩,11月25日调查冬前总茎数、冬前叶龄、冬前次生根。具体调查结果见表3-1至表3-4。

表3-1 2022—2023年度天津市冬小麦基本苗冬前苗调查情况(A组)

(调查数据为3次重复平均数)

| 序号 | 品种名称 | 基本苗(万株/亩) | 冬前总茎数(万株/亩) | 单株茎数(个/株) | 冬前叶龄(条/株) | 冬前次生根(个/株) | 亩活茎数(万株/亩) |
|---|---|---|---|---|---|---|---|
| 1 | 津农6号(CK) | 24.6 | 98.7 | 4.0 | 6.1 | 6.8 | 37.9 |
| 2 | 济麦22(CK) | 26.1 | 113.6 | 4.4 | 6.1 | 5.7 | 56.6 |
| 3 | 津农21 | 26.2 | 112.9 | 4.3 | 6.4 | 7.7 | 41.9 |
| 4 | 杰麦101 | 29.9 | 123.4 | 4.1 | 6.2 | 7.6 | 48.3 |
| 5 | 津农22 | 27.7 | 109.8 | 4.0 | 6.0 | 8.0 | 39.9 |
| 6 | 津麦299 | 25.3 | 107.6 | 4.2 | 6.1 | 7.7 | 54.1 |
| 7 | 良星87 | 24.0 | 89.5 | 3.7 | 6.2 | 6.5 | 29.6 |
| 8 | 马兰一号 | 23.4 | 97.5 | 4.2 | 6.2 | 6.6 | 20.7 |
| 9 | 良星28 | 27.0 | 110.8 | 4.1 | 6.1 | 5.2 | 25.3 |
| 10 | 京优369 | 26.3 | — | — | 6.1 | 7.4 | — |
| 11 | 鲁研745 | 27.1 | 119.0 | 4.4 | 5.9 | 5.1 | 32.4 |
| 12 | 乐土T90 | 27.4 | 117.2 | 4.3 | 6.1 | 6.6 | 58.1 |
| 13 | 连增293 | 24.1 | 120.4 | 5.0 | 6.7 | 7.3 | 60.6 |
| 14 | 中麦108 | 25.3 | 102.2 | 4.0 | 6.3 | 8.2 | 48.4 |
| 15 | 鑫瑞麦77 | 27.7 | 113.6 | 4.1 | 6.1 | 6.2 | 49.5 |

#### 表 3-2  2022—2023 年度天津市冬小麦基本苗冬前苗调查情况（B 组）

（调查数据为 3 次重复平均数）

| 序号 | 品种名称 | 基本苗（万株/亩） | 冬前总茎数（万株/亩） | 单株茎数（个/株） | 冬前叶龄（条/株） | 冬前次生根（个/株） | 亩活茎数（万株/亩） |
|---|---|---|---|---|---|---|---|
| 1 | 津农 6 号（CK） | 24.7 | 103.7 | 4.2 | 6.2 | 6.8 | 40.9 |
| 2 | 济麦 22（CK） | 26.5 | 116.0 | 4.4 | 6.2 | 6.2 | 57.5 |
| 3 | 润麦 2008 | 29.8 | 125.8 | 4.2 | 6.4 | 6.4 | 11.6 |
| 4 | 鲁原 158 | 26.7 | 123.8 | 4.6 | 6.3 | 5.2 | 14.2 |
| 5 | 农大 105 | 25.6 | 127.3 | 5.0 | 6.0 | 6.7 | 47.3 |
| 6 | 乐土 18 | 25.2 | 119.0 | 4.7 | 5.7 | 6.0 | 55.6 |
| 7 | 兰德麦 856 | 24.1 | 95.4 | 4.0 | 5.9 | 4.7 | 46.7 |
| 8 | 津麦 5038 | 28.0 | 107.9 | 3.9 | 6.2 | 6.4 | 53.0 |
| 9 | 济麦 5172 | 25.3 | 88.4 | 3.5 | 6.5 | 6.1 | 21.5 |
| 10 | JM038 | 27.9 | 97.0 | 3.5 | 6.1 | 5.6 | 17.6 |
| 11 | 盈亿 166 | 25.0 | 108.7 | 4.3 | 6.0 | 7.0 | 77.3 |
| 12 | 农大 8156 | 27.1 | 120.2 | 4.4 | 6.0 | 6.0 | 67.0 |
| 13 | 乐土 702 | 25.6 | 97.6 | 3.8 | 6.1 | 6.3 | 12.1 |
| 14 | 津农 19 | 29.9 | 106.7 | 3.6 | 6.3 | 7.1 | 32.7 |
| 15 | 成麦 17 | 23.3 | 109.3 | 4.7 | 6.0 | 5.9 | 58.2 |

**2. 田间抗寒性调查结果**

2023 年 2 月 6 日用田间目测法调查各参试品种的冻害程度。3 月上旬开始返青，3 月 21 日田间挖取麦苗，调查品种抗寒情况。

#### 表 3-3  2022—2023 年度天津市冬小麦区试品种田间抗寒性鉴定（A 组）

（调查数据为 3 次重复平均数）

| 序号 | 品种名称 | 冻害级别 | 死株率（%） | 死茎率（%） | 抗寒级别 | 评价 |
|---|---|---|---|---|---|---|
| 1 | 津农 6 号（CK） | 5 | 6.6 | 61.6 | 5 | 差 |
| 2 | 济麦 22（CK） | 5 | 1.1 | 50.2 | 5 | 差 |
| 3 | 津农 21 | 5 | 8.5 | 62.9 | 5 | 差 |
| 4 | 杰麦 101 | 5 | 13.9 | 60.9 | 5 | 差 |
| 5 | 津农 22 | 5 | 5.9 | 63.7 | 5 | 差 |
| 6 | 津麦 299 | 5 | 2.9 | 49.7 | 5 | 差 |
| 7 | 良星 87 | 5 | 9.9 | 66.9 | 5 | 差 |
| 8 | 马兰一号 | 5 | 41.1 | 78.7 | 5 | 差 |
| 9 | 良星 28 | 5 | 31.9 | 77.1 | 5 | 差 |
| 10 | 京优 369 | 5 | 100.0 | 100.0 | 5 | 差 |
| 11 | 鲁研 745 | 5 | 10.4 | 72.7 | 5 | 差 |
| 12 | 乐土 T90 | 5 | 4.3 | 50.4 | 5 | 差 |
| 13 | 连增 293 | 5 | 2.5 | 49.7 | 5 | 差 |
| 14 | 中麦 108 | 5 | 6.4 | 52.6 | 5 | 差 |
| 15 | 鑫瑞麦 77 | 5 | 2.1 | 56.5 | 5 | 差 |

表 3-4  2022—2023 年度天津市冬小麦区试品种田间抗寒性鉴定（B 组）

（调查数据为 3 次重复平均数）

| 序号 | 品种名称 | 冻害级别 | 死株率（%） | 死茎率（%） | 抗寒级别 | 评价 |
|---|---|---|---|---|---|---|
| 1 | 津农 6 号（CK） | 5 | 8.4 | 60.6 | 5 | 差 |
| 2 | 济麦 22（CK） | 5 | 2.2 | 50.4 | 5 | 差 |
| 3 | 润麦 2008 | 5 | 70.1 | 90.8 | 5 | 差 |
| 4 | 鲁原 158 | 5 | 42.5 | 88.5 | 5 | 差 |
| 5 | 农大 105 | 5 | 3.5 | 62.9 | 5 | 差 |
| 6 | 乐土 18 | 5 | 3.5 | 53.3 | 5 | 差 |
| 7 | 兰德麦 856 | 5 | 6.1 | 51.1 | 5 | 差 |
| 8 | 津麦 5038 | 5 | 1.6 | 50.8 | 5 | 差 |
| 9 | 济麦 5172 | 5 | 36.3 | 75.7 | 5 | 差 |
| 10 | JM038 | 5 | 34.6 | 81.8 | 5 | 差 |
| 11 | 盈亿 166 | 5 | 0.6 | 28.9 | 5 | 差 |
| 12 | 农大 8156 | 5 | 1.1 | 44.3 | 5 | 差 |
| 13 | 乐土 702 | 5 | 64.6 | 87.6 | 5 | 差 |
| 14 | 津农 19 | 5 | 37.1 | 69.3 | 5 | 差 |
| 15 | 成麦 17 | 5 | 1.3 | 46.7 | 5 | 差 |

### 四、品种评价

2022—2023 年度参试品种在越冬期地上部大部分冻死，兰德麦 856 冻害程度为 3 级，京优 369 为 5 级，其他品种均在 4 级。春季冻害调查地上部全部冻死，参试品种含对照，冻害级别均为 5 级冻害。抗寒级别调查，参试品种死株死茎率较严重，所有参试品种（含对照）抗寒级别为 5 级，抗寒性差。死株率较严重的品种有杰麦 101、马兰一号、良星 28、京优 369、鲁研 745、润麦 2008、鲁原 158、济麦 5172、JM038、乐土 702、津农 19。死茎率大部分品种超过 50%，返青期田间表现较好的品种有济麦 22（CK）、津麦 299、乐土 T90、连增 293、中麦 108、鑫瑞麦 77、乐土 18、兰德麦 856、津麦 5038、盈亿 166、农大 8156、成麦 17。

### 五、越冬期间气象条件分析

2022—2023 年度 9 月降水量偏少，土壤整地质量较好。播种后 10 月 1—3 日，出现连阴雨天气，10 月 9 日前后，小麦正常出苗，出苗质量良好。整个 10 月平均气温为 12.6℃，比历年同期（12.8℃）偏低 0.2℃，10 月降水全部集中在上旬，降水量为 37.8 毫米，比历年同期（26.9 毫米）偏多 10.9 毫米。10 月日照时数为 189.4 小时，比历年同期（206.6 小时）偏少 17.2 小时。整个 11 月平均气温为 6.3℃，比历年同期（3.7℃）偏高 2.6℃，比上一年偏高 1.4℃。11 月降水量为 38.6 毫米，比历年同期（10.3 毫米）偏多 28.3 毫米，主要集中在中旬。11 月日照时数为 166.2 小时，比历年同期（174.2 小时）偏少 8 小时。

从温度条件看，10 月与历年相比气温基本持平，11 月温度较常年偏高，上旬偏高 1.6 ℃，中旬偏高 4.1℃，下旬偏高 2.3℃。降水适中，日照充足，利于冬小麦冬前蘖和次生根的形成。自 11 月 29 日出现寒潮大风天气后，日平均气温骤降到 0℃以下，降温 10℃左右，降幅较大，均温 0℃以下时间，较上一年提前两周（12 月中旬）。不利于冬小麦抗寒锻炼。

整个 12 月月平均气温为-4.2℃，比历年同期（-2.6℃）偏低 1.6℃，比上一年偏低 3.7℃。上旬-2.8℃，比历年同期（-1.2℃）低 1.6℃；中旬-4.8℃，比历年同期（-2.7℃）低 2.1℃，比上一年度低 3.7℃；下旬-4.9℃比历年同期（-3.8℃），低 1.1℃，比上一年度低 1.9℃。12 月 16 日为月最低气温-13℃。整个 12 月无有效降水，比历年同期（3.6 毫米）偏少 3.6 毫米。日照时数为 220.7 小时，比历年同期（170.5 小时）偏多 50.2 小时。大部分参试品种冻害初步显现。

2023年1月平均气温为-3.5℃，比历年同期（-5.0℃）偏高1.5℃，比上一年偏低0.4℃。1月23日为月最低温-16℃；1月13日、23日分别降小雨和小雪，降水量为3.0毫米，比历年同期（2.8毫米）偏少0.2毫米。日照时数为223.5小时，比历年同期（182.3小时）偏多41.2小时。

2023年2月平均气温为0.6℃，比历年同期（-1.2℃）偏高1.8℃，比上一年偏高2.9℃。中旬0.9℃，比历年（-1.1℃）高2℃，比上一年度高5.5℃。下旬2.6℃，比历年（0.3℃）高2.3℃，比上年度高0.9℃。进入中旬后，平均温度往复式维持在0℃左右，进入中下旬平均气温升至0℃以上；2月上中旬有少量降水，降水量为4.5毫米，比历年同期（3.4毫米）偏多1.1毫米。日照时数为185.8小时，比历年同期（183.8小时）偏多2小时。2月底小麦开始返青。

3月上旬气温为8.4℃，比历年同期（2.7℃）偏高5.7℃，无降水（历年同期2.2毫米）。日照时数为89.3小时，比历年同期（73.4小时）偏多15.9小时。3月中旬气温为7.9℃，比历年同期（5.5℃）偏高2.4℃。降水量为0.4毫米，比历年同期（2.6毫米）偏少2.2毫米。日照时数为69.3小时，比历年同期（66.9小时）偏多2.4小时。

2022年12月至2023年3月的气候特点：12月气温呈现断崖式下降，气温下降快，昼温和夜温均呈现较低水平，冬小麦入冬前未得到有效的耐寒性过渡锻炼。有效降水量严重不足，预警级别大风及一般级别大风天气频发，加剧了冬季旱害。1月下旬出现两日-15℃、-16℃低温，冬小麦参试品种冻害程度较重。2月无极端低气温，2月中旬至3月上旬气温回升较快，除2月中旬有少量降水外，整个返青期无有效降水，冬小麦返青受到一定影响。

# 第四章　2023年天津市春小麦区域试验总结

## 一、试验目的

为了客观、公正、科学地评价新育成小麦品种在天津市的丰产性、适应性、抗逆性、品质及其利用价值，为天津市小麦新品种审定提供依据。

## 二、参试品种及承试单位

**1. 参试品种**

各参试品种和育种（供种）单位见表4-1。

表4-1　2023年天津市春小麦区域试验参试品种

| 序号 | 品种名称 | 育种（供种）单位 |
| --- | --- | --- |
| 1 | 津强17号 | 天津市农业科学院农作物研究所 |
| 2 | 津强18号 | 天津市农业科学院农作物研究所 |
| 3 | 津强19号 | 天津市农业科学院农作物研究所 |
| 4 | 津强20号 | 天津市农业科学院农作物研究所 |
| 5 | 津强21号 | 天津市农业科学院农作物研究所 |
| 6 | 38TC | 玉田县金玉田农业有限责任公司 |
| 7 | 津强8号（CK） | 天津市农业科学院农作物研究所 |

**2. 承试单位**

天津市宝坻区农业发展服务中心（宝坻）、天津蓟县康恩伟泰种子有限公司（蓟州）、天津保农仓农业科技有限公司（保农仓）、天津市农业科学院农作物研究所（作物所）、天津市优质农产品开发示范中心（优农）、天津金世神农种业有限公司（金世神农）。

## 三、试验管理

试验管理概况见表4-2。

表4-2　2023年天津市春小麦区域试验田间管理概况

| 项目 | 蓟州 | 宝坻 | 保农仓 | 作物所 | 金世神农 | 优农 |
| --- | --- | --- | --- | --- | --- | --- |
| 前茬作物 | 玉米 | 玉米 | 玉米 | 玉米 | 玉米 | 玉米 |
| 土质 | 黏土 | 壤土 | 重壤土 | 中壤 | 盐碱潮土 | 盐碱黏土 |
| 底肥 | 2月21日底施45%硫酸钾型复合肥（N：P：K=14：16：15）60千克/亩 | 2月26日撒施，每亩50千克掺混肥（N：P：K=18：20：5） | 2月23日亩底施有机肥1.5吨、小麦配方肥40千克（N：P：K=19：22：10）、磷酸二铵20千克 | 2022年11月20日施磷酸二铵25千克/亩 | 2022年11月25日施磷酸二铵15千克/亩 | 2021年9月14日机械撒施复合肥40千克/亩+磷酸二铵20千克/亩 |
| 追肥 | 4月27日雨后人工每亩追施尿素15千克/亩 | 4月15日浇水追施尿素25千克/亩 | 4月6日随返青水追施尿素20千克/亩 | 4月1日亩追尿素10千克，5月2日亩追施尿素10千克/亩 | 4月28日追施尿素20千克/亩 | 4月27日人工追施尿素20千克/亩 |
| 水（旱）地 | 水浇地 | 水浇地 | 水浇地 | 水浇地 | 水地 | 旱田 |

(续表)

| 项目 | 蓟州 | 宝坻 | 保农仓 | 作物所 | 金世神农 | 优农 |
|---|---|---|---|---|---|---|
| 浇水 | 3月10日、3月21日、4月14日、5月25日，共浇水4次，漫灌 | 3月5日，喷灌1次；4月15日、5月30日，漫灌 | 4月6日浇返青水，漫灌 | 4月1日、5月2日、5月23日进行3次，漫溉 | 4月7日、4月28日，漫灌 | 3月29日、4月27日，漫溉 |
| 中耕除草 | 4月21日人工喷施双唑草酮+2甲·双氟进行化学除草1次 | 3月30日人工除草1次 | 4月12日使用20%双氟·氟氯酯水分散颗粒剂5克/亩化学除草1次 | 4月10日喷施除草1次，5月11日人工除草1次 | 4月20日喷除草剂2,4-D | 无 |
| 植保 | 4月21日人工喷施高效氯氟氰菊酯，5月2日用无人机喷施噻虫高氯氟+磷酸二氢钾，防治蚜虫、吸浆虫 | 5月8日用高效氯氟氰菊酯叶面喷雾除治蚜虫、吸浆虫 | 4月30日和5月18日分别用无人机喷施呋虫胺、三唑酮50克/亩除治蚜虫、吸浆虫 | 5月8日防治蚜虫，用70%吡虫啉水分散性粒剂喷洒 | 5月10日使用吡虫啉 | 无 |
| 其他 | 2月22日播种，6月21日收获 | 2月27日播种，6月20日收获 | 2月24日播种，6月21日收获 | 2月23日播种，6月17日收获 | 2月4日播种，6月24日收获 | 2月11日播种，6月18日收获 |

## 四、气象条件

经对气象资料分析，2023年各试验点春小麦生育期间，主要表现为以下几个特点。

（1）2023年春小麦各试点适期播种。播种后气温、光照良好，没有极端天气和倒春寒情况发生，出苗情况良好。

（2）拔节期气温和日照与常年持平，大部分地区降水较常年偏少，各试点灌溉及时，对春小麦的孕穗、抽穗影响不大。

（3）灌浆期至成熟期温度适宜，6月中旬降水偏多，有倒伏现象，收获期适当延后。

## 五、试验结果

2023年对照品种为津强8号，共有6个参试品种，试验结果见附表4-1、附表4-2和附表4-3。

附表 4-1　2023 年天津市春小麦区域试验各试点参试品种产量汇总

| 品种名称 | 试点名称 | 小区产量（千克） | | | 小区产量总和（千克） | 平均亩产量（千克） | 比对照增减（%） |
|---|---|---|---|---|---|---|---|
| | | Ⅰ | Ⅱ | Ⅲ | | | |
| 38TC | 宝坻 | 10.88 | 10.79 | 11.05 | 32.73 | 545.44 | 1.84 |
| | 保农仓 | 6.92 | 6.55 | 7.08 | 20.55 | 349.35 | -6.29 |
| | 蓟州 | 9.59 | 8.79 | 9.68 | 28.06 | 467.67 | -1.06 |
| | 金世神农 | 9.08 | 9.53 | 9.13 | 27.74 | 462.62 | 6.24 |
| | 优农 | 9.95 | 10.04 | 9.83 | 29.82 | 496.78 | 10.61 |
| | 作物所 | 8.35 | 8.15 | 8.35 | 25.15 | 423.42 | -0.98 |
| | 平均 | | | | 27.34 | 457.55 | 1.93 |
| 津强 17 号 | 宝坻 | 11.38 | 11.01 | 11.13 | 33.52 | 558.58 | 4.29 |
| | 保农仓 | 8.61 | 7.85 | 8.54 | 25.00 | 425.00 | 14.00 |
| | 蓟州 | 9.10 | 9.42 | 9.14 | 27.66 | 461.00 | -2.47 |
| | 金世神农 | 9.52 | 9.79 | 9.03 | 28.35 | 472.62 | 8.53 |
| | 优农 | 9.89 | 10.01 | 10.21 | 30.11 | 501.61 | 11.68 |
| | 作物所 | 8.60 | 9.40 | 8.10 | 26.10 | 439.42 | 2.76 |
| | 平均 | | | | 28.46 | 476.37 | 6.12 |
| 津强 18 号 | 宝坻 | 10.50 | 10.38 | 10.42 | 31.30 | 521.63 | -2.60 |
| | 保农仓 | 8.65 | 8.65 | 9.03 | 26.33 | 447.61 | 20.06 |
| | 蓟州 | 9.26 | 10.19 | 10.20 | 29.65 | 494.17 | 4.55 |
| | 金世神农 | 9.87 | 10.09 | 10.31 | 30.28 | 504.63 | 15.88 |
| | 优农 | 9.61 | 9.56 | 9.56 | 28.73 | 478.62 | 6.57 |
| | 作物所 | 7.80 | 8.25 | 8.15 | 24.20 | 407.43 | -4.72 |
| | 平均 | | | | 28.41 | 475.68 | 5.97 |
| 津强 19 号 | 宝坻 | 11.43 | 11.47 | 11.24 | 34.15 | 569.08 | 6.25 |
| | 保农仓 | 8.01 | 7.74 | 8.37 | 24.12 | 410.04 | 9.99 |
| | 蓟州 | 9.43 | 10.14 | 10.26 | 29.83 | 497.17 | 5.18 |
| | 金世神农 | 10.92 | 9.76 | 10.61 | 30.65 | 511.13 | 17.38 |
| | 优农 | 9.57 | 10.01 | 9.83 | 29.41 | 489.95 | 9.09 |
| | 作物所 | 8.40 | 8.65 | 8.45 | 27.30 | 459.62 | 7.48 |
| | 平均 | | | | 29.24 | 489.50 | 9.05 |
| 津强 20 号 | 宝坻 | 11.60 | 11.33 | 11.15 | 34.08 | 568.07 | 6.07 |
| | 保农仓 | 9.06 | 8.44 | 8.78 | 26.28 | 446.76 | 19.84 |
| | 蓟州 | 9.54 | 9.97 | 10.01 | 29.52 | 492.00 | 4.09 |
| | 金世神农 | 9.04 | 10.92 | 9.82 | 29.77 | 496.13 | 13.93 |
| | 优农 | 10.18 | 10.15 | 10.16 | 30.49 | 507.94 | 13.09 |
| | 作物所 | 9.30 | 9.20 | 8.80 | 26.60 | 447.83 | 4.72 |
| | 平均 | | | | 29.46 | 493.12 | 9.86 |

（续表）

| 品种名称 | 试点名称 | 小区产量（千克） | | | 小区产量总和（千克） | 平均亩产量（千克） | 比对照增减（%） |
| --- | --- | --- | --- | --- | --- | --- | --- |
| | | Ⅰ | Ⅱ | Ⅲ | | | |
| 津强21号 | 宝坻 | 11.07 | 10.84 | 10.79 | 32.70 | 544.97 | 1.75 |
| | 保农仓 | 7.01 | 6.28 | 7.37 | 20.66 | 351.22 | -5.79 |
| | 蓟州 | 8.60 | 8.56 | 8.79 | 25.95 | 432.50 | -8.50 |
| | 金世神农 | 8.14 | 8.75 | 7.92 | 24.81 | 413.61 | -5.02 |
| | 优农 | 9.85 | 9.39 | 9.47 | 28.71 | 478.28 | 6.49 |
| | 作物所 | 8.75 | 9.25 | 8.60 | 24.85 | 418.37 | -2.17 |
| | 平均 | | | | 26.28 | 439.83 | -2.02 |
| 津强8号（CK） | 宝坻 | 10.71 | 10.70 | 10.73 | 32.14 | 535.58 | — |
| | 保农仓 | 6.83 | 7.63 | 7.47 | 21.93 | 372.81 | — |
| | 蓟州 | 9.03 | 9.76 | 9.57 | 28.36 | 472.67 | — |
| | 金世神农 | 8.67 | 8.28 | 9.17 | 26.12 | 435.46 | — |
| | 优农 | 9.17 | 8.78 | 9.01 | 26.96 | 449.13 | — |
| | 作物所 | 8.60 | 8.65 | 7.90 | 25.40 | 427.63 | — |
| | 平均 | | | | 26.82 | 448.88 | — |

附表 4-2 2023 年天津市春小麦区域试验参试品种（系）室内考种结果汇总*

| 品种名称 | 试点名称 | 穗型 | 壳色 | 芒 | 每穗粒数 第Ⅰ重复 | 每穗粒数 第Ⅱ重复 | 每穗粒数 平均 | 粒色 | 籽粒饱满度 | 粒质 | 千粒重（克）第Ⅰ重复 | 千粒重（克）第Ⅱ重复 | 千粒重（克）平均 | 容重（克/升）第Ⅰ重复 | 容重（克/升）第Ⅱ重复 | 容重（克/升）平均 |
|---|---|---|---|---|---|---|---|---|---|---|---|---|---|---|---|---|
| 38TC | 宝坻 | 1 | 1 | 5 | 27.4 | 27.8 | 27.6 | 1 | 1 | 3 | 43.6 | 43.5 | 43.6 | 790.0 | 788.0 | 789.0 |
|  | 蓟州 | 1 | 1 | 5 | 30.8 | 30.3 | 30.6 | 5 | 2 | 1 | 43.8 | 44.2 | 44.0 | 823.0 | 826.0 | 825.0 |
|  | 金世神农 | 2 | 1 | 5 | 33.3 | 32.9 | 33.1 | 1 | 1 | 1 | 44.6 | 44.2 | 44.4 | 774.0 | 777.0 | 776.0 |
|  | 优农 | 1 | 1 | 5 | 29.2 | 34.0 | 31.6 | 1 | 1 | 1 | 42.6 | 42.3 | 42.5 | 787.0 | 760.0 | 773.5 |
|  | 作物所 | 1 | 1 | 5 | 22.4 | 23.2 | 22.8 | 1 | 2 | 1 | 37.6 | 36.5 | 37.0 | 812.0 | 819.0 | 815.5 |
|  | 平均 |  |  |  |  |  | 29.1 |  |  |  |  |  | 42.3 |  |  | 796.0 |
| 津强 17 号 | 宝坻 | 1 | 5 | 5 | 22.4 | 22.9 | 22.7 | 1 | 1 | 5 | 39.2 | 39.1 | 39.2 | 781.0 | 780.0 | 781.0 |
|  | 蓟州 | 1 | 1 | 5 | 32.0 | 30.9 | 31.5 | 5 | 2 | 1 | 42.2 | 42.6 | 42.4 | 825.0 | 827.0 | 826.0 |
|  | 金世神农 | 4 | 1 | 5 | 39.6 | 40.1 | 39.9 | 1 | 1 | 1 | 40.5 | 40.1 | 40.3 | 772.0 | 767.0 | 770.0 |
|  | 优农 | 1 | 1 | 5 | 36.2 | 33.8 | 35.0 | 1 | 1 | 1 | 39.3 | 39.2 | 39.3 | 787.0 | 792.0 | 789.5 |
|  | 作物所 | 1 | 1 | 5 | 25.0 | 26.1 | 25.6 | 1 | 2 | 1 | 36.5 | 37.6 | 37.0 | 805.0 | 814.0 | 809.5 |
|  | 平均 |  |  |  |  |  | 30.9 |  |  |  |  |  | 39.6 |  |  | 795.0 |
| 津强 18 号 | 宝坻 | 1 | 1 | 5 | 21.7 | 22.2 | 22.0 | 5 | 1 | 3 | 45.4 | 45.3 | 45.4 | 786.0 | 784.0 | 785.0 |
|  | 蓟州 | 1 | 1 | 5 | 29.2 | 31.1 | 30.2 | 5 | 2 | 1 | 48.3 | 48.7 | 48.5 | 823.0 | 823.0 | 823.0 |
|  | 金世神农 | 5 | 1 | 5 | 37.5 | 37.0 | 37.3 | 5 | 1 | 1 | 49.1 | 48.7 | 48.9 | 792.0 | 795.0 | 794.0 |
|  | 优农 | 1 | 1 | 5 | 28.9 | 36.9 | 32.9 | 1 | 1 | 1 | 42.6 | 42.3 | 42.5 | 789.0 | 786.0 | 787.5 |
|  | 作物所 | 1 | 1 | 5 | 23.0 | 21.0 | 22.0 | 5 | 3 | 1 | 37.2 | 38.2 | 37.7 | 794.0 | 799.0 | 796.5 |
|  | 平均 |  |  |  |  |  | 28.9 |  |  |  |  |  | 44.6 |  |  | 797.0 |
| 津强 19 号 | 宝坻 | 1 | 1 | 5 | 39.5 | 38.9 | 39.2 | 1 | 2 | 1 | 51.6 | 51.1 | 51.4 | 776.0 | 777.0 | 777.0 |
|  | 蓟州 | 1 | 1 | 5 | 30.7 | 30.2 | 30.5 | 5 | 2 | 1 | 46.8 | 46.5 | 46.7 | 826.0 | 830.0 | 828.0 |
|  | 金世神农 | 4 | 5 | 5 | 43.2 | 42.8 | 43.0 | 1 | 1 | 1 | 49.2 | 49.4 | 49.3 | 790.0 | 788.0 | 789.0 |
|  | 优农 | 1 | 1 | 5 | 39.4 | 36.2 | 37.8 | 5 | 1 | 1 | 37.1 | 37.4 | 37.2 | 769.0 | 767.0 | 768.0 |
|  | 作物所 | 1 | 5 | 5 | 21.5 | 22.2 | 21.9 | 5 | 2 | 1 | 45.1 | 46.0 | 45.5 | 792.0 | 779.0 | 785.5 |
|  | 平均 |  |  |  |  |  | 34.5 |  |  |  |  |  | 46.0 |  |  | 790.0 |

注：* 本章相关记载项目和标准依据《农作物品种试验信息化技术规程 小麦》（NY/T 1301—2025）。

（续表）

| 品种名称 | 试点名称 | 穗型 | 壳色 | 芒 | 每穗粒数 第Ⅰ重复 | 每穗粒数 第Ⅱ重复 | 每穗粒数 平均 | 粒色 | 籽粒饱满度 | 粒质 | 千粒重（克）第Ⅰ重复 | 千粒重（克）第Ⅱ重复 | 千粒重（克）平均 | 容重（克/升）第Ⅰ重复 | 容重（克/升）第Ⅱ重复 | 容重（克/升）平均 |
|---|---|---|---|---|---|---|---|---|---|---|---|---|---|---|---|---|
| 津强20号 | 宝坻 | 1 | 5 | 5 | 25.1 | 25.6 | 25.4 | 5 | 1 | 1 | 42.9 | 42.4 | 42.7 | 782.0 | 780.0 | 781.0 |
| | 蓟州 | 1 | 1 | 5 | 32.1 | 33.7 | 32.9 | 5 | 2 | 1 | 44.3 | 44.1 | 44.2 | 829.0 | 830.0 | 829.0 |
| | 金世神农 | 3 | 5 | 5 | 39.6 | 39.2 | 39.4 | 5 | 1 | 1 | 45.3 | 44.9 | 45.1 | 788.0 | 792.0 | 790.0 |
| | 优农 | 1 | 1 | 5 | 37.1 | 35.8 | 36.5 | 1 | 1 | 1 | 40.6 | 40.2 | 40.4 | 776.0 | 789.0 | 782.5 |
| | 作物所 | 1 | 5 | 5 | 26.0 | 26.5 | 26.3 | 5 | 2 | 1 | 40.7 | 40.6 | 40.7 | 797.0 | 800.0 | 798.5 |
| | 平均 | | | | | | 32.1 | | | | | | 42.6 | | | 796.0 |
| 津强21号 | 宝坻 | 1 | 1 | 5 | 30.9 | 30.5 | 30.7 | 5 | 1 | 1 | 33.5 | 33.1 | 33.3 | 793.0 | 790.0 | 792.0 |
| | 蓟州 | 1 | 1 | 5 | 31.1 | 29.2 | 30.2 | 5 | 2 | 1 | 42.1 | 41.8 | 42.0 | 816.0 | 815.0 | 815.0 |
| | 金世神农 | 2 | 5 | 5 | 52.4 | 51.9 | 52.2 | 1 | 1 | 1 | 39.4 | 39.8 | 39.6 | 763.0 | 765.0 | 764.0 |
| | 优农 | 1 | 1 | 5 | 35.5 | 31.6 | 33.6 | 5 | 1 | 1 | 48.9 | 48.7 | 48.8 | 798.0 | 805.0 | 801.5 |
| | 作物所 | 1 | 1 | 5 | 20.8 | 23.8 | 22.3 | 5 | 3 | 1 | 38.0 | 37.5 | 37.7 | 809.0 | 802.0 | 805.5 |
| | 平均 | | | | | | 33.8 | | | | | | 40.3 | | | 796.0 |
| 津强8号（CK） | 宝坻 | 1 | 1 | 5 | 33.8 | 32.3 | 33.1 | 5 | 1 | 1 | 35.9 | 35.5 | 35.7 | 770.0 | 775.0 | 773.0 |
| | 蓟州 | 1 | 1 | 5 | 31.8 | 33.1 | 32.5 | 5 | 2 | 1 | 41.2 | 41.6 | 41.4 | 827.0 | 823.0 | 825.0 |
| | 金世神农 | 3 | 5 | 5 | 36.7 | 37.0 | 36.9 | 1 | 1 | 1 | 35.6 | 35.9 | 35.8 | 753.0 | 757.0 | 755.0 |
| | 优农 | 1 | 1 | 5 | 31.8 | 29.2 | 30.5 | 5 | 1 | 1 | 40.3 | 40.1 | 40.2 | 763.0 | 754.0 | 758.5 |
| | 作物所 | 1 | 1 | 5 | 23.0 | 21.5 | 22.3 | 5 | 3 | 1 | 42.1 | 42.6 | 42.4 | 800.0 | 800.0 | 800.0 |
| | 平均 | | | | | | 31.1 | | | | | | 39.1 | | | 782.0 |

附表 4-3　2023 年天津市春小麦区域试验参试品种（系）综合性状汇总

| 品种名称 | 试点名称 | 出苗期(月/日) | 抽穗期(月/日) | 成熟期(月/日) | 全生育期(天) | 幼苗习性 | 基本苗(万株/亩) | 最高总茎数(万茎/亩) | 有效穗数(万穗/亩) | 有效分蘖率(%) | 株高(厘米) | 倒伏程度 | 倒伏面积(%) | 白粉病 | 叶锈病 | 杆锈病 | 蚜虫 | 其他 | 穗发芽 | 落粒性 | 熟相 |
|---|---|---|---|---|---|---|---|---|---|---|---|---|---|---|---|---|---|---|---|---|---|
| 38TC | 宝坻 | 3/20 | 5/10 | 6/18 | 111 | 1 | 43.0 | 58.4 | 42.7 | 73.1 | 82.1 | 1 | 0 | | 1 | 1 | | — | 1 | 3 | 1 |
| | 保农仓 | 3/17 | 5/6 | 6/18 | | 3 | 34.4 | 93.0 | 35.9 | 63.8 | 84.0 | 1 | 0 | 1 | 1 | 1 | | | 1 | 3 | |
| | 蓟州 | 3/17 | 5/7 | 6/19 | 117 | 2 | 39.9 | 63.3 | 40.4 | 51.0 | 78.3 | 1 | 0 | 1 | 1 | 1 | | | 1 | 3 | 3 |
| | 金世神农 | 3/18 | 5/9 | 6/2 | 94 | 1 | 40.0 | 78.6 | 40.4 | 70.0 | 82.0 | 1 | 0 | | 1 | 1 | | | 3 | 3 | 1 |
| | 优农 | 3/21 | 5/12 | 6/16 | 125 | 3 | 35.7 | 71.3 | 49.9 | 78.0 | 74.0 | 2 | 20 | | 1 | 1 | | 1 | 1 | 1 | |
| | 作物所 | 3/15 | 5/9 | 6/17 | 94 | 3 | 41.1 | 60.8 | 47.4 | 67.2 | 82.3 | | | | 1 | 1 | | | | 3 | 3 |
| | 平均 | | | | 108 | | 39.0 | 70.9 | 42.8 | | 80.5 | | | | | | | | | | |
| 津强17号 | 宝坻 | 3/20 | 5/9 | 6/16 | 109 | 1 | 41.0 | 51.1 | 42.6 | 83.3 | 87.8 | 4 | 10 | 1 | 1 | 1 | | — | 1 | 3 | 1 |
| | 保农仓 | 3/16 | 5/6 | 6/20 | | 3 | 36.7 | 92.6 | 33.5 | | 89.3 | 4 | 37 | 3 | 1 | 1 | | | 1 | 3 | |
| | 蓟州 | 3/17 | 5/7 | 6/15 | 113 | 2 | 40.1 | 60.5 | 40.2 | 66.4 | 87.3 | 1 | 0 | 1 | 1 | 1 | | | 1 | 3 | 1 |
| | 金世神农 | 3/18 | 5/8 | 6/16 | 90 | 1 | 39.8 | 80.1 | 43.3 | 54.0 | 91.0 | | | | 1 | 1 | | | 1 | 1 | 1 |
| | 优农 | 3/21 | 5/9 | 6/14 | 123 | 3 | 40.9 | 61.0 | 45.2 | 74.1 | 80.0 | 2 | 15 | | 1 | 1 | | 1 | 3 | 3 | |
| | 作物所 | 3/15 | 5/6 | 6/16 | 93 | 3 | 42.1 | 59.7 | 47.3 | 79.2 | 85.0 | 1 | 0 | 1 | 1 | 1 | | | 1 | 1 | |
| | 平均 | | | | 106 | | 40.1 | 67.5 | 42.0 | 71.4 | 86.7 | | | | | | | | | | |
| 津强18号 | 宝坻 | 3/20 | 5/9 | 6/17 | 110 | 1 | 45.9 | 47.7 | 41.1 | 86.2 | 91.7 | 4 | 52.5 | | 1 | 1 | | — | 1 | 3 | 1 |
| | 保农仓 | 3/17 | 5/6 | 6/22 | | 3 | 35.0 | 96.5 | 34.8 | | 91.0 | 3 | 32.3 | 1 | 1 | 1 | | | 1 | 3 | |
| | 蓟州 | 3/17 | 5/6 | 6/15 | 113 | 2 | 40.1 | 59.7 | 40.3 | 67.5 | 91.3 | 1 | 0 | 1 | 1 | 1 | | | 1 | 1 | 1 |
| | 金世神农 | 3/18 | 5/6 | 6/15 | 90 | 1 | 39.3 | 82.2 | 42.2 | 51.0 | 92.0 | 3 | 22 | | 1 | 1 | | | 1 | 3 | 1 |
| | 优农 | 3/21 | 5/7 | 6/17 | 126 | 3 | 39.1 | 72.7 | 45.4 | 62.4 | 80.0 | 3 | 40 | 1 | 1 | 1 | | 1 | 3 | 1 | |
| | 作物所 | 3/15 | 5/6 | 6/17 | 94 | 3 | 41.5 | 60.4 | 49.1 | 81.3 | 90.3 | 4 | 60 | 1 | 1 | 1 | | | 1 | 3 | 1 |
| | 平均 | | | | 107 | | 40.2 | 69.9 | 42.2 | 69.7 | 89.4 | | | | | | | | | | |

（续表）

| 品种名称 | 试点名称 | 出苗期（月/日） | 抽穗期（月/日） | 成熟期（月/日） | 全生育期（天） | 幼苗习性 | 基本苗（万株/亩） | 最高总茎数（万茎/亩） | 有效穗数（万穗/亩） | 有效分蘖率（%） | 株高（厘米） | 倒伏程度 | 倒伏面积（%） | 白粉病 | 叶锈病 | 杆锈病 | 蚜虫 | 其他 | 穗发芽 | 落粒性 | 熟相 |
|---|---|---|---|---|---|---|---|---|---|---|---|---|---|---|---|---|---|---|---|---|---|
| 津强19号 | 宝坻 | 3/20 | 5/9 | 6/17 | 110 | 1 | 43.7 | 46.2 | 40.0 | 86.6 | 82.2 | 1 | 0 | 1 | 1 | 1 | | | | | |
| | 保农仓 | 3/16 | 5/5 | 6/18 | | 3 | 35.5 | 104.0 | 34.7 | | 91.7 | 1 | 0 | 1 | 1 | 1 | | | | | |
| | 蓟州 | 3/17 | 5/6 | 6/16 | 114 | 2 | 39.6 | 52.2 | 41.4 | 79.3 | 89.7 | 1 | 0 | 1 | 3 | 1 | | | | | |
| | 金世神农 | 3/16 | 5/7 | 6/17 | 93 | 1 | 39.6 | 89.9 | 32.3 | 36.0 | 90.0 | 1 | 0 | 1 | 1 | 1 | | | | | |
| | 优农 | 3/21 | 5/8 | 6/16 | 125 | 3 | 37.1 | 52.2 | 41.1 | 78.7 | 77.1 | 1 | 0 | 1 | 1 | 1 | | | | | |
| | 作物所 | 3/15 | 5/6 | 6/16 | 93 | 3 | 41.3 | 56.5 | 46.2 | 81.8 | 81.3 | 1 | 0 | 1 | 1 | 1 | | | | | |
| | 平均 | | | | 107 | | 39.5 | 66.8 | 39.3 | 72.5 | 85.3 | | | | | | | | | | |
| 津强20号 | 宝坻 | 3/20 | 5/9 | 6/17 | 110 | 1 | 46.5 | 49.6 | 36.6 | 73.8 | 81.3 | 1 | 0 | 1 | 1 | 1 | | | | | |
| | 保农仓 | 3/16 | 5/5 | 6/18 | | 3 | 35.5 | 95.9 | 31.3 | | 94.3 | 1 | 0 | 1 | 1 | 1 | | | | | |
| | 蓟州 | 3/17 | 5/6 | 6/16 | 114 | 2 | 40.3 | 59.3 | 40.1 | 67.6 | 90.7 | 1 | 0 | 1 | 1 | 1 | | | | | |
| | 金世神农 | 3/17 | 5/7 | 6/17 | 92 | 1 | 39.8 | 80.1 | 34.6 | 43.0 | 92.0 | 1 | 0 | 1 | 1 | 1 | | | | | |
| | 优农 | 3/21 | 5/10 | 6/17 | 126 | 3 | 38.4 | 49.2 | 40.8 | 82.9 | 77.7 | 1 | 0 | 1 | 1 | 1 | | | | | |
| | 作物所 | 3/15 | 5/5 | 6/16 | 93 | 3 | 41.2 | 56.4 | 45.4 | 80.5 | 81.7 | 1 | 0 | 1 | 1 | 1 | | | | | |
| | 平均 | | | | 107 | | 40.3 | 65.1 | 38.1 | 69.6 | 86.3 | | | | | | | | | | |
| 津强21号 | 宝坻 | 3/20 | 5/9 | 6/17 | 110 | 1 | 40.4 | 40.6 | 36.7 | 90.5 | 71.5 | 1 | 0 | 1 | 1 | 1 | | | | | |
| | 保农仓 | 3/17 | 5/5 | 6/18 | | 3 | 35.0 | 104.2 | 31.2 | | 87.3 | 1 | 0 | 1 | 1 | 1 | | | | | |
| | 蓟州 | 3/17 | 5/6 | 6/15 | 113 | 2 | 39.5 | 55.6 | 40.3 | 72.5 | 78.7 | 1 | 0 | 1 | 1 | 1 | | | | | |
| | 金世神农 | 3/17 | 5/8 | 6/15 | 90 | 1 | 40.9 | 82.4 | 32.0 | 39.0 | 83.0 | 1 | 0 | 1 | 1 | 1 | | | | | |
| | 优农 | 3/21 | 5/10 | 6/16 | 125 | 3 | 38.7 | 47.0 | 40.6 | 86.4 | 70.6 | 1 | 0 | 1 | 1 | 1 | | | | | |
| | 作物所 | 3/15 | 5/5 | 6/15 | 92 | 3 | 41.4 | 48.8 | 47.1 | 96.5 | 72.0 | 1 | 0 | 1 | 1 | 1 | | | | | |
| | 平均 | | | | 106 | | 39.3 | 63.1 | 38.0 | 77.0 | 77.2 | | | | | | | | | | |

(续表)

| 品种名称 | 试点名称 | 出苗期(月/日) | 抽穗期(月/日) | 成熟期(月/日) | 全生育期(天) | 幼苗习性 | 基本苗(万株/亩) | 最高总茎数(万茎/亩) | 有效穗数(万穗/亩) | 有效分蘖率(%) | 株高(厘米) | 倒伏程度 | 倒伏面积(%) | 白粉病 | 叶锈病 | 秆锈病 | 蚜虫 | 其他 | 穗发芽 | 落粒性 | 熟相 |
|---|---|---|---|---|---|---|---|---|---|---|---|---|---|---|---|---|---|---|---|---|---|
| 津强8号(CK) | 宝坻 | 3/20 | 5/3 | 6/12 | 105 | 1 | 41.0 | 45.5 | 40.6 | 89.2 | 91.5 | 1 | 0 | 1 | 1 | 1 | | | | | |
| | 保农仓 | 3/16 | 5/3 | 6/18 | | 3 | 35.6 | 100.3 | 33.7 | | 92.7 | 4 | 58 | 4 | 1 | 1 | | | | | |
| | 蓟州 | 3/17 | 5/2 | 6/14 | 112 | 2 | 39.5 | 61.2 | 40.0 | 65.4 | 94.7 | 1 | 0 | 4 | 1 | 1 | | | | | |
| | 金世神农 | 3/17 | 5/3 | 6/15 | 90 | 1 | 40.8 | 81.1 | 47.4 | 58.0 | 96.0 | 1 | 0 | 1 | 1 | 1 | | | | | |
| | 优农 | 3/21 | 5/3 | 6/8 | 117 | 3 | 40.1 | 53.6 | 41.7 | 77.8 | 80.4 | 1 | 0 | 1 | 1 | 1 | | | | | |
| | 作物所 | 3/15 | 5/2 | 6/13 | 90 | 3 | 41.1 | 61.9 | 46.5 | 75.1 | 87.7 | 1 | 0 | 4 | 1 | 1 | | | | | |
| | 平均 | | | | 103 | | 39.7 | 67.3 | 41.6 | 73.1 | 90.5 | | | | | | | | | | |

# 第五章 2023年天津市春稻品种区域试验总结

## 一、试验目的

为加快育种科研成果转化为生产力的步伐，加快水稻新品种更新换代和技术推广，筛选适合天津市种植的丰产性、优质性、抗性好、适应性强的水稻品种，为品种审定和品种布局提供依据。

## 二、参试品种、供种单位及承试单位

### 1. 参试品种

春稻区试共12个参试品种，试验对照品种为津原E28。

### 2. 育种（供种）单位

详见表5-1。

表5-1 2023年天津市春稻品种区域试验参试品种及育种（供种）单位

| 序号 | 品种名称 | 育种（供种）单位 | 参试年限 |
| --- | --- | --- | --- |
| 1 | 津育粳35 | 天津市农业科学院 | 第二年 |
| 2 | 津粳优2226 | 天津农学院 | 第二年 |
| 3 | 津粳优2025 | 天津农学院 | 第二年 |
| 4 | 津粳优1821 | 天津市水稻研究所、江苏省金地种业科技有限公司 | 第二年 |
| 5 | 津原894 | 天津市优质农产品开发示范中心 | 第一年 |
| 6 | 津育粳38 | 天津市农业科学院 | 第一年 |
| 7 | 天隆粳27 | 天津天隆科技股份有限公司 | 第一年 |
| 8 | 天隆粳30 | 天津天隆科技股份有限公司 | 第一年 |
| 9 | 优农粳146 | 天津市优质农产品开发示范中心 | 第一年 |
| 10 | 津农香198 | 天津农学院 | 第一年 |
| 11 | MAP115 | 中化现代农业有限公司天津技术服务中心 | 第一年 |
| 12 | 津原E28（CK） | 天津市优质农产品开发示范中心 | 对照 |

### 3. 承试单位

天津市优质农产品开发示范中心（原种场）、天津市优质农产品开发示范中心（玉米场）、天津天隆种业科技有限公司（天隆）、天津市农作物研究所（作物所）、天津市水稻研究所（水稻所）、天津农垦小站稻产业发展有限公司（农垦小站稻）。

## 三、试验方法及田间管理

### 1. 试验方法

试验设计采用采用随机区组设计，3次重复，小区长方形，长：宽=（2~3）：1，小区面积13.34平方米。

### 2. 田间管理

所有参试品种同期播种、移栽、耕作，栽培措施与大田生产相同，只治虫不防病（纹枯病除外）。

## 四、试验结果与分析

2023年春稻品种区域试验结果汇总分析显示：秧田期品种出苗良好，本田期缓苗较好。参试的12个品种产量范围在548.97~697.29千克/亩。结果表明（表5-2至表5-6）：参试品种均比对照增产。

表5-2 2023年天津市春稻品种区域试验水稻区试方差分析

| 变异来源 | 自由度 | 平方和 | 均方 | $F$ 值 | 概率（小于0.05显著） |
| --- | --- | --- | --- | --- | --- |
| 试点内区组 | 12 | 7.134 39 | 0.594 53 | 1.601 89 | 0.098 |

(续表)

| 变异来源 | 自由度 | 平方和 | 均方 | F 值 | 概率（小于0.05显著） |
|---|---|---|---|---|---|
| 品种 | 11 | 145.923 61 | 13.265 78 | 35.743 00 | 0.000 |
| 试点 | 5 | 418.003 47 | 83.600 69 | 225.251 67 | 0.000 |
| 品种×试点 | 55 | 147.158 53 | 2.675 61 | 7.209 10 | 0.000 |
| 误差 | 132 | 48.990 94 | 0.371 14 | | |
| 总变异 | 215 | 767.210 94 | | | |

注：本试验的误差变异系数 CV（%）= 4.790。

表 5-3　2023 年天津市春稻品种区域试验品种均值多重比较（LSD 法）

| 品种名称 | 品种均值 | 0.05 显著性 | 0.01 显著性 |
|---|---|---|---|
| 津粳优 2025 | 13.937 18 | a | A |
| 津农香 198 | 13.463 45 | b | AB |
| 津粳优 2226 | 13.319 06 | bc | BC |
| 优农粳 146 | 13.199 85 | bcd | BCD |
| 津粳优 1821 | 13.065 96 | bcde | BCD |
| 津育粳 38 | 12.977 83 | cde | BCD |
| 津原 894 | 12.875 14 | de | CD |
| 津育粳 35 | 12.716 92 | e | D |
| MAP115 | 12.691 88 | e | D |
| 天隆粳 30 | 11.970 89 | f | E |
| 津原 E28（CK） | 11.436 58 | g | F |
| 天隆粳 27 | 10.969 52 | h | F |

注：$LSD_{0.05}$ = 0.402 1；$LSD_{0.01}$ = 0.532 0。

表 5-4　2023 年天津市春稻品种区域试验品种稳定性分析：（Shukla 稳定性方差）

| 变异来源 | 自由度 | 平方和 | 均方 | F 值 | 概率（小于0.05显著） |
|---|---|---|---|---|---|
| 区组 | 12 | 7.137 15 | 0.594 76 | 1.602 62 | 0.098 |
| 环境 | 5 | 418.003 48 | 83.600 69 | 225.265 91 | 0.000 |
| 品种 | 11 | 145.923 61 | 13.265 78 | 35.745 26 | 0.000 |
| 互作 | 55 | 147.158 84 | 2.675 62 | 7.209 57 | 0.000 |
| 误差 | 132 | 48.987 85 | 0.371 12 | | |
| 总变异 | 215 | 767.210 94 | | | |

表 5-5　2023 年天津市春稻品种区域试验各品种 Shukla 方差的多重比较

| 品种名称 | Shukla 方差 | 0.05 显著性 | 0.01 显著性 |
|---|---|---|---|
| 津粳优 2025 | 2.108 60 | a | A |
| 津粳优 2226 | 1.701 69 | ab | AB |
| 天隆粳 30 | 1.052 15 | ab | AB |
| 津粳优 1821 | 1.033 42 | ab | AB |

(续表)

| 品种名称 | Shukla 方差 | 0.05 显著性 | 0.01 显著性 |
|---|---|---|---|
| 天隆粳 27 | 1.000 16 | ab | AB |
| 津育粳 38 | 0.762 13 | abc | AB |
| 津农香 198 | 0.737 62 | abc | AB |
| 津原 894 | 0.670 90 | abc | AB |
| 津育粳 35 | 0.603 60 | abc | AB |
| 优农粳 146 | 0.490 44 | abc | AB |
| 津原 E28（CK） | 0.382 32 | bc | AB |
| MAP115 | 0.159 11 | c | B |

表 5-6　2023 年天津市春稻品种区域试验各品种适应度分析

| 品种名称 | 品种均值 | 适应度（%） |
|---|---|---|
| MAP115 | 12.691 89 | 50.000 |
| 津粳优 1821 | 13.065 96 | 50.000 |
| 津粳优 2025 | 13.937 18 | 83.333 |
| 津粳优 2226 | 13.319 06 | 66.667 |
| 津农香 198 | 13.463 45 | 66.667 |
| 津育粳 35 | 12.716 92 | 50.000 |
| 津育粳 38 | 12.977 83 | 50.000 |
| 津原 894 | 12.875 14 | 50.000 |
| 津原 E28（CK） | 11.436 58 | 0.000 |
| 天隆粳 27 | 10.969 52 | 0.000 |
| 天隆粳 30 | 11.970 89 | 33.333 |
| 优农粳 146 | 13.199 85 | 66.667 |

2023 年天津市春稻品种区域试验数据详见附表 5-1 和附表 5-2。

附表 5-1  2023 年天津市春稻品种区域试验参试品种生育期及主要农艺性状表现

| 品种名称 | 试点名称 | 播种期(月/日) | 移栽期(月/日) | 秧龄(天) | 始穗期(月/日) | 齐穗期(月/日) | 成熟期(月/日) | 全生育期(天) | 基本苗(万株/亩) | 有效穗(万穗/亩) | 株高(厘米) | 穗长(厘米) | 总粒数(粒/穗) | 实粒数(粒/穗) | 结实率(%) | 千粒重(克) | 备注 |
|---|---|---|---|---|---|---|---|---|---|---|---|---|---|---|---|---|---|
| 津育粳35 | 水稻所 | 4/14 | 5/30 | 46 | 8/14 | 8/19 | 10/3 | 172 | 5.8 | 15.0 | 94.6 | 15.6 | 99.4 | 93.5 | 94.1 | 27.4 | |
| | 天隆 | 4/14 | 5/17 | 33 | 8/10 | 8/17 | 10/6 | 175 | 6.0 | 18.7 | 98.6 | 16.4 | 118.7 | 114.3 | 96.3 | 26.5 | |
| | 玉米场 | 4/10 | 5/18 | 38 | 8/7 | 8/12 | 10/7 | 180 | 5.7 | 24.9 | 90.8 | 13.5 | 103.7 | 94.3 | 90.9 | 25.6 | |
| | 原种场 | 4/6 | 5/16 | 40 | 8/12 | 8/18 | 9/24 | 171 | 4.5 | 26.7 | 93.5 | 15.9 | 123.0 | 115.0 | 93.5 | 25.7 | |
| | 作物所 | 4/12 | 5/25 | 43 | 8/20 | 8/24 | 10/8 | 178 | 3.8 | 20.8 | 92.3 | 16.0 | 182.5 | 162.2 | 88.9 | 25.6 | |
| | 农垦小站稻 | 4/14 | 5/23 | 39 | 8/10 | 8/19 | 10/6 | 174 | 5.9 | 30.4 | 96.0 | 15.6 | 109.3 | 99.3 | 90.9 | 23.4 | |
| | 平均 | | | 39.83 | | | | 175 | 5.3 | 22.8 | 94.3 | 15.5 | 122.8 | 113.1 | 92.4 | 25.7 | |
| 津粳优2226 | 水稻所 | 4/14 | 5/30 | 46 | 7/31 | 8/8 | 10/4 | 173 | 6.4 | 11.4 | 113.9 | 18.3 | 226.8 | 206.7 | 91.1 | 25.6 | |
| | 天隆 | 4/14 | 5/17 | 33 | 7/25 | 7/31 | 9/29 | 168 | 6.0 | 10.7 | 123.3 | 17.3 | 226.3 | 215.7 | 95.3 | 27.8 | |
| | 玉米场 | 4/10 | 5/18 | 38 | 7/23 | 7/29 | 10/2 | 174 | 6.1 | 21.7 | 110.3 | 18.8 | 166.6 | 113.4 | 68.1 | 24.9 | |
| | 原种场 | 4/6 | 5/16 | 40 | 7/24 | 7/30 | 9/11 | 158 | 4.4 | 12.7 | 110.3 | 18.4 | 226.0 | 195.0 | 86.3 | 23.9 | |
| | 作物所 | 4/12 | 5/25 | 43 | 7/30 | 8/2 | 9/15 | 156 | 5.1 | 11.7 | 114.2 | 20.2 | 260.1 | 229.1 | 88.1 | 25.6 | |
| | 农垦小站稻 | 4/14 | 5/23 | 39 | 8/5 | 8/14 | 10/2 | 170 | 4.6 | 19.5 | 112.0 | 17.5 | 191.5 | 172.5 | 90.1 | 21.6 | |
| | 平均 | | | 39.83 | | | | 167 | 5.4 | 14.6 | 114.0 | 18.4 | 216.2 | 188.7 | 86.5 | 24.9 | |

(续表)

| 品种名称 | 试点名称 | 播种期(月/日) | 移栽期(月/日) | 秧龄(天) | 始穗期(月/日) | 齐穗期(月/日) | 成熟期(月/日) | 全生育期(天) | 基本苗(万株/亩) | 有效穗(万穗/亩) | 株高(厘米) | 穗长(厘米) | 总粒数(粒/穗) | 实粒数(粒/穗) | 结实率(%) | 千粒重(克) | 备注 |
|---|---|---|---|---|---|---|---|---|---|---|---|---|---|---|---|---|---|
| 津粳优2025 | 水稻所 | 4/14 | 5/30 | 46 | 8/2 | 8/8 | 10/5 | 174 | 4.4 | 11.9 | 100.6 | 18.9 | 194.7 | 180.8 | 92.9 | 23.4 | |
| | 天隆 | 4/14 | 5/17 | 33 | 7/25 | 7/31 | 9/27 | 166 | 6.0 | 14.6 | 113.3 | 18.7 | 204.6 | 184.5 | 90.2 | 26.5 | |
| | 玉米场 | 4/10 | 5/18 | 38 | 7/23 | 7/29 | 10/2 | 175 | 7.3 | 20.0 | 103.8 | 18.0 | 155.5 | 129.2 | 83.1 | 24.5 | |
| | 原种场 | 4/6 | 5/16 | 40 | 7/24 | 7/30 | 9/11 | 158 | 5.2 | 16.6 | 97.5 | 19.6 | 216.0 | 189.0 | 87.5 | 21.5 | |
| | 作物所 | 4/12 | 5/25 | 43 | 7/31 | 8/3 | 9/13 | 154 | 4.4 | 14.9 | 104.7 | 21.4 | 289.7 | 249.5 | 86.1 | 22.8 | |
| | 农垦小站稻 | 4/14 | 5/23 | 39 | 8/2 | 8/12 | 10/2 | 170 | 5.6 | 24.7 | 103.0 | 18.6 | 189.4 | 170.2 | 89.9 | 18.7 | |
| | 平均 | | | 39.83 | | | | 166 | 5.5 | 17.1 | 103.8 | 19.2 | 208.3 | 183.9 | 88.3 | 22.9 | |
| 津粳优1821 | 水稻所 | 4/14 | 5/30 | 46 | 8/1 | 8/8 | 10/6 | 175 | 4.7 | 12.0 | 120.2 | 18.8 | 253.4 | 228.6 | 90.2 | 27.2 | |
| | 天隆 | 4/14 | 5/17 | 33 | 7/25 | 7/31 | 9/24 | 163 | 6.0 | 15.8 | 136.7 | 17.8 | 176.4 | 159.6 | 90.5 | 28.1 | |
| | 玉米场 | 4/10 | 5/18 | 38 | 7/22 | 7/28 | 9/30 | 173 | 6.3 | 20.9 | 123.0 | 17.0 | 119.1 | 119.3 | 100.2 | 25.0 | |
| | 原种场 | 4/6 | 5/16 | 40 | 7/20 | 7/27 | 9/6 | 153 | 4.7 | 14.3 | 110.3 | 17.5 | 183.0 | 158.0 | 86.3 | 25.4 | |
| | 作物所 | 4/12 | 5/25 | 43 | 7/29 | 8/1 | 9/12 | 153 | 4.8 | 12.0 | 117.6 | 19.7 | 277.3 | 236.7 | 85.4 | 26.7 | |
| | 农垦小站稻 | 4/14 | 5/23 | 39 | 8/4 | 8/12 | 10/2 | 170 | 4.7 | 19.2 | 123.0 | 18.1 | 216.3 | 197.3 | 91.2 | 21.6 | |
| | 平均 | | | 39.83 | | | | 165 | 5.2 | 15.7 | 121.8 | 18.2 | 204.2 | 183.3 | 90.6 | 25.7 | |

（续表）

| 品种名称 | 试点名称 | 播种期（月/日） | 移栽期（月/日） | 秧龄（天） | 始穗期（月/日） | 齐穗期（月/日） | 成熟期（月/日） | 全生育期（天） | 基本苗（万株/亩） | 有效穗（万穗/亩） | 株高（厘米） | 穗长（厘米） | 总粒数（粒/穗） | 实粒数（粒/穗） | 结实率（%） | 千粒重（克） | 备注 |
|---|---|---|---|---|---|---|---|---|---|---|---|---|---|---|---|---|---|
| 津育粳38 | 水稻所 | 4/14 | 5/30 | 46 | 8/12 | 8/19 | 10/3 | 172 | 6.2 | 14.9 | 92.9 | 14.3 | 98.7 | 94.2 | 95.4 | 26.9 | |
| | 天隆 | 4/14 | 5/17 | 33 | 8/11 | 8/18 | 10/9 | 178 | 6.0 | 16.3 | 111.7 | 15.3 | 153.0 | 141.7 | 92.6 | 26.4 | |
| | 玉米场 | 4/10 | 5/18 | 38 | 8/6 | 8/12 | 10/7 | 180 | 6.3 | 26.3 | 103.5 | 14.8 | 97.2 | 87.9 | 90.4 | 24.7 | |
| | 原种场 | 4/6 | 5/16 | 40 | 8/8 | 8/14 | 9/18 | 165 | 4.4 | 22.6 | 99.8 | 15.3 | 131.0 | 126.0 | 96.2 | 23.6 | |
| | 作物所 | 4/12 | 5/25 | 43 | 8/19 | 8/23 | 10/5 | 175 | 4.5 | 18.1 | 99.0 | 16.2 | 186.5 | 172.9 | 92.7 | 24.1 | |
| | 农垦小站稻 | 4/14 | 5/23 | 39 | 8/10 | 8/18 | 10/11 | 179 | 4.7 | 18.3 | 96.0 | 15.5 | 166.3 | 136.1 | 81.9 | 20.6 | |
| | 平均 | | | 39.83 | | | | 175 | 5.3 | 19.4 | 100.5 | 15.2 | 138.8 | 126.5 | 91.5 | 24.4 | |
| 天隆粳30 | 水稻所 | 4/14 | 5/30 | 46 | 8/9 | 8/15 | 10/6 | 175 | 4.5 | 11.0 | 87.0 | 18.9 | 200.7 | 188.8 | 94.1 | 32.6 | |
| | 天隆 | 4/14 | 5/17 | 33 | 8/6 | 8/12 | 10/6 | 175 | 6.0 | 18.6 | 101.7 | 15.9 | 166.3 | 155.7 | 93.6 | 25.4 | |
| | 玉米场 | 4/10 | 5/18 | 38 | 7/29 | 8/5 | 10/5 | 178 | 6.3 | 21.4 | 86.0 | 15.5 | 118.1 | 92.4 | 78.2 | 32.2 | |
| | 原种场 | 4/6 | 5/16 | 40 | 8/4 | 8/11 | 9/17 | 164 | 4.8 | 14.9 | 90.1 | 17.8 | 168.0 | 153.0 | 91.1 | 29.7 | |
| | 作物所 | 4/12 | 5/25 | 43 | 8/11 | 8/16 | 9/28 | 168 | 4.6 | 10.8 | 83.6 | 18.3 | 198.6 | 165.9 | 83.5 | 26.7 | |
| | 农垦小站稻 | 4/14 | 5/23 | 39 | 8/5 | 8/14 | 10/3 | 171 | 5.8 | 21.2 | 86.0 | 18.2 | 164.7 | 149.0 | 90.5 | 30.4 | |
| | 平均 | | | 39.83 | | | | 172 | 5.3 | 16.3 | 89.1 | 17.4 | 169.4 | 150.8 | 88.5 | 29.5 | |

(续表)

| 品种名称 | 试点名称 | 播种期(月/日) | 移栽期(月/日) | 秧龄(天) | 始穗期(月/日) | 齐穗期(月/日) | 成熟期(月/日) | 全生育期(天) | 基本苗(万株/亩) | 有效穗(万穗/亩) | 株高(厘米) | 穗长(厘米) | 总粒数(粒/穗) | 实粒数(粒/穗) | 结实率(%) | 千粒重(克) | 备注 |
|---|---|---|---|---|---|---|---|---|---|---|---|---|---|---|---|---|---|
| 津农香198 | 水稻所 | 4/14 | 5/30 | 46 | 8/11 | 8/18 | 10/4 | 173 | 4.6 | 10.9 | 106.0 | 19.8 | 149.4 | 137.7 | 92.2 | 32.6 | |
| | 天隆 | 4/14 | 5/17 | 33 | 8/9 | 8/17 | 10/11 | 180 | 6.0 | 13.9 | 121.7 | 18.7 | 187.7 | 172.7 | 92.0 | 27.8 | |
| | 玉米场 | 4/10 | 5/18 | 38 | 8/6 | 8/11 | 10/9 | 182 | 7.7 | 23.3 | 112.3 | 19.0 | 129.5 | 106.9 | 82.6 | 30.1 | |
| | 原种场 | 4/6 | 5/16 | 40 | 8/7 | 8/14 | 9/19 | 166 | 5.3 | 16.4 | 102.8 | 20.0 | 142.0 | 120.0 | 84.5 | 28.4 | |
| | 作物所 | 4/12 | 5/25 | 43 | 8/13 | 8/17 | 10/1 | 171 | 4.7 | 14.4 | 107.6 | 18.5 | 147.3 | 128.3 | 87.1 | 29.3 | |
| | 农垦小站稻 | 4/14 | 5/23 | 39 | 8/4 | 8/13 | 9/28 | 166 | 4.0 | 30.2 | 97.0 | 19.5 | 163.4 | 147.7 | 90.4 | 27.6 | |
| | 平均 | | | 39.83 | | | | 173 | 5.4 | 18.2 | 107.9 | 19.2 | 153.2 | 135.5 | 88.1 | 29.3 | |
| MAP115 | 水稻所 | 4/14 | 5/30 | 46 | 8/17 | 8/24 | 10/4 | 173 | 6.0 | 12.1 | 116.5 | 19.6 | 134.3 | 128.6 | 95.8 | 31.4 | |
| | 天隆 | 4/14 | 5/17 | 33 | 8/20 | 8/24 | 10/13 | 182 | 6.0 | 16.8 | 131.7 | 17.6 | 116.7 | 113.0 | 96.9 | 29.1 | |
| | 玉米场 | 4/10 | 5/18 | 38 | 8/18 | 8/23 | 10/12 | 185 | 7.1 | 18.3 | 130.8 | 16.5 | 135.8 | 112.2 | 82.6 | 27.8 | |
| | 原种场 | 4/6 | 5/16 | 40 | 8/19 | 8/26 | 10/4 | 181 | 3.9 | 12.4 | 116.5 | 19.2 | 161.0 | 142.0 | 88.2 | 29.9 | |
| | 作物所 | 4/12 | 5/25 | 43 | 8/25 | 8/29 | 10/13 | 183 | 4.4 | 12.1 | 135.7 | 21.6 | 167.8 | 159.6 | 95.1 | 34.0 | |
| | 农垦小站稻 | 4/14 | 5/23 | 39 | 8/15 | 8/23 | 10/11 | 179 | 4.9 | 15.5 | 108.0 | 20.0 | 136.5 | 124.2 | 91.0 | 30.6 | |
| | 平均 | | | 40 | | | | 181 | 5.4 | 14.5 | 123.2 | 19.1 | 142.0 | 129.9 | 91.6 | 30.5 | |

(续表)

| 品种名称 | 试点名称 | 播种期(月/日) | 移栽期(月/日) | 秧龄(天) | 始穗期(月/日) | 齐穗期(月/日) | 成熟期(月/日) | 全生育期(天) | 基本苗(万株/亩) | 有效穗(万穗/亩) | 株高(厘米) | 穗长(厘米) | 总粒数(粒/穗) | 实粒数(粒/穗) | 结实率(%) | 千粒重(克) | 备注 |
|---|---|---|---|---|---|---|---|---|---|---|---|---|---|---|---|---|---|
| 优农粳146 | 水稻所 | 4/14 | 5/30 | 46 | 8/15 | 8/22 | 10/5 | 174 | 4.8 | 15.2 | 95.9 | 16.1 | 119.2 | 106.6 | 89.4 | 28.9 | |
| | 天隆 | 4/14 | 5/17 | 33 | 8/14 | 8/17 | 10/6 | 175 | 6.0 | 19.7 | 106.7 | 14.6 | 126.0 | 114.3 | 90.7 | 27.8 | |
| | 玉米场 | 4/10 | 5/18 | 38 | 8/7 | 8/13 | 10/9 | 182 | 6.3 | 30.3 | 101.8 | 15.2 | 103.8 | 91.8 | 88.4 | 27.4 | |
| | 原种场 | 4/6 | 5/16 | 40 | 8/12 | 8/18 | 9/23 | 170 | 5.2 | 15.6 | 95.2 | 15.7 | 159.0 | 145.0 | 91.2 | 26.5 | |
| | 作物所 | 4/12 | 5/25 | 43 | 8/21 | 8/25 | 10/6 | 176 | 5.1 | 15.2 | 94.5 | 15.8 | 167.8 | 129.3 | 77.1 | 26.9 | |
| | 农垦小站稻 | 4/14 | 5/23 | 39 | 8/18 | 8/25 | 9/28 | 166 | 5.2 | 34.6 | 87.0 | 16.6 | 145.0 | 131.8 | 90.9 | 22.1 | |
| | 平均 | | | 39.83 | | | | 174 | 5.4 | 21.8 | 96.8 | 15.7 | 136.8 | 119.8 | 88.0 | 26.6 | |
| 天隆粳27 | 水稻所 | 4/14 | 5/30 | 46 | 8/17 | 8/23 | 10/4 | 173 | 4.4 | 12.7 | 105.8 | 20.4 | 136.5 | 126.8 | 92.9 | 30.9 | |
| | 天隆 | 4/14 | 5/17 | 33 | 8/11 | 8/17 | 10/6 | 175 | 6.0 | 18.1 | 113.3 | 18.5 | 125.7 | 117.3 | 93.4 | 28.3 | |
| | 玉米场 | 4/10 | 5/18 | 38 | 8/11 | 8/18 | 10/10 | 183 | 6.6 | 22.5 | 109.5 | 18.3 | 106.0 | 93.6 | 88.3 | 26.8 | |
| | 原种场 | 4/6 | 5/16 | 40 | 8/13 | 8/19 | 9/25 | 172 | 5.1 | 21.7 | 99.3 | 19.4 | 118.0 | 109.0 | 92.4 | 29.5 | |
| | 作物所 | 4/12 | 5/25 | 43 | 8/23 | 8/28 | 10/10 | 180 | 3.8 | 12.6 | 106.2 | 20.3 | 136.0 | 120.9 | 88.9 | 33.2 | |
| | 农垦小站稻 | 4/14 | 5/23 | 39 | 8/12 | 8/19 | 10/3 | 171 | 5.9 | 27.1 | 97.0 | 19.9 | 146.6 | 134.2 | 91.6 | 28.2 | |
| | 平均 | | | 39.83 | | | | 176 | 5.3 | 19.1 | 105.2 | 19.5 | 128.1 | 117.0 | 91.2 | 29.5 | |

（续表）

| 品种名称 | 试点名称 | 播种期（月/日） | 移栽期（月/日） | 秧龄（天） | 始穗期（月/日） | 齐穗期（月/日） | 成熟期（月/日） | 全生育期（天） | 基本苗（万株/亩） | 有效穗（万穗/亩） | 株高（厘米） | 穗长（厘米） | 总粒数（粒/穗） | 实粒数（粒/穗） | 结实率（%） | 千粒重（克） | 备注 |
|---|---|---|---|---|---|---|---|---|---|---|---|---|---|---|---|---|---|
| 津原894 | 水稻所 | 4/14 | 5/30 | 46 | 8/11 | 8/16 | 10/2 | 171 | 5.2 | 12.4 | 99.9 | 20.3 | 180.5 | 162.8 | 90.2 | 32.6 | |
| | 天隆 | 4/14 | 5/17 | 33 | 8/7 | 8/17 | 10/6 | 175 | 6.0 | 15.7 | 111.7 | 17.3 | 131.0 | 129.3 | 98.7 | 28.2 | |
| | 玉米场 | 4/10 | 5/18 | 38 | 8/6 | 8/11 | 10/11 | 184 | 7.1 | 22.5 | 106.8 | 17.0 | 107.2 | 94.6 | 88.2 | 30.4 | |
| | 原种场 | 4/6 | 5/16 | 40 | 8/7 | 8/14 | 9/19 | 166 | 5.0 | 16.4 | 101.0 | 19.1 | 133.0 | 124.0 | 93.2 | 29.8 | |
| | 作物所 | 4/12 | 5/25 | 43 | 8/19 | 8/23 | 10/5 | 175 | 3.9 | 12.4 | 101.8 | 18.3 | 171.1 | 159.8 | 93.4 | 31.5 | |
| | 农垦小站稻 | 4/14 | 5/23 | 39 | 8/1 | 8/10 | 10/11 | 179 | 4.3 | 23.5 | 94.0 | 17.8 | 124.6 | 111.6 | 89.5 | 29.0 | |
| | 平均 | | | 39.83 | | | | 175 | 5.3 | 17.2 | 102.5 | 18.3 | 141.2 | 130.3 | 92.2 | 30.3 | |
| 津原E28（CK） | 水稻所 | 4/14 | 5/30 | 46 | 8/13 | 8/18 | 10/3 | 172 | 5.3 | 13.9 | 104.1 | 21.2 | 105.2 | 99.8 | 94.9 | 31.2 | |
| | 天隆 | 4/14 | 5/17 | 33 | 8/11 | 8/17 | 10/6 | 175 | 6.0 | 17.1 | 122.5 | 20.7 | 120.7 | 113.0 | 93.6 | 29.6 | |
| | 玉米场 | 4/10 | 5/18 | 38 | 8/6 | 8/12 | 10/11 | 184 | 6.7 | 20.6 | 109.3 | 19.5 | 116.0 | 99.6 | 85.9 | 28.9 | |
| | 原种场 | 4/6 | 5/16 | 40 | 8/9 | 8/15 | 9/21 | 168 | 4.5 | 17.8 | 107.5 | 21.9 | 112.0 | 106.0 | 94.6 | 28.7 | |
| | 作物所 | 4/12 | 5/25 | 43 | 8/18 | 8/22 | 10/6 | 176 | 4.9 | 17.2 | 113.6 | 20.5 | 127.8 | 121.8 | 95.3 | 28.7 | |
| | 农垦小站稻 | 4/14 | 5/23 | 39 | 8/1 | 8/10 | 10/6 | 174 | 3.9 | 26.0 | 105.0 | 20.1 | 100.2 | 90.3 | 90.0 | 27.7 | |
| | 平均 | | | 39.83 | | | | 175 | 5.2 | 18.8 | 110.3 | 20.6 | 113.6 | 105.1 | 92.4 | 29.1 | |

附表5-2　2023年天津市春稻品种品种区域试验参试品种产量、农艺性状及抗性表现

| 品种名称 | 试点名称 | 小区产量（千克） I | II | III | 小区平均产量（千克） | 折合亩产（千克） | 比对照增减产（%） | 位次 | 耐寒性 苗期耐寒 | 后期耐寒 | 整齐度 | 杂株率（%） | 株型 | 熟期转色 | 倒伏性 日期（月/日） | 面积（%） | 程度 | 落粒性 | 稻曲病 | 穗颈瘟 | 胡麻叶斑病 | 条纹叶枯病 | 纹枯病 |
|---|---|---|---|---|---|---|---|---|---|---|---|---|---|---|---|---|---|---|---|---|---|---|---|
| 津育粳35 | 水稻所 | 11.60 | 11.00 | 11.40 | 11.33 | 568.12 | 7.94 | 6 | 强 | 强 | 整齐 | 0.0 | 松散 | 好 | | | 直 | 难 | 未发 | 未发 | 未发 | 未发 | 轻 |
| | 天隆 | 12.30 | 12.46 | 11.84 | 12.20 | 611.56 | 5.76 | 6 | 强 | 强 | 整齐 | 0.0 | 紧束 | 好 | | | 直 | 难 | 未发 | 未发 | 轻 | 未发 | 轻 |
| | 玉米场 | 11.74 | 11.88 | 11.82 | 11.81 | 586.06 | 8.06 | 5 | 强 | 强 | 整齐 | 0.0 | 紧束 | 好 | | | 直 | 难 | 未发 | 未发 | 未发 | 未发 | 未发 |
| | 原种场 | 13.75 | 14.30 | 14.85 | 14.30 | 717.15 | 20.52 | 1 | 强 | 强 | 整齐 | 0.0 | 松散 | 好 | | | 直 | 难 | 未发 | 未发 | 未发 | 未发 | 未发 |
| | 作物所 | 11.00 | 12.60 | 11.80 | 11.80 | 591.51 | 12.03 | 4 | 强 | 强 | 整齐 | 0.0 | 紧束 | 好 | 9/29 | | 直 | 难 | 未发 | 轻 | 未发 | 未发 | 未发 |
| | 农垦小站稻 | 14.55 | 15.50 | 14.51 | 14.90 | 745.00 | 12.88 | 8 | 强 | 强 | 整齐 | 0.0 | 紧束 | 好 | | | 直 | 难 | 未发 | 未发 | 未发 | 未发 | 未发 |
| | 平均 | 12.49 | 12.96 | 12.70 | 12.72 | 636.57 | 11.20 | | | | | | | | | | | | | | | | |
| 津粳优2226 | 水稻所 | 13.30 | 14.05 | 13.50 | 13.62 | 682.57 | 29.68 | 2 | 强 | 强 | 整齐 | 0.0 | 松散 | 好 | | | 直 | 难 | 未发 | 未发 | 未发 | 未发 | 轻 |
| | 天隆 | 12.13 | 11.92 | 11.62 | 11.89 | 596.02 | 3.07 | 9 | 强 | 强 | 整齐 | 16.0 | 紧束 | 好 | 9/25 | 30 | 斜 | 难 | 未发 | 未发 | 未发 | 未发 | 未发 |
| | 玉米场 | 11.91 | 11.76 | 11.55 | 11.74 | 582.40 | 7.39 | 6 | 强 | 强 | 整齐 | 0.0 | 紧束 | 好 | 9/29 | | 直 | 难 | 未发 | 未发 | 轻 | 未发 | 未发 |
| | 原种场 | 12.35 | 12.90 | 11.55 | 12.27 | 615.10 | 3.37 | 9 | 强 | 强 | 整齐 | 0.0 | 松散 | 好 | | | 直 | 难 | 未发 | 未发 | 未发 | 未发 | 未发 |
| | 作物所 | 13.00 | 12.50 | 11.90 | 12.47 | 624.93 | 18.36 | 3 | 强 | 强 | 整齐 | 0.0 | 紧束 | 好 | | | 直 | 难 | 未发 | 未发 | 未发 | 未发 | 未发 |
| | 农垦小站稻 | 18.23 | 19.02 | 16.55 | 17.90 | 895.00 | 35.61 | 2 | 强 | 强 | 整齐 | 0.0 | 紧束 | 好 | | | 直 | 难 | 未发 | 未发 | 未发 | 未发 | 轻 |
| | 平均 | 13.49 | 13.69 | 12.78 | 13.31 | 666.00 | 16.24 | | | | | | | | | | | | | | | | |

(续表)

| 品种名称 | 试点名称 | 小区产量（千克） I | II | III | 小区平均产量（千克） | 折合亩产（千克） | 比对照增减产（%） | 位次 | 耐寒性 苗期耐寒 | 后期耐寒 | 整齐度 | 杂株率（%） | 株型 | 熟期转色 | 倒伏性 日期（月/日） | 面积（%） | 程度 | 落粒性 | 稻曲病 | 穗颈瘟 | 胡麻叶斑病 | 条纹叶枯病 | 纹枯病 |
|---|---|---|---|---|---|---|---|---|---|---|---|---|---|---|---|---|---|---|---|---|---|---|---|
| 津粳优2025 | 水稻所 | 13.65 | 14.45 | 13.65 | 13.92 | 697.61 | 32.54 | 1 | 强 | 强 | 整齐 | 0.0 | 适中 | 好 | | | 直 | 难 | 未发 | 未发 | 未发 | 未发 | 中 |
| | 天隆 | 11.65 | 12.35 | 12.30 | 12.10 | 606.55 | 4.89 | 8 | 强 | 强 | 整齐 | 0.0 | 紧束 | 好 | | | 直 | 中 | 未发 | 未发 | 未发 | 未发 | 未发 |
| | 玉米场 | 12.05 | 11.93 | 12.21 | 12.06 | 598.37 | 10.33 | 3 | 强 | 强 | 整齐 | 0.0 | 适中 | 好 | 9/29 | | 直 | 难 | 未发 | 未发 | 轻 | 未发 | 未发 |
| | 原种场 | 12.75 | 13.65 | 12.95 | 13.12 | 657.72 | 10.53 | 6 | 强 | 强 | 整齐 | 0.0 | 紧束 | 好 | | | 直 | 中 | 未发 | 未发 | 未发 | 未发 | 未发 |
| | 作物所 | 14.90 | 13.60 | 14.50 | 14.33 | 718.50 | 36.08 | 1 | 强 | 强 | 整齐 | 0.0 | 紧束 | 好 | | | 直 | 易 | 未发 | 未发 | 未发 | 未发 | 中 |
| | 农垦小站稻 | 16.50 | 18.23 | 19.55 | 18.10 | 905.00 | 37.12 | 1 | | | 整齐 | 0.0 | 紧束 | 好 | | | | | | | | | |
| | 平均 | 13.58 | 14.03 | 14.19 | 13.94 | 697.29 | 21.91 | | | | | | | | | | | | | | | | |
| 津粳优1821 | 水稻所 | 13.60 | 13.55 | 13.40 | 13.52 | 677.56 | 28.73 | 3 | 强 | 强 | 整齐 | 0.0 | 适中 | 好 | | | 直 | 难 | 未发 | 未发 | 未发 | 未发 | 轻 |
| | 天隆 | 11.92 | 12.13 | 11.59 | 11.88 | 595.52 | 2.98 | 10 | 强 | 强 | 整齐 | 0.2 | 紧束 | 好 | 9/25 | 30 | 斜 | 难 | 未发 | 未发 | 未发 | 未发 | 未发 |
| | 玉米场 | 11.30 | 12.03 | 11.44 | 11.59 | 574.86 | 6.00 | 7 | 强 | 强 | 整齐 | 0.0 | 紧束 | 好 | | | 直 | 难 | 未发 | 未发 | 轻 | 未发 | 未发 |
| | 原种场 | 14.05 | 13.40 | 11.95 | 13.07 | 655.40 | 10.14 | 7 | 强 | 强 | 整齐 | 0.0 | 松散 | 好 | | | 直 | 难 | 未发 | 未发 | 未发 | 未发 | 未发 |
| | 作物所 | 11.40 | 10.60 | 10.80 | 10.93 | 548.06 | 3.80 | 8 | 强 | 强 | 整齐 | 0.0 | 紧束 | 好 | | | 直 | 中 | 轻 | 未发 | 未发 | 未发 | 未发 |
| | 农垦小站稻 | 17.25 | 17.23 | 17.55 | 17.30 | 865.00 | 31.06 | 3 | 强 | 强 | 中等 | 5.0 | 紧束 | 好 | 9/29 | | 直 | 易 | 未发 | 未发 | 未发 | 未发 | 轻 |
| | 平均 | 13.25 | 13.16 | 12.79 | 13.05 | 652.73 | 13.78 | | | | | | | | | | | | | | | | |

（续表）

| 品种名称 | 试点名称 | 小区产量（千克） I | II | III | 小区平均产量（千克） | 折合亩产（千克） | 比对照增减产（%） | 位次 | 耐寒性 苗期耐寒 | 后期耐寒 | 整齐度 | 杂株率（%） | 株型 | 熟期转色 | 倒伏性 日期（月/日） | 面积（%） | 程度 | 落粒性 | 稻曲病 | 穗颈瘟 | 胡麻叶斑病 | 条纹叶枯病 | 纹枯病 |
|---|---|---|---|---|---|---|---|---|---|---|---|---|---|---|---|---|---|---|---|---|---|---|---|
| 津育粳38 | 水稻所 | 11.45 | 11.15 | 11.10 | 11.23 | 563.10 | 6.98 | 7 | 强 | 强 | 整齐 | 0.0 | 适中 | 好 | | | 直 | 难 | 未发 | 未发 | 未发 | 未发 | 轻 |
| | 天隆 | 12.36 | 11.37 | 12.76 | 12.16 | 609.76 | 5.45 | 7 | 强 | 强 | 整齐 | 0.0 | 紧束 | 好 | | | 直 | 难 | 未发 | 未发 | 未发 | 未发 | 未发 |
| | 玉米场 | 11.61 | 11.75 | 11.32 | 11.56 | 573.39 | 5.72 | 8 | 强 | 强 | 整齐 | 0.0 | 适中 | 好 | 9/29 | | 直 | 难 | 未发 | 未发 | 轻 | 未发 | 未发 |
| | 原种场 | 14.20 | 14.20 | 14.30 | 14.24 | 713.89 | 19.97 | 3 | 强 | 强 | 整齐 | 0.0 | 松散 | 好 | | | 直 | 难 | 未发 | 未发 | 未发 | 未发 | 未发 |
| | 作物所 | 13.20 | 13.30 | 11.50 | 12.67 | 634.95 | 20.25 | 2 | 强 | 强 | 整齐 | 0.0 | 紧束 | 好 | | | 直 | 难 | 未发 | 轻 | 未发 | 未发 | 轻 |
| | 农垦小站稻 | 14.22 | 16.25 | 17.56 | 16.00 | 800.00 | 21.21 | 6 | 强 | 强 | 整齐 | 0.0 | 紧束 | 好 | | | 直 | 难 | 未发 | 未发 | 未发 | 未发 | 轻 |
| | 平均 | 12.84 | 13.00 | 13.09 | 12.98 | 649.18 | 13.27 | | | | | | | | | | | | | | | | |
| 天隆粳30 | 水稻所 | 11.00 | 10.85 | 11.10 | 10.98 | 550.57 | 4.60 | 10 | 强 | 强 | 整齐 | 0.0 | 紧束 | 好 | | | 直 | 难 | 未发 | 未发 | 未发 | 未发 | 轻 |
| | 天隆 | 12.30 | 12.53 | 12.37 | 12.40 | 621.58 | 7.49 | 5 | 强 | 强 | 整齐 | 0.0 | 紧束 | 好 | | | 直 | 难 | 未发 | 未发 | 未发 | 未发 | 未发 |
| | 玉米场 | 11.22 | 11.24 | 11.30 | 11.25 | 558.14 | 2.91 | 9 | 强 | 强 | 整齐 | 0.0 | 适中 | 好 | | | 直 | 难 | 未发 | 未发 | 轻 | 未发 | 未发 |
| | 原种场 | 14.15 | 12.75 | 13.50 | 13.47 | 675.28 | 13.48 | 4 | 强 | 强 | 整齐 | 0.0 | 紧束 | 好 | | | 直 | 难 | 未发 | 轻 | 未发 | 未发 | 未发 |
| | 作物所 | 9.00 | 9.70 | 8.50 | 9.07 | 454.49 | -13.92 | 12 | 强 | 强 | 整齐 | 0.0 | 紧束 | 好 | 9/29 | | 直 | 中 | 未发 | 未发 | 未发 | 未发 | 未发 |
| | 农垦小站稻 | 15.22 | 14.21 | 14.54 | 14.70 | 735.00 | 11.36 | 10 | 强 | 强 | 整齐 | | 紧束 | 好 | | | 直 | 难 | 未发 | 轻 | 未发 | 未发 | 中 |
| | 平均 | 12.15 | 11.88 | 11.88 | 11.98 | 599.18 | 4.32 | | | | | | | | | | | | | | | | |

第五章 2023年天津市春稻品种区域试验总结

(续表)

| 品种名称 | 试点名称 | 小区产量（千克） I | II | III | 小区平均产量（千克） | 折合亩产（千克） | 比对照增减产（%） | 位次 | 耐寒性 苗期耐寒 | 后期耐寒 | 整齐度 | 杂株率（%） | 株型 | 熟期转色 | 倒伏性 日期（月/日） | 面积（%） | 程度 | 落粒性 | 稻曲病 | 穗颈瘟 | 胡麻叶斑病 | 条纹叶枯病 | 纹枯病 |
|---|---|---|---|---|---|---|---|---|---|---|---|---|---|---|---|---|---|---|---|---|---|---|---|
| 津农香198 | 水稻所 | 12.00 | 14.25 | 13.40 | 13.22 | 662.52 | 25.87 | 4 | 强 | 强 | 整齐 | 0.0 | 松散 | 好 | | | 直 | 难 | 未发 | 未发 | 未发 | 未发 | 轻 |
| | 天隆 | 12.79 | 13.17 | 14.61 | 13.52 | 677.84 | 17.22 | 2 | 强 | 强 | 整齐 | 0.2 | 紧束 | 好 | | | 直 | 难 | 未发 | 未发 | 未发 | 未发 | 未发 |
| | 玉米场 | 13.35 | 13.71 | 13.57 | 13.54 | 671.72 | 23.85 | 1 | 强 | 强 | 整齐 | 0.0 | 适中 | 好 | 9/29 | | 直 | 难 | 未发 | 未发 | 轻 | 未发 | 未发 |
| | 原种场 | 12.60 | 12.75 | 13.10 | 12.82 | 642.68 | 8.01 | 8 | 强 | 强 | 整齐 | 0.0 | 松散 | 好 | | | 直 | 难 | 未发 | 未发 | 未发 | 未发 | 未发 |
| | 作物所 | 11.80 | 11.60 | 10.30 | 11.23 | 563.10 | 6.65 | 5 | 强 | 强 | 整齐 | 0.0 | 紧束 | 好 | | | 直 | 中 | 未发 | 未发 | 未发 | 未发 | 未发 |
| | 农垦小站稻 | 16.32 | 16.52 | 16.51 | 16.50 | 825.00 | 25.00 | 4 | 强 | 强 | 整齐 | 0.0 | 紧束 | 好 | 9/25 | 10 | 倒 | 难 | 未发 | 未发 | 未发 | 未发 | 中 |
| | 平均 | 13.14 | 13.67 | 13.58 | 13.47 | 673.81 | 17.77 | | | | | | | | | | | | | | | | |
| MAP115 | 水稻所 | 12.15 | 11.85 | 11.80 | 11.93 | 598.19 | 13.65 | 8 | 强 | 强 | 整齐 | 0.0 | 松散 | 好 | | | 直 | 难 | 未发 | 未发 | 未发 | 未发 | 轻 |
| | 天隆 | 11.70 | 13.44 | 13.02 | 12.72 | 637.61 | 10.26 | 4 | 强 | 强 | 整齐 | 0.0 | 紧束 | 好 | | | 直 | 难 | 轻 | 未发 | 未发 | 未发 | 未发 |
| | 玉米场 | 11.38 | 11.23 | 10.86 | 11.16 | 553.49 | 2.06 | 10 | 强 | 强 | 整齐 | 0.0 | 适中 | 好 | 9/29 | | 直 | 难 | 未发 | 未发 | 轻 | 未发 | 未发 |
| | 原种场 | 13.20 | 12.55 | 13.90 | 13.22 | 662.74 | 11.38 | 5 | 强 | 强 | 整齐 | 0.0 | 松散 | 好 | | | 直 | 中 | 未发 | 未发 | 未发 | 未发 | 未发 |
| | 作物所 | 10.90 | 10.80 | 11.10 | 10.93 | 548.06 | 3.80 | 8 | 强 | 强 | 整齐 | 0.0 | 紧束 | 好 | | | 直 | 难 | 未发 | 未发 | 未发 | 未发 | 未发 |
| | 农垦小站稻 | 15.50 | 16.51 | 16.56 | 16.20 | 810.00 | 22.73 | 5 | 强 | 强 | 中等 | 3.0 | 紧束 | 好 | | | | | | 轻 | 未发 | 未发 | 中 |
| | 平均 | 12.47 | 12.73 | 12.87 | 12.69 | 635.02 | 10.65 | | | | | | | | | | | | | | | | |

（续表）

| 品种名称 | 试点名称 | 小区产量（千克） I | II | III | 小区平均产量（千克） | 折合亩产量（千克） | 比对照增减产（%） | 位次 | 耐寒性 苗期耐寒 | 后期耐寒 | 整齐度 | 杂株率（%） | 株型 | 熟期转色 | 倒伏性 日期（月/日） | 面积（%） | 程度 | 落粒性 | 稻曲病 | 穗颈瘟 | 胡麻叶斑病 | 条纹叶枯病 | 纹枯病 |
|---|---|---|---|---|---|---|---|---|---|---|---|---|---|---|---|---|---|---|---|---|---|---|---|
| 优农粳146 | 水稻所 | 12.90 | 12.90 | 12.40 | 12.73 | 638.29 | 21.27 | 6 | 强 | 强 | 整齐 | 0.0 | 紧束 | 好 | | | 直 | 难 | 轻 | 未发 | 未发 | 未发 | 轻 |
| | 天隆 | 12.73 | 13.31 | 13.38 | 13.14 | 658.78 | 13.92 | 3 | 强 | 强 | 整齐 | 0.0 | 紧束 | 好 | | | 直 | 难 | 未发 | 未发 | 未发 | 未发 | 未发 |
| | 玉米场 | 12.81 | 12.69 | 12.87 | 12.79 | 634.28 | 16.95 | 2 | 强 | 强 | 整齐 | 0.0 | 紧束 | 好 | 9/29 | | 直 | 难 | 未发 | 未发 | 轻 | 未发 | 未发 |
| | 原种场 | 14.40 | 14.15 | 14.20 | 14.25 | 714.65 | 20.10 | 2 | 强 | 强 | 整齐 | 0.0 | 紧束 | 好 | | | 直 | 难 | 未发 | 未发 | 未发 | 未发 | 未发 |
| | 作物所 | 10.00 | 12.10 | 11.50 | 11.20 | 561.43 | 6.33 | 6 | 强 | 强 | 整齐 | 0.0 | 紧束 | 好 | | | 直 | 中 | 未发 | 中 | 未发 | 未发 | 未发 |
| | 农垦小站稻 | 13.56 | 15.89 | 15.81 | 15.10 | 755.00 | 14.39 | 7 | 强 | 强 | 整齐 | 0.0 | 松散 | 好 | | | 直 | 易 | 未发 | 未发 | 未发 | 未发 | 未发 |
| | 平均 | 12.73 | 13.51 | 13.36 | 13.20 | 660.41 | 15.49 | | | | | | | | | | | | | | | | |
| 天隆粳27 | 水稻所 | 9.80 | 9.70 | 9.95 | 9.82 | 492.09 | -6.51 | 12 | 强 | 强 | 整齐 | 0.0 | 松散 | 好 | | | 直 | 难 | 未发 | 未发 | 未发 | 未发 | 未发 |
| | 天隆 | 11.34 | 11.61 | 11.31 | 11.42 | 572.51 | -1.00 | 11 | 强 | 强 | 整齐 | 0.0 | 紧束 | 好 | | | 直 | 难 | 未发 | 未发 | 未发 | 未发 | 未发 |
| | 玉米场 | 9.93 | 9.80 | 9.03 | 9.58 | 475.34 | -12.35 | 12 | 强 | 强 | 整齐 | 0.0 | 适中 | 好 | 9/29 | | 直 | 难 | 未发 | 未发 | 1级 | 未发 | 未发 |
| | 原种场 | 11.85 | 11.45 | 11.55 | 11.62 | 582.50 | -2.11 | 11 | 强 | 强 | 整齐 | 0.0 | 松散 | 好 | | | 直 | 难 | 未发 | 未发 | 未发 | 未发 | 未发 |
| | 作物所 | 11.30 | 10.50 | 10.90 | 10.90 | 546.39 | 3.48 | 10 | 强 | 强 | 整齐 | 0.0 | 紧束 | 好 | | | 直 | 中 | 未发 | 中 | 未发 | 未发 | 轻 |
| | 农垦小站稻 | 12.53 | 12.33 | 12.58 | 12.50 | 625.00 | -5.30 | 12 | 强 | 强 | 整齐 | 0.0 | 松散 | 好 | | | 直 | 难 | 未发 | 未发 | 未发 | 未发 | 未发 |
| | 平均 | 11.12 | 10.90 | 10.89 | 10.97 | 548.97 | -3.96 | | | | | | | | | | | | | | | | |

（续表）

| 品种名称 | 试点名称 | 小区产量（千克） | | | 小区平均产量（千克） | 折合亩产（千克） | 比对照增减产（%） | 位次 | 耐寒性 | | 整齐度 | 杂株率（%） | 株型 | 熟期转色 | 倒伏性 | | | 落粒性 | 稻曲病 | 穗颈瘟 | 胡麻叶斑病 | 条纹叶枯病 | 纹枯病 |
|---|---|---|---|---|---|---|---|---|---|---|---|---|---|---|---|---|---|---|---|---|---|---|---|
| | | Ⅰ | Ⅱ | Ⅲ | | | | | 苗期耐寒 | 后期耐寒 | | | | | 日期（月/日） | 面积（%） | 程度 | | | | | | |
| 津原894 | 水稻所 | 12.10 | 13.55 | 13.60 | 13.08 | 655.84 | 24.60 | 5 | 强 | 强 | 整齐 | 0.0 | 紧束 | 好 | | | 直 | 难 | 未发 | 未发 | 未发 | 未发 | 轻 |
| | 天隆 | 13.47 | 13.22 | 14.02 | 13.57 | 680.24 | 17.63 | 1 | 强 | 强 | 整齐 | 0.0 | 紧束 | 好 | | | 直 | 难 | 未发 | 未发 | 未发 | 未发 | 未发 |
| | 玉米场 | 12.25 | 11.76 | 12.05 | 12.02 | 596.27 | 9.94 | 4 | 强 | 强 | 整齐 | 0.0 | 适中 | 好 | 9/29 | | 直 | 难 | 未发 | 未发 | 轻 | 未发 | 未发 |
| | 原种场 | 12.35 | 13.05 | 13.05 | 12.82 | 642.68 | 8.10 | 8 | 强 | 强 | 整齐 | 0.0 | 松散 | 好 | | | 直 | 难 | 未发 | 未发 | 未发 | 未发 | 未发 |
| | 作物所 | 10.50 | 11.70 | 10.70 | 10.97 | 549.74 | 4.11 | 7 | 强 | 强 | 整齐 | 3.0 | 紧束 | 好 | | | 直 | 难 | 未发 | 未发 | 未发 | 未发 | 轻 |
| | 农垦小站稻 | 15.52 | 13.55 | 15.31 | 14.80 | 740.00 | 12.12 | 9 | 强 | 强 | 中等 | 0.0 | 紧束 | 好 | | | 直 | 难 | 未发 | 未发 | 未发 | 未发 | 轻 |
| | 平均 | 12.70 | 12.81 | 13.12 | 12.88 | 644.13 | 12.75 | | | | | | | | | | | | | | | | |
| 津原E28（CK） | 水稻所 | 9.60 | 11.10 | 10.90 | 10.53 | 528.01 | 0.00 | 11 | 强 | 强 | 整齐 | 0.0 | 适中 | 好 | | | 直 | 难 | 轻 | 轻 | 未发 | 未发 | 轻 |
| | 天隆 | 11.15 | 11.46 | 12.00 | 11.54 | 578.27 | 0.00 | 11 | 强 | 强 | 整齐 | 0.0 | 紧束 | 好 | | | 直 | 难 | 未发 | 未发 | 未发 | 未发 | 未发 |
| | 玉米场 | 10.99 | 10.81 | 11.00 | 10.93 | 542.34 | 0.00 | 11 | 强 | 强 | 整齐 | 0.0 | 适中 | 好 | 9/29 | | 直 | 难 | 未发 | 未发 | 轻 | 未发 | 未发 |
| | 原种场 | 12.00 | 11.90 | 11.70 | 11.87 | 595.04 | 0.00 | 10 | 强 | 强 | 整齐 | 0.0 | 松散 | 好 | | | 直 | 难 | 未发 | 未发 | 未发 | 未发 | 未发 |
| | 作物所 | 11.40 | 10.60 | 9.60 | 10.53 | 528.01 | 0.00 | 11 | 强 | 强 | 整齐 | 0.0 | 紧束 | 中 | | | 直 | 中 | 轻 | 轻 | 未发 | 未发 | 未发 |
| | 农垦小站稻 | 13.03 | 14.06 | 12.56 | 13.20 | 660.00 | 0.00 | 11 | 强 | 强 | 中等 | 5.0 | 紧束 | 好 | | | 直 | 难 | 未发 | 未发 | 未发 | 未发 | 未发 |
| | 平均 | 11.36 | 11.65 | 11.29 | 11.43 | 571.95 | | | | | | | | | | | | | | | | | |

# 第六章 2023年天津市春稻品种生产试验总结

## 一、试验目的

为加快育种科研成果转化为生产力的步伐，加快水稻新品种更新换代和技术推广，筛选适合天津市种植的丰产性、优质性、抗性好、适应性强的水稻品种，为品种审定和品种布局提供依据。

## 二、参试品种、供种单位及承试单位

**1. 参试品种**

春稻生试共3个参试品种，试验对照品种为津原E28。

**2. 育种（供种）单位**

详见表6-1。

**表6-1　2023年天津市春稻品种生产试验参试品种及育种（供种）单位**

| 序号 | 品种名称 | 育种（供种）单位 | 参试年限 |
| --- | --- | --- | --- |
| 1 | 优农粳239 | 天津市优质农产品开发示范中心 | 第三年 |
| 2 | 津育粳35 | 天津市农业科学院 | 第二年 |
| 3 | 津原E28（CK） | 天津市优质农产品开发示范中心 | 对照 |

**3. 承试单位**

天津市优质农产品开发示范中心（原种场）、天津市优质农产品开发示范中心（玉米场）、天津天隆种业科技有限公司（天隆）、天津市农作物研究所（作物所）、天津市水稻研究所（水稻所）、天津农垦小站稻产业发展有限公司（农垦小站稻）。

## 三、试验方法及田间管理

**1. 试验方法**

采用大区随机区组设计，不设重复，小区面积不小于333平方米。

**2. 田间管理**

所有参试品种同期播种、移栽、耕作，栽培措施与大田生产相同，只治虫不防病（纹枯病除外）。

## 四、试验结果与分析

2023年春稻品种生产试验结果汇总分析显示：品种产量为543.45~618.01千克/亩。

2023年天津市春稻品种生试数据详见附表6-1。

附表 6-1　2023 年天津市春稻品种生产试验参试品种生育期、产量、农艺性状及抗性表现

| 品种名称 | 试点名称 | 播种期(月/日) | 移栽期(月/日) | 秧龄(天) | 始穗期(月/日) | 齐穗期(月/日) | 成熟期(月/日) | 全生育期(天) | 大区产量(千克) | 折合亩产(千克) | 比对照增减(%) | 位次 | 倒伏性 日期(月/日) | 倒伏性 面积 | 倒伏性 程度 | 落粒性 | 稻曲病 | 穗颈瘟 | 胡麻叶斑病 | 条纹叶枯病 | 纹枯病 |
|---|---|---|---|---|---|---|---|---|---|---|---|---|---|---|---|---|---|---|---|---|---|
| 优优粳239 | 水稻所 | 4/14 | 5/30 | 46 | 8/18 | 8/23 | 10/5 | 174 | 275.40 | 550.80 | 14.75 | 2 | | | 直 | 难 | 未发 | 轻 | 未发 | 未发 | 中 |
| | 天隆 | 4/14 | 5/17 | 33 | 8/18 | 8/25 | 10/9 | 178 | 310.43 | 620.87 | 16.00 | 1 | | | 直 | 难 | 未发 | 未发 | 未发 | 未发 | 未发 |
| | 玉米场 | 4/10 | 5/18 | 38 | 8/9 | 8/16 | 10/9 | 182 | 319.93 | 640.51 | 19.40 | 3 | 9/29 | 0 | 直 | 难 | 未发 | 未发 | 轻 | 未发 | 未发 |
| | 原种场 | 4/6 | 5/16 | 40 | 8/14 | 8/20 | 9/25 | 172 | 307.00 | 614.00 | 9.25 | 2 | | | 直 | 难 | 未发 | 未发 | 未发 | 未发 | 未发 |
| | 作物所 | 4/12 | 5/25 | 43 | 8/23 | 8/26 | 10/11 | 181 | 279.30 | 558.60 | 5.20 | 2 | | | 直 | 难 | 未发 | 未发 | 未发 | 未发 | 未发 |
| | 农垦小站稻 | 4/14 | 5/23 | 39 | 8/10 | 8/19 | 10/10 | 178 | 308.75 | 617.50 | 0.41 | 2 | | | 直 | 难 | 未发 | 未发 | 未发 | 未发 | 中 |
| | 平均 | | | 39.8 | | | | 177.5 | 300.14 | 600.38 | 10.83 | | | | | | | | | | |
| 津育粳35 | 水稻所 | 4/14 | 5/30 | 46 | 8/18 | 8/23 | 10/5 | 174 | 280.30 | 560.60 | 16.79 | 1 | | | 直 | 难 | 未发 | 轻 | 未发 | 未发 | 轻 |
| | 天隆 | 4/14 | 5/17 | 33 | 8/16 | 8/23 | 10/7 | 176 | 289.05 | 578.10 | 8.01 | 2 | | | 直 | 中 | 未发 | 未发 | 未发 | 未发 | 未发 |
| | 玉米场 | 4/10 | 5/18 | 38 | 8/7 | 8/12 | 10/7 | 180 | 302.37 | 605.35 | 12.84 | 1 | 9/29 | 0 | 直 | 难 | 未发 | 未发 | 轻 | 未发 | 未发 |
| | 原种场 | 4/6 | 5/16 | 40 | 8/12 | 8/18 | 9/24 | 171 | 355.00 | 710.00 | 26.33 | 1 | | | 直 | 难 | 未发 | 未发 | 未发 | 未发 | 未发 |
| | 作物所 | 4/12 | 5/25 | 43 | 8/20 | 8/23 | 10/8 | 178 | 297.50 | 595.00 | 12.05 | 1 | | | 直 | 中 | 未发 | 未发 | 未发 | 未发 | 未发 |
| | 农垦小站稻 | 4/14 | 5/23 | 39 | 8/10 | 8/19 | 10/6 | 174 | 329.50 | 659.00 | 7.15 | 1 | | | 直 | 易 | 未发 | 未发 | 未发 | 未发 | 中 |
| | 平均 | | | 39.8 | | | | 175.5 | 308.95 | 618.01 | 13.86 | | | | | | | | | | |
| 津原E28(CK) | 水稻所 | 4/14 | 5/30 | 46 | 8/16 | 8/21 | 10/3 | 172 | 240.50 | 481.00 | 0.00 | 3 | | | 直 | 中 | 未发 | 未发 | 未发 | 未发 | 轻 |
| | 天隆 | 4/14 | 5/17 | 33 | 8/11 | 8/17 | 10/6 | 175 | 267.62 | 535.23 | 0.00 | | | | 直 | 难 | 未发 | 未发 | 未发 | 未发 | 未发 |
| | 玉米场 | 4/10 | 5/18 | 38 | 8/6 | 8/11 | 10/11 | 184 | 267.96 | 536.47 | 0.00 | 2 | 9/29 | 0 | 直 | 难 | 未发 | 未发 | 轻 | 未发 | 未发 |
| | 原种场 | 4/6 | 5/16 | 40 | 8/9 | 8/15 | 9/21 | 168 | 281.00 | 562.00 | 0.00 | 3 | | | 直 | 中 | 未发 | 未发 | 未发 | 未发 | 未发 |
| | 作物所 | 4/12 | 5/25 | 43 | 8/19 | 8/21 | 10/6 | 176 | 265.50 | 531.00 | 0.00 | 3 | | | 直 | 中 | 未发 | 未发 | 未发 | 未发 | 未发 |
| | 农垦小站稻 | 4/14 | 5/23 | 39 | 8/1 | 8/10 | 10/6 | 174 | 307.50 | 615.00 | 0.00 | 3 | | | 直 | 难 | 未发 | 轻 | 未发 | 未发 | 轻 |
| | 平均 | | | 39.8 | | | | 175 | 271.68 | 543.45 | | | | | | | | | | | |

# 第七章 2023年天津市麦茬稻品种区域试验总结

## 一、试验目的

为加快育种科研成果转化为生产力的步伐，加快水稻新品种更新换代和技术推广，筛选适合天津市种植的丰产性、优质性、抗性好、适应性强的水稻品种，为品种审定和品种布局提供依据。

## 二、参试品种、供种单位及承试单位

**1. 参试品种**

麦茬稻区试共9个参试品种，其中对照品种为津原85。

**2. 供种单位**

详见表7-1。

表7-1 2023年天津市麦茬稻区域试验参试品种及育种（供种）单位

| 序号 | 品种名称 | 育种（供种）单位 | 参试年限 |
|---|---|---|---|
| 1 | 天隆优717 | 天津天隆科技股份有限公司 | 第二年 |
| 2 | WZP4 | 天津市优质农产品开发示范中心 | 第一年 |
| 3 | 天隆优268 | 天津天隆科技股份有限公司 | 第一年 |
| 4 | 天隆优628 | 天津天隆科技股份有限公司 | 第一年 |
| 5 | 天隆优688 | 天津天隆科技股份有限公司 | 第一年 |
| 6 | 金禾粳优1702 | 江苏省金地种业科技有限公司、天津市农作物研究所 | 第一年 |
| 7 | 津稻526 | 天津农学院 | 第一年 |
| 8 | 金稻128 | 天津市农业科学院 | 第一年 |
| 9 | 津原85（CK） | 天津市优质农产品开发示范中心 | 对照 |

**3. 承试单位**

天津市优质农产品开发示范中心（原种场）、天津市水稻研究所（水稻所）、天津市农作物研究所（作物所）、天津天隆种业科技有限公司（天隆）、天津市优质农产品开发示范中心（玉米场）、天津农垦小站稻产业发展有限公司（农垦小站稻）。

## 三、试验方法及田间管理

**1. 试验方法**

试验采用随机区组设计，3次重复，小区长方形，长：宽=（2~3）：1，小区面积13.34平方米。

**2. 田间管理**

所有参试品种同期播种、移栽、耕作，栽培措施与大田生产相同，只治虫不防病（纹枯病除外）。

## 四、试验结果与分析

2023年麦茬稻品种区域试验结果汇总分析显示：秧田期品种出苗良好，本田期缓苗较好。参试的9个品种产量范围在533.47~679.61千克/亩。结果表明（表7-2、表7-3）：2023年试验有7个品种较津原85（CK）增产。

表7-2 2023年天津市麦茬稻品种区域试验方差分析

性状：产量

年份：2023年

试点：农垦小站稻、水稻所、天隆、玉米场、原种场、作物所

品种：WZP4、金稻128、金禾粳优1702、津稻526、津原85（CK）、天隆优268、天隆优628、天隆优688、天隆优717

重复：3次

| 变异来源 | 自由度 | 平方和 | 均方 | $F$值 | 概率（小于0.05显著） |
|---|---|---|---|---|---|
| 试点内区组 | 12 | 11.787 29 | 0.982 27 | 2.175 86 | 0.019 |

(续表)

| 变异来源 | 自由度 | 平方和 | 均方 | F值 | 概率（小于0.05显著） |
|---|---|---|---|---|---|
| 品种 | 8 | 150.396 41 | 18.799 55 | 41.643 42 | 0.000 |
| 试点 | 5 | 197.928 24 | 39.585 65 | 87.687 30 | 0.000 |
| 品种×试点 | 40 | 87.949 60 | 2.198 74 | 4.870 49 | 0.000 |
| 误差 | 96 | 43.338 34 | 0.451 44 | | |
| 总变异 | 161 | 491.399 88 | | | |

注：本试验的误差变异系数 CV（%）= 5.662。

表7-3　2023年天津市麦茬稻品种区域试验品种均值多重比较（LSD法）

| 品种名称 | 品种均值 | 0.05 显著性 | 0.01 显著性 |
|---|---|---|---|
| 金禾粳优1702 | 13.617 74 | a | A |
| 天隆优628 | 12.771 46 | b | B |
| 天隆优268 | 12.707 99 | b | B |
| WZP4 | 12.005 20 | c | C |
| 津稻526 | 11.957 12 | c | C |
| 天隆优717 | 11.343 63 | d | D |
| 天隆优688 | 10.980 79 | de | DE |
| 津原85（CK） | 10.748 80 | e | E |
| 金稻128 | 10.671 98 | e | E |

注：$LSD_{0.05}$ = 0.445 7；$LSD_{0.01}$ = 0.589 0。

结果表明（表7-4至表7-6）：各品种Shukla方差同质性检验（Bartlett测验）Prob. = 0.052 51，不显著，同质，各品种稳定性差异不显著。

表7-4　2023年天津市麦茬稻品种区域试验品种稳定性分析（Shukla稳定性方差）

| 品种名称 | DF | Shukla方差 | F值 | 概率 | 互作方差 | 品种均值 | Shukla变异系数（%） |
|---|---|---|---|---|---|---|---|
| WZP4 | 5 | 0.275 28 | 1.829 3 | 0.114 | 0.124 8 | 12.005 2 | 4.370 4 |
| 金稻128 | 5 | 0.744 14 | 4.945 0 | 0.000 | 0.593 7 | 10.672 0 | 8.083 2 |
| 金禾粳优1702 | 5 | 1.680 65 | 11.168 5 | 0.000 | 1.530 2 | 13.617 7 | 9.519 9 |
| 津稻526 | 5 | 0.722 32 | 4.800 0 | 0.001 | 0.571 8 | 11.957 1 | 7.107 8 |
| 津原85（CK） | 5 | 0.160 80 | 1.068 6 | 0.383 | 0.010 3 | 10.748 8 | 3.730 6 |
| 天隆优268 | 5 | 1.760 66 | 11.700 2 | 0.000 | 1.610 2 | 12.708 0 | 10.441 5 |
| 天隆优628 | 5 | 0.160 94 | 1.069 5 | 0.382 | 0.010 5 | 12.771 5 | 3.141 2 |
| 天隆优688 | 5 | 0.860 30 | 5.717 0 | 0.000 | 0.709 8 | 10.980 8 | 8.446 8 |
| 天隆优717 | 5 | 0.230 92 | 1.534 5 | 0.186 | 0.080 4 | 11.343 6 | 4.236 2 |
| 误差 | 96 | 0.150 48 | | | | | |

表7-5　2023年天津市麦茬稻品种区域试验各品种Shukla方差的多重比较

| 品种名称 | Shukla方差 | 0.05 显著性 | 0.01 显著性 |
|---|---|---|---|
| 天隆优268 | 1.760 66 | a | A |
| 金禾粳优1702 | 1.680 65 | a | A |

(续表)

| 品种名称 | Shukla 方差 | 0.05 显著性 | 0.01 显著性 |
|---|---|---|---|
| 天隆优 688 | 0.860 30 | ab | A |
| 金稻 128 | 0.744 14 | abc | A |
| 津稻 526 | 0.722 32 | abc | A |
| WZP4 | 0.275 28 | bc | A |
| 天隆优 717 | 0.230 92 | bc | A |
| 天隆优 628 | 0.160 94 | c | A |
| 津原 85（CK） | 0.160 80 | c | A |

表 7-6  2023 年天津市麦茬稻品种区域试验各品种适应度分析

| 品种名称 | 品种均值 | 适应度（%） |
|---|---|---|
| WZP4 | 12.005 20 | 50.000 |
| 金稻 128 | 10.671 98 | 0.000 |
| 金禾粳优 1702 | 13.617 74 | 100.000 |
| 津稻 526 | 11.957 12 | 50.000 |
| 津原 85（CK） | 10.748 80 | 0.000 |
| 天隆优 268 | 12.707 99 | 66.667 |
| 天隆优 628 | 12.771 46 | 100.000 |
| 天隆优 688 | 10.980 79 | 16.667 |
| 天隆优 717 | 11.343 63 | 16.667 |

2023 年麦茬稻品种区域试验数据汇总详见附表 7-1 和附表 7-2。

附表7-1　2023年天津市麦茬稻品种区域试验参试品种生育期及主要农艺性状表现

| 品种名称 | 试点名称 | 播种期（月/日） | 移栽期（月/日） | 秧龄（天） | 始穗期（月/日） | 齐穗期（月/日） | 成熟期（月/日） | 全生育期（天） | 基本苗（万株/亩） | 有效穗（万穗/亩） | 株高（厘米） | 穗长（厘米） | 总粒数（粒/穗） | 实粒数（粒/穗） | 结实率（%） | 千粒重（克） | 备注 |
|---|---|---|---|---|---|---|---|---|---|---|---|---|---|---|---|---|---|
| WZP4 | 水稻所 | 5/9 | 6/16 | 38 | 8/18 | 8/24 | 10/6 | 150 | 3.4 | 11.4 | 97.2 | 15.8 | 166.1 | 157.2 | 94.6 | 28.1 | |
| | 天隆 | 5/15 | 6/14 | 30 | 8/13 | 8/21 | 10/5 | 143 | 6.0 | 18.3 | 105.0 | 13.8 | 132.7 | 123.0 | 92.7 | 26.2 | |
| | 玉米场 | 5/23 | 6/13 | 21 | 8/18 | 8/25 | 10/12 | 142 | 6.0 | 24.7 | 104.5 | 16.0 | 130.7 | 120.1 | 91.9 | 27.2 | |
| | 原种场 | 5/13 | 6/13 | 34 | 8/17 | 8/23 | 9/30 | 140 | 6.2 | 22.5 | 99.8 | 15.2 | 120.0 | 110.0 | 91.7 | 25.2 | |
| | 作物所 | 5/10 | 6/10 | 31 | 8/21 | 8/25 | 10/9 | 151 | 4.2 | 13.5 | 98.5 | 16.6 | 205.7 | 177.7 | 86.4 | 25.6 | |
| | 农垦小站稻 | 5/19 | 6/21 | 33 | 8/18 | 8/26 | 10/3 | 136 | 4.6 | 16.7 | 97.0 | 15.5 | 123.3 | 109.5 | 88.8 | 23.3 | |
| | 平均 | | | 31.2 | | | | 144 | 5.1 | 17.9 | 100.3 | 15.5 | 146.4 | 132.9 | 91.0 | 25.9 | |
| 天隆优268 | 水稻所 | 5/9 | 6/16 | 38 | 8/14 | 8/18 | 10/6 | 150 | 3.1 | 12.1 | 112.3 | 22.1 | 185.7 | 175.1 | 94.3 | 25.9 | |
| | 天隆 | 5/15 | 6/14 | 30 | 8/13 | 8/19 | 10/3 | 141 | 6.0 | 14.9 | 103.4 | 18.5 | 126.3 | 120.7 | 95.6 | 29.3 | |
| | 玉米场 | 5/23 | 6/13 | 21 | 8/14 | 8/16 | 10/9 | 139 | 7.1 | 19.2 | 106.8 | 20.8 | 136.7 | 113.7 | 83.1 | 29.3 | |
| | 原种场 | 5/13 | 6/13 | 34 | 8/13 | 8/20 | 9/15 | 125 | 5.3 | 14.3 | 109.3 | 22.1 | 150.0 | 137.0 | 91.3 | 29.5 | |
| | 作物所 | 5/10 | 6/10 | 31 | 8/14 | 8/18 | 10/2 | 144 | 4.3 | 14.6 | 116.0 | 21.5 | 209.1 | 186.2 | 89.0 | 27.3 | |
| | 农垦小站稻 | 5/19 | 6/21 | 33 | 8/23 | 8/26 | 10/20 | 153 | 4.7 | 14.7 | 104.0 | 19.8 | 142.2 | 125.5 | 88.3 | 23.5 | |
| | 平均 | | | 31.2 | | | | 142 | 5.1 | 15.0 | 108.6 | 20.8 | 158.3 | 143.0 | 90.3 | 27.5 | |
| 天隆优628 | 水稻所 | 5/9 | 6/16 | 38 | 8/18 | 8/26 | 10/6 | 150 | 2.8 | 9.7 | 119.7 | 24.0 | 206.3 | 189.8 | 92.0 | 29.6 | |
| | 天隆 | 5/15 | 6/14 | 30 | 8/14 | 8/20 | 10/4 | 142 | 6.0 | 15.7 | 118.3 | 18.1 | 137.0 | 119.3 | 87.1 | 28.7 | |
| | 玉米场 | 5/23 | 6/13 | 21 | 8/15 | 8/18 | 10/10 | 140 | 7.3 | 15.0 | 123.0 | 18.5 | 202.3 | 163.0 | 80.6 | 27.8 | |
| | 原种场 | 5/13 | 6/13 | 34 | 8/14 | 8/20 | 9/24 | 134 | 6.4 | 14.7 | 116.8 | 21.6 | 185.0 | 162.0 | 87.6 | 28.2 | |
| | 作物所 | 5/10 | 6/10 | 31 | 8/19 | 8/23 | 10/7 | 149 | 4.3 | 13.8 | 124.6 | 22.4 | 282.1 | 262.2 | 92.9 | 27.2 | |
| | 农垦小站稻 | 5/19 | 6/21 | 33 | 8/22 | 8/28 | 10/25 | 158 | 4.5 | 16.9 | 114.0 | 21.3 | 217.4 | 184.1 | 84.7 | 22.6 | |
| | 平均 | | | 31.2 | | | | 146 | 5.2 | 14.3 | 119.4 | 21.0 | 205.0 | 180.1 | 87.5 | 27.3 | |

（续表）

| 品种名称 | 试点名称 | 播种期（月/日） | 移栽期（月/日） | 秧龄（天） | 始穗期（月/日） | 齐穗期（月/日） | 成熟期（月/日） | 全生育期（天） | 基本苗（万株/亩） | 有效穗（万穗/亩） | 株高（厘米） | 穗长（厘米） | 总粒数（粒/穗） | 实粒数（粒/穗） | 结实率（%） | 千粒重（克） | 备注 |
|---|---|---|---|---|---|---|---|---|---|---|---|---|---|---|---|---|---|
| 金禾粳优1702 | 水稻所 | 5/9 | 6/16 | 38 | 8/12 | 8/18 | 10/3 | 147 | 3.0 | 12.0 | 110.6 | 22.6 | 256.1 | 232.0 | 90.6 | 26.9 | |
| | 天隆 | 5/15 | 6/14 | 30 | 8/12 | 8/17 | 10/1 | 139 | 6.0 | 18.7 | 120.1 | 19.2 | 164.0 | 137.0 | 83.5 | 30.2 | |
| | 玉米场 | 5/23 | 6/13 | 21 | 8/8 | 8/14 | 10/9 | 139 | 7.2 | 21.9 | 112.8 | 18.8 | 138.4 | 119.2 | 86.1 | 26.1 | |
| | 原种场 | 5/13 | 6/13 | 34 | 8/10 | 8/17 | 9/23 | 133 | 6.3 | 18.1 | 110.0 | 21.1 | 155.0 | 139.0 | 89.7 | 25.8 | |
| | 作物所 | 5/10 | 6/10 | 31 | 8/12 | 8/15 | 9/29 | 141 | 4.1 | 14.9 | 117.3 | 22.5 | 231.6 | 208.5 | 90.0 | 24.6 | |
| | 农垦小站稻 | 5/19 | 6/21 | 33 | 8/10 | 8/19 | 9/30 | 133 | 5.8 | 19.8 | 107.0 | 21.8 | 163.0 | 144.2 | 88.4 | 23.4 | |
| | 平均 | | | 31.2 | | | | 139 | 5.4 | 17.6 | 113.0 | 21.0 | 184.7 | 163.3 | 88.1 | 26.2 | |
| 津稻526 | 水稻所 | 5/9 | 6/16 | 38 | 8/15 | 8/24 | 10/5 | 149 | 4.5 | 17.1 | 85.9 | 14.4 | 135.2 | 124.7 | 92.2 | 27.8 | |
| | 天隆 | 5/15 | 6/14 | 30 | 8/20 | 8/27 | 10/11 | 149 | 6.0 | 19.4 | 88.3 | 13.7 | 122.0 | 107.3 | 88.0 | 25.4 | |
| | 玉米场 | 5/23 | 6/13 | 21 | 8/16 | 8/24 | 10/12 | 142 | 6.6 | 24.7 | 87.5 | 13.5 | 100.7 | 85.8 | 85.2 | 25.1 | |
| | 原种场 | 5/13 | 6/13 | 34 | 8/16 | 8/23 | 9/30 | 140 | 6.3 | 20.6 | 86.3 | 15.1 | 123.0 | 112.0 | 91.1 | 25.6 | |
| | 作物所 | 5/10 | 6/10 | 31 | 8/17 | 8/20 | 10/4 | 146 | 4.6 | 20.7 | 94.7 | 16.0 | 170 | 149.4 | 87.9 | 26.0 | |
| | 农垦小站稻 | 5/19 | 6/21 | 33 | 8/22 | 8/29 | 10/30 | 163 | 5.6 | 19.3 | 82.0 | 16.1 | 117.4 | 104.9 | 89.4 | 22.6 | |
| | 平均 | | | 31.2 | | | | 148 | 5.6 | 20.3 | 87.5 | 14.8 | 128.0 | 114.0 | 89.0 | 25.4 | |
| 天隆优717 | 水稻所 | 5/9 | 6/16 | 38 | 8/8 | 8/14 | 10/4 | 148 | 2.5 | 13.9 | 116.6 | 20.9 | 110.7 | 98.3 | 88.8 | 29.9 | |
| | 天隆 | 5/15 | 6/14 | 30 | 8/9 | 8/15 | 9/29 | 137 | 6.0 | 18.0 | 117.5 | 17.7 | 109.3 | 100.3 | 91.8 | 27.6 | |
| | 玉米场 | 5/23 | 6/13 | 21 | 8/10 | 8/14 | 10/10 | 140 | 6.5 | 23.6 | 108.3 | 17.3 | 84.3 | 72.4 | 85.9 | 30.4 | |
| | 原种场 | 5/13 | 6/13 | 34 | 8/7 | 8/13 | 9/19 | 129 | 5.3 | 18.1 | 109.5 | 20.1 | 93.0 | 81.0 | 87.1 | 28.6 | |
| | 作物所 | 5/10 | 6/10 | 31 | 8/9 | 8/13 | 9/27 | 139 | 4.2 | 19.0 | 112.1 | 20.7 | 134.3 | 119.9 | 89.3 | 28.1 | |
| | 农垦小站稻 | 5/19 | 6/21 | 33 | 8/6 | 8/14 | 9/30 | 133 | 4.5 | 30.7 | 112.0 | 23.0 | 158.7 | 141.0 | 88.9 | 26.7 | |
| | 平均 | | | 31.2 | | | | 138 | 4.8 | 20.6 | 112.7 | 19.9 | 115.1 | 102.2 | 88.6 | 28.5 | |

(续表)

| 品种名称 | 试点名称 | 播种期(月/日) | 移栽期(月/日) | 秧龄(天) | 始穗期(月/日) | 齐穗期(月/日) | 成熟期(月/日) | 全生育期(天) | 基本苗(万株/亩) | 有效穗(万穗/亩) | 株高(厘米) | 穗长(厘米) | 总粒数(粒/穗) | 实粒数(粒/穗) | 结实率(%) | 千粒重(克) | 备注 |
|---|---|---|---|---|---|---|---|---|---|---|---|---|---|---|---|---|---|
| 金稻128 | 水稻所 | 5/9 | 6/16 | 38 | 8/20 | 8/20 | 10/5 | 149 | 3.0 | 13.4 | 80.9 | 20.9 | 122.8 | 115.0 | 93.6 | 27.3 | |
| | 天隆 | 5/15 | 6/14 | 30 | 8/7 | 8/13 | 9/27 | 135 | 6.0 | 19.3 | 86.7 | 19.6 | 124.0 | 113.7 | 91.7 | 26.2 | |
| | 玉米场 | 5/23 | 6/13 | 21 | 8/17 | 8/24 | 10/12 | 142 | 6.7 | 17.8 | 85.3 | 18.8 | 90.2 | 81.8 | 90.7 | 26.9 | |
| | 原种所 | 5/13 | 6/13 | 34 | 8/18 | 8/25 | 10/2 | 142 | 6.4 | 19.0 | 76.5 | 20.2 | 92.0 | 84.0 | 91.3 | 26.3 | |
| | 作物所 | 5/10 | 6/10 | 31 | 8/16 | 8/20 | 10/4 | 146 | 3.5 | 17.1 | 86.3 | 21.9 | 128.4 | 116.2 | 90.5 | 26.9 | |
| | 农垦小站稻 | 5/19 | 6/21 | 33 | 8/23 | 8/30 | 10/20 | 153 | 4.5 | 18.2 | 83.0 | 21.0 | 109.8 | 96.2 | 87.7 | 23.5 | |
| | 平均 | | | 31.2 | | | | 145 | 5.0 | 17.5 | 83.1 | 20.4 | 111.2 | 101.1 | 90.9 | 26.2 | |
| 天隆优688 | 水稻所 | 5/9 | 6/16 | 38 | 8/9 | 8/15 | 10/3 | 147 | 3.7 | 14.3 | 122.9 | 19.8 | 90.5 | 82.3 | 90.9 | 32.8 | |
| | 天隆 | 5/15 | 6/14 | 30 | 8/9 | 8/15 | 9/29 | 137 | 6.0 | 19.1 | 123.3 | 19.1 | 106.0 | 91.0 | 85.8 | 27.5 | |
| | 玉米场 | 5/23 | 6/13 | 21 | 8/6 | 8/10 | 10/9 | 139 | 6.6 | 26.7 | 111.5 | 18.5 | 70.2 | 57.5 | 82.0 | 32.5 | |
| | 原种所 | 5/13 | 6/13 | 34 | 8/6 | 8/13 | 9/18 | 128 | 5.8 | 20.6 | 114.5 | 20.4 | 96.0 | 89.0 | 92.7 | 29.8 | |
| | 作物所 | 5/10 | 6/10 | 31 | 8/7 | 8/11 | 9/26 | 138 | 4.5 | 18.2 | 124.2 | 23.4 | 125.7 | 104.2 | 82.9 | 28.7 | |
| | 农垦小站稻 | 5/19 | 6/21 | 33 | 8/4 | 8/14 | 10/15 | 148 | 5.9 | 18.3 | 105.0 | 21.1 | 82.6 | 73.5 | 89.0 | 30.0 | |
| | 平均 | | | 31.2 | | | | 140 | 5.4 | 19.5 | 116.9 | 20.4 | 95.2 | 82.9 | 87.2 | 30.2 | |
| 津原85 (CK) | 水稻所 | 5/9 | 6/16 | 38 | 8/13 | 8/20 | 10/4 | 148 | 3.9 | 17.3 | 99.7 | 20.7 | 98.8 | 95.7 | 96.9 | 28.1 | |
| | 天隆 | 5/15 | 6/14 | 30 | 8/12 | 8/17 | 10/1 | 139 | 6.0 | 25.3 | 96.7 | 19.3 | 86.0 | 81.0 | 94.2 | 25.7 | |
| | 玉米场 | 5/23 | 6/13 | 21 | 8/8 | 8/12 | 10/8 | 138 | 6.5 | 24.2 | 93.0 | 18.5 | 86.9 | 76.8 | 88.4 | 26.2 | |
| | 原种所 | 5/13 | 6/13 | 34 | 8/10 | 8/16 | 9/21 | 131 | 5.9 | 26.4 | 94.8 | 20.4 | 87.0 | 81.0 | 93.1 | 25.1 | |
| | 作物所 | 5/10 | 6/10 | 31 | 8/11 | 8/15 | 9/29 | 141 | 5.6 | 24.9 | 101.3 | 21.5 | 130.5 | 121.9 | 93.4 | 25.1 | |
| | 农垦小站稻 | 5/19 | 6/21 | 33 | 8/25 | 8/31 | 10/15 | 148 | 6.1 | 36.5 | 85.0 | 22.6 | 115.5 | 102.1 | 88.4 | 23.8 | |
| | 平均 | | | 31.2 | | | | 141 | 5.7 | 25.8 | 95.1 | 20.5 | 100.8 | 93.1 | 92.4 | 25.7 | |

附表 7-2　2023 年天津市麦茬稻品种区域试验参试品种产量、农艺性状及抗性表现

| 品种名称 | 试点名称 | 小区产量（千克） | | | 小区平均产量（千克） | 折合亩产（千克） | 比对照增减产（%） | 位次 | 耐寒性 | | 整齐度 | 杂株率（%） | 株型 | 熟期转色 | 倒伏性 | | | 落粒性 | 稻曲病 | 穗颈瘟 | 胡麻叶斑病 | 条纹叶枯病（%） | 纹枯病 |
|---|---|---|---|---|---|---|---|---|---|---|---|---|---|---|---|---|---|---|---|---|---|---|---|
| | | Ⅰ | Ⅱ | Ⅲ | | | | | 苗期耐寒 | 后期耐寒 | | | | | 日期（月/日） | 面积（%） | 程度 | | | | | | |
| WZP4 | 水稻所 | 8.10 | 12.80 | 12.40 | 11.10 | 556.42 | 11.00 | 5 | 强 | 强 | 整齐 | 0.0 | 适中 | 好 | | | 直 | 难 | 未发 | 未发 | 未发 | 未发 | 轻 |
| | 天隆 | 9.76 | 10.11 | 10.94 | 10.27 | 514.83 | 7.74 | 6 | 强 | 强 | 整齐 | 0.0 | 紧束 | 好 | | | 直 | 难 | 未发 | 未发 | 未发 | 未发 | 未发 |
| | 玉米场 | 12.66 | 12.41 | 12.42 | 12.50 | 619.89 | 17.57 | 2 | 强 | 强 | 整齐 | 0.0 | 紧束 | 好 | | | 直 | 难 | 未发 | 未发 | 轻 | 未发 | 未发 |
| | 原种场 | 12.70 | 13.80 | 12.80 | 13.10 | 656.97 | 14.56 | 3 | 强 | 强 | 整齐 | 0.0 | 松散 | 好 | 9/29 | | 直 | 难 | 轻 | 未发 | 未发 | 未发 | 未发 |
| | 作物所 | 11.20 | 11.96 | 11.48 | 11.55 | 578.81 | 4.27 | 4 | 强 | 强 | 整齐 | 8.0 | 适中 | 好 | | | 直 | 中 | 未发 | 未发 | 未发 | 未发 | 未发 |
| | 农垦小站稻 | 12.48 | 13.51 | 14.56 | 13.50 | 675.00 | 13.45 | 5 | 强 | 强 | 中等 | | 紧束 | 好 | | | 直 | 难 | 未发 | 未发 | 未发 | 未发 | 轻 |
| | 平均 | 11.15 | 12.43 | 12.43 | 12.00 | 600.32 | 11.43 | | | | | | | | | | | | | | | | |
| 天隆优268 | 水稻所 | 11.95 | 12.30 | 11.10 | 11.78 | 590.67 | 17.83 | 3 | 强 | 强 | 整齐 | 0.0 | 松散 | 好 | | | 直 | 难 | 未发 | 未发 | 未发 | 未发 | 轻 |
| | 天隆 | 10.75 | 11.48 | 11.11 | 11.11 | 557.13 | 16.59 | 1 | 强 | 强 | 整齐 | 0.16 | 适中 | 中 | 9/25 | 10 | 斜 | 中 | 未发 | 未发 | 未发 | 未发 | 未发 |
| | 玉米场 | 10.95 | 11.13 | 10.76 | 10.95 | 542.99 | 2.98 | 8 | 强 | 强 | 整齐 | 0.0 | 适中 | 好 | 9/29 | 9 | 直 | 难 | 未发 | 未发 | 轻 | 未发 | 未发 |
| | 原种场 | 12.00 | 12.40 | 12.10 | 12.17 | 610.08 | 6.38 | 5 | 强 | 强 | 整齐 | 0.0 | 松散 | 好 | 9/16 | | 伏 | 难 | 未发 | 未发 | 未发 | 未发 | 轻 |
| | 作物所 | 14.10 | 14.54 | 13.16 | 13.93 | 698.45 | 25.83 | 2 | 强 | 强 | 整齐 | 0.0 | 紧束 | 好 | | | 直 | 难 | 未发 | 未发 | 未发 | 未发 | 未发 |
| | 农垦小站稻 | 16.58 | 16.51 | 15.82 | 16.30 | 815.00 | 36.97 | 2 | 强 | 强 | 整齐 | | 紧束 | 好 | | | 直 | 难 | 未发 | 未发 | 未发 | 未发 | 轻 |
| | 平均 | 12.72 | 13.06 | 12.34 | 12.71 | 635.72 | 17.76 | | | | | | | | | | | | | | | | |
| 天隆优628 | 水稻所 | 12.05 | 12.15 | 11.60 | 11.93 | 598.19 | 19.33 | 2 | 强 | 强 | 整齐 | 0.2 | 松散 | 好 | | | 直 | 难 | 未发 | 未发 | 未发 | 未发 | 轻 |
| | 天隆 | 10.67 | 11.37 | 10.38 | 10.81 | 541.71 | 13.36 | 2 | 强 | 强 | 整齐 | 0.0 | 紧束 | 好 | | | 直 | 难 | 未发 | 未发 | 未发 | 未发 | 未发 |
| | 玉米场 | 12.38 | 12.54 | 12.79 | 12.57 | 623.60 | 18.27 | 1 | 强 | 强 | 整齐 | 0.0 | 适中 | 好 | | | 直 | 难 | 未发 | 未发 | 轻 | 未发 | 未发 |
| | 原种场 | 12.60 | 13.70 | 12.90 | 13.07 | 655.21 | 14.25 | 4 | 强 | 强 | 整齐 | 0.0 | 松散 | 好 | 9/29 | | 直 | 难 | 未发 | 未发 | 未发 | 未发 | 未发 |
| | 作物所 | 13.72 | 13.88 | 13.50 | 13.70 | 686.75 | 23.72 | 3 | 强 | 强 | 整齐 | 0.0 | 紧束 | 好 | | | 直 | 中 | 轻 | 未发 | 未发 | 未发 | 未发 |
| | 农垦小站稻 | 16.15 | 13.50 | 14.00 | 14.60 | 730.00 | 22.69 | | 强 | 强 | 整齐 | 0.0 | 紧束 | 好 | 9/25 | | 斜 | 难 | 未发 | 未发 | 未发 | 未发 | 轻 |
| | 平均 | 12.93 | 12.86 | 12.53 | 12.78 | 639.24 | 18.60 | 3 | | | | | | | | | | | | | | | |

# 第七章 2023年天津市麦茬稻品种区域试验总结

（续表）

| 品种名称 | 试点名称 | 小区产量（千克） I | II | III | 小区平均产量（千克） | 折合亩产（千克） | 比对照增减产（%） | 位次 | 耐寒性 苗期耐寒 | 后期耐寒 | 整齐度 | 杂株率（%） | 株型 | 熟期转色 | 倒伏性 日期（月/日） | 面积（%） | 程度 | 落粒性 | 稻曲病 | 穗颈瘟 | 胡麻叶斑病 | 条纹叶枯病（%） | 纹枯病 |
|---|---|---|---|---|---|---|---|---|---|---|---|---|---|---|---|---|---|---|---|---|---|---|---|
| 金禾稻优1702 | 水稻所 | 12.80 | 12.40 | 12.55 | 12.58 | 630.78 | 25.83 | 1 | 强 | 强 | 整齐 | 0.0 | 松散 | 好 | | | 直 | 难 | 未发 | 轻 | 未发 | 未发 | 轻 |
| | 天隆 | 10.52 | 10.17 | 11.64 | 10.77 | 540.00 | 13.01 | 3 | 强 | 强 | 整齐 | 0.2 | 适中 | 好 | | | 直 | 难 | 未发 | 未发 | 未发 | 未发 | 未发 |
| | 玉米场 | 12.41 | 12.43 | 12.43 | 12.42 | 616.24 | 16.87 | 3 | 强 | 强 | 整齐 | 0.0 | 紧束 | 好 | 9/29 | | 直 | 难 | 未发 | 未发 | 轻 | 未发 | 未发 |
| | 原种场 | 14.50 | 14.95 | 12.85 | 13.94 | 698.85 | 21.86 | 1 | 强 | 强 | 整齐 | 0.0 | 松散 | 好 | | | 直 | 中 | 未发 | 未发 | 未发 | 未发 | 未发 |
| | 作物所 | 14.38 | 14.36 | 13.86 | 14.20 | 711.82 | 28.24 | | 强 | 强 | 整齐 | 0.0 | 松散 | 好 | | | 直 | 难 | 未发 | 未发 | 未发 | 未发 | 未发 |
| | 农垦小站稻 | 17.53 | 17.84 | 17.51 | 17.60 | 880.00 | 47.90 | 1 | 强 | 强 | 整齐 | 0.0 | 紧束 | 好 | 9/25 | | 斜 | 难 | 未发 | 未发 | 未发 | 未发 | 未发 |
| | 平均 | 13.69 | 13.69 | 13.47 | 13.59 | 679.61 | 25.62 | | | | | | | | | | | | | | | | |
| 津稻526 | 水稻所 | 11.40 | 11.85 | 11.80 | 11.68 | 585.66 | 16.83 | 4 | | 强 | 整齐 | 0.0 | 紧束 | 好 | | | 直 | 难 | 未发 | 轻 | 未发 | 未发 | 轻 |
| | 天隆 | 10.26 | 9.55 | 10.01 | 9.94 | 498.40 | 4.30 | 7 | 强 | 强 | 整齐 | 0.0 | 紧束 | 好 | | | 直 | 难 | 未发 | 未发 | 未发 | 未发 | 未发 |
| | 玉米场 | 12.37 | 12.04 | 11.98 | 12.13 | 601.82 | 14.14 | 4 | 强 | 强 | 整齐 | 0.0 | 紧束 | 好 | 9/29 | | 直 | 难 | 未发 | 未发 | 轻 | 未发 | 未发 |
| | 原种场 | 13.45 | 13.55 | 13.75 | 13.58 | 681.29 | 18.80 | 2 | 强 | 强 | 整齐 | 0.0 | 紧束 | 好 | | | 直 | 难 | 轻 | 未发 | 未发 | 未发 | 未发 |
| | 作物所 | 10.92 | 11.24 | 11.50 | 11.22 | 562.43 | 1.32 | 6 | 强 | 强 | 整齐 | 0.0 | 紧束 | 好 | | | 直 | 难 | 未发 | 未发 | 未发 | 未发 | 未发 |
| | 农垦小站稻 | 14.21 | 12.14 | 13.20 | 13.20 | 660.00 | 10.92 | 6 | 强 | 强 | 中等 | 5.0 | 紧束 | 好 | | | 直 | 难 | 轻 | 未发 | 未发 | 未发 | 轻 |
| | 平均 | 12.10 | 11.73 | 12.04 | 11.96 | 598.27 | 11.05 | | | | | | | | | | | | | | | | |
| 天隆优717 | 水稻所 | 10.55 | 11.05 | 9.90 | 10.50 | 526.34 | 5.00 | 6 | 强 | 强 | 整齐 | 0.0 | 松散 | 好 | | | 直 | 难 | 轻 | 未发 | 未发 | 未发 | 未发 |
| | 天隆 | 9.92 | 10.35 | 11.09 | 10.45 | 523.92 | 9.64 | 5 | 强 | 强 | 整齐 | 0.2 | 紧束 | 好 | | | 直 | 难 | 未发 | 未发 | 轻 | 未发 | 未发 |
| | 玉米场 | 11.36 | 11.13 | 11.26 | 11.25 | 558.02 | 5.83 | 5 | 强 | 强 | 整齐 | 0.0 | 紧束 | 好 | 9/29 | | 直 | 难 | 未发 | 未发 | 未发 | 未发 | 未发 |
| | 原种场 | 11.95 | 12.05 | 11.85 | 11.95 | 599.30 | 4.50 | 6 | 强 | 强 | 整齐 | 0.0 | 松散 | 好 | | | 直 | 中 | 未发 | 未发 | 未发 | 未发 | 未发 |
| | 作物所 | 11.66 | 11.52 | 11.26 | 11.48 | 575.47 | 3.67 | 5 | 强 | 强 | 整齐 | 0.0 | 适中 | 好 | | | 直 | 中 | 轻 | 未发 | 未发 | 未发 | 未发 |
| | 农垦小站稻 | 12.20 | 12.58 | 12.51 | 12.40 | 620.00 | 4.20 | 7 | 强 | 强 | 整齐 | 0.0 | 紧束 | 好 | | | 直 | | 中 | 未发 | 未发 | 未发 | |
| | 平均 | 11.27 | 11.45 | 11.31 | 11.34 | 567.17 | 5.47 | | | | | | | | | | | | | | | | |

（续表）

| 品种名称 | 试点名称 | 小区产量（千克） I | II | III | 小区平均产量（千克） | 折合亩产（千克） | 比对照增减产（%） | 位次 | 耐寒性 苗期耐寒 | 后期耐寒 | 整齐度 | 杂株率（%） | 株型 | 熟期转色 | 倒伏性 日期（月/日） | 面积（%） | 程度 | 落粒性 | 稻曲病 | 穗颈瘟 | 胡麻叶斑病 | 条纹叶枯病（%） | 纹枯病 |
|---|---|---|---|---|---|---|---|---|---|---|---|---|---|---|---|---|---|---|---|---|---|---|---|
| 金稻128 | 水稻所 | 10.10 | 10.40 | 10.30 | 10.27 | 514.65 | 2.67 | 7 | 强 | 强 | 整齐 | 0.0 | 松散 | 好 | | | 直 | 难 | 未发 | 未发 | 未发 | 未发 | 轻 |
| | 天隆 | 9.83 | 9.16 | 9.93 | 9.64 | 483.26 | 1.13 | 8 | 强 | 强 | 整齐 | 0.0 | 适中 | 好 | | | 直 | 难 | 未发 | 未发 | 未发 | 未发 | 未发 |
| | 玉米场 | 11.02 | 10.95 | 10.98 | 10.98 | 544.74 | 3.31 | 7 | 强 | 强 | 中等 | 0.0 | 适中 | 好 | | | 直 | 难 | 未发 | 未发 | 轻 | 未发 | 未发 |
| | 原种场 | 11.49 | 11.85 | 12.03 | 11.79 | 591.27 | 3.10 | 7 | 强 | 强 | 整齐 | 0.0 | 松散 | 好 | 9/29 | | 斜 | 中 | 未发 | 未发 | 未发 | 未发 | 未发 |
| | 作物所 | 9.30 | 9.52 | 9.72 | 9.51 | 476.88 | -14.09 | 9 | 强 | 强 | 整齐 | 0.0 | 适中 | 好 | 9/16 | 100 | 直 | 中 | 轻 | 未发 | 未发 | 未发 | 未发 |
| | 农垦小站稻 | 13.12 | 9.25 | 13.15 | 11.80 | 590.00 | -0.84 | 9 | 强 | 强 | 整齐 | 0.0 | 紧束 | 好 | 9/25 | | 斜 | 难 | 未发 | 未发 | 未发 | 未发 | 轻 |
| | 平均 | 10.81 | 10.19 | 11.02 | 10.67 | 533.47 | -0.79 | | | | | | | | | | | | | | | | |
| 天隆优688 | 水稻所 | 9.55 | 9.75 | 10.20 | 9.83 | 492.92 | -1.67 | 9 | 强 | 强 | 整齐 | 0.0 | 松散 | 好 | | | 直 | 难 | 未发 | 未发 | 未发 | 未发 | 轻 |
| | 天隆 | 10.24 | 10.53 | 10.71 | 10.49 | 526.02 | 10.08 | 4 | 强 | 强 | 整齐 | 0.0 | 紧束 | 好 | | | 直 | 难 | 未发 | 未发 | 未发 | 未发 | 未发 |
| | 玉米场 | 11.21 | 11.16 | 11.06 | 11.15 | 552.95 | 4.87 | 6 | 强 | 强 | 整齐 | 1.3 | 紧束 | 好 | 9/29 | | 直 | 难 | 未发 | 未发 | 轻 | 未发 | 未发 |
| | 原种场 | 9.80 | 10.35 | 10.15 | 10.10 | 506.52 | -11.67 | 9 | 强 | 强 | 整齐 | 0.0 | 紧束 | 好 | | | 直 | 中 | 未发 | 未发 | 未发 | 未发 | 轻 |
| | 作物所 | 10.52 | 11.10 | 10.54 | 10.72 | 537.37 | -3.19 | 8 | 强 | 强 | 整齐 | 5.0 | 松散 | 好 | | | 直 | 中 | 轻 | 未发 | 未发 | 未发 | 轻 |
| | 农垦小站稻 | 13.12 | 14.14 | 13.51 | 13.60 | 680.00 | 14.29 | 4 | 强 | 强 | 中等 | 0.0 | 紧束 | 好 | | | 直 | 难 | 未发 | 未发 | 未发 | 未发 | 未发 |
| | 平均 | 10.74 | 11.17 | 11.03 | 10.98 | 549.30 | 2.12 | | | | | | | | | | | | | | | | |
| 津原85（CK） | 水稻所 | 9.20 | 10.65 | 10.05 | 9.97 | 499.61 | 0.00 | 8 | 强 | 强 | 整齐 | 0.0 | 松散 | 好 | | | 直 | 难 | 未发 | 未发 | 未发 | 未发 | 轻 |
| | 天隆 | 9.36 | 8.48 | 10.75 | 9.53 | 477.85 | | 9 | 强 | 强 | 整齐 | 0.0 | 适中 | 好 | | | 直 | 难 | 未发 | 未发 | 未发 | 未发 | 未发 |
| | 玉米场 | 10.61 | 10.74 | 10.54 | 10.63 | 527.27 | 0.00 | 8 | 强 | 强 | 整齐 | 0.0 | 适中 | 好 | 9/29 | | 直 | 难 | 未发 | 未发 | 轻 | 未发 | 未发 |
| | 原种场 | 11.65 | 11.60 | 11.05 | 11.44 | 573.47 | 0.00 | 7 | 强 | 强 | 整齐 | 0.0 | 松散 | 好 | | | 直 | 难 | 未发 | 未发 | 未发 | 未发 | 未发 |
| | 作物所 | 10.92 | 10.52 | 11.78 | 11.07 | 555.08 | 0.00 | 8 | 强 | 强 | 整齐 | 0.0 | 紧束 | 好 | | | 直 | 难 | 未发 | 未发 | 轻 | 未发 | 未发 |
| | 农垦小站稻 | 12.41 | 10.15 | 13.01 | 11.90 | 595.00 | | | 强 | 强 | 整齐 | 0.0 | 紧束 | 好 | | | 直 | 难 | 未发 | 未发 | 未发 | 未发 | 中 |
| | 平均 | 10.69 | 10.36 | 11.20 | 10.76 | 538.05 | | | | | | | | | | | | | | | | | |

# 第八章　2023年天津市特用稻品种试验总结

## 一、试验目的

为加快育种科研成果转化为生产力的步伐，加快水稻新品种更新换代和技术推广，筛选适合天津市种植的丰产性、优质性、抗性好、适应性强的水稻品种，为品种审定和品种布局提供依据。

## 二、参试品种、供种单位及承试单位

**1. 参试品种**

特用稻试验7个参试品种。

**2. 供种单位**

详见表8-1。

表8-1　2023年天津市特用稻试验参试品种及育种（供种）单位

| 序号 | 品种名称 | 育种（供种）单位 | 备注 |
| --- | --- | --- | --- |
| 1 | 天隆香糯2号 | 天津天隆科技股份有限公司 | 糯（第一年） |
| 2 | 优农红糯292 | 天津市优质农产品开发示范中心 | 彩、糯（第一年） |
| 3 | 天隆香糯1号 | 天津天隆科技股份有限公司 | 糯（第一年） |
| 4 | 津育糯5号 | 天津市农业科学院 | 糯（区域试验和生产试验合并） |
| 5 | 津育粳37 | 天津市农业科学院 | 软（区域试验和生产试验合并） |
| 6 | 中农大4号 | 中国农业大学农学院 | 陆稻（区域试验和生产试验合并） |
| 7 | 中农大5号 | 中国农业大学农学院 | 陆稻（区域试验和生产试验合并） |

**3. 软、糯、彩承试单位**

天津市优质农产品开发示范中心（原种场）、天津市优质农产品开发示范中心（玉米场）、天津市水稻研究所（水稻所）、天津市农作物研究所（作物所）、天津天隆种业科技有限公司（天隆）。

**4. 陆稻承试单位**

天津蓟县康恩伟泰种子有限公司（蓟州）、天津市宝坻区农业发展服务中心（宝坻）、天津市优质农产品开发示范中心（宁河）、天津国杰农业科技有限公司（武清）、天津中天大地科技有限公司（静海）。

## 三、试验方法及田间管理

**1. 试验方法（第一年参试品种）**

采用小区随机排列，不设重复，小区面积24平方米，同一试验组应在同一田块进行。

**2. 试验方法（区域试验和生产试验合并）**

采用小区随机排列，不设重复，小区面积333平方米，同一试验组应在同一田块进行。

**3. 田间管理**

所有参试品种同期播种、移栽、耕作，栽培措施与大田生产相同，只治虫不防病（纹枯病除外）。

## 四、试验结果与分析

2023年特用稻品种试验结果汇总分析（第一年）：参试的3个品种产量范围在496.18~533.87千克/亩。

2023年特用稻品种试验结果汇总分析（区域试验和生产试验合并）：津育糯5号产量为596.05千克/亩、津育粳37产量为599.85千克/亩、中农大4号产量为459.84千克/亩、中农大5号产量为459.48千克/亩。

2023年特用稻试验数据汇总详见附表8-1至附表8-6。

附表 8-1　2023 年天津市特用稻品种区域试验参试品种生育期及主要农艺性状表现

| 品种名称 | 试点名称 | 播种期（月/日） | 移栽期（月/日） | 秧龄（天） | 始穗期（月/日） | 齐穗期（月/日） | 成熟期（月/日） | 全生育期（天） | 基本苗（万株/亩） | 有效穗（万穗/亩） | 株高（厘米） | 穗长（厘米） | 总粒数（粒/穗） | 实粒数（粒/穗） | 结实率（%） | 千粒重（克） | 备注 |
|---|---|---|---|---|---|---|---|---|---|---|---|---|---|---|---|---|---|
| 天隆香糯2号 | 水稻所 | 4/14 | 5/28 | 44 | 8/1 | 8/6 | 10/3 | 172 | 2.7 | 12.0 | 93.1 | 19.2 | 118.0 | 112 | 94.9 | 22.3 | |
| | 天隆 | 4/14 | 5/17 | 33 | 7/31 | 8/5 | 9/24 | 163 | 6.0 | 16.0 | 108.3 | 18.9 | 176.7 | 167.0 | 94.5 | 26.3 | |
| | 玉米场 | 4/10 | 5/18 | 38 | 7/23 | 7/28 | 9/29 | 172 | 7.1 | 26.1 | 94.5 | 13.5 | 107.2 | 88.5 | 82.6 | 19.2 | |
| | 原种场 | 4/6 | 5/16 | 40 | 7/24 | 7/31 | 9/5 | 152 | 5.4 | 17.8 | 17.3 | 15.8 | 125.0 | 113.0 | 90.4 | 21.3 | |
| | 作物所 | 4/12 | 5/25 | 43 | 8/18 | 8/22 | 10/2 | 174 | 4.0 | 14.5 | 87.6 | 16.3 | 151.3 | 140.8 | 93.1 | 24.9 | |
| | 平均 | | | 39.6 | | | | 167 | 5.0 | 17.3 | 80.2 | 16.7 | 135.6 | 124.3 | 91.1 | 22.8 | |
| 天隆香糯1号 | 水稻所 | 4/14 | 5/28 | 44 | 8/5 | 8/9 | 10/2 | 171 | 3.6 | 9.0 | 90.6 | 19.2 | 246.2 | 231.6 | 94.1 | 24.5 | |
| | 天隆 | 4/14 | 5/17 | 33 | 7/31 | 8/5 | 9/24 | 163 | 6.0 | 13.3 | 105.1 | 18.4 | 179.0 | 172.7 | 96.5 | 25.1 | |
| | 玉米场 | 4/10 | 5/18 | 38 | 7/23 | 7/29 | 9/30 | 173 | 5.7 | 21.7 | 96.5 | 18.0 | 141.2 | 113.5 | 80.4 | 30.9 | |
| | 原种场 | 4/6 | 5/16 | 40 | 7/23 | 7/29 | 9/5 | 152 | 5.1 | 18.7 | 85.0 | 19.2 | 211.0 | 189.0 | 89.6 | 30.0 | |
| | 作物所 | 4/12 | 5/25 | 43 | 8/19 | 8/24 | 10/4 | 174 | 3.3 | 9.7 | 88.0 | 19.2 | 195.0 | 166.7 | 85.5 | 32.8 | |
| | 平均 | | | 39.6 | | | | 167 | 4.7 | 14.5 | 93.0 | 18.8 | 194.5 | 174.7 | 89.2 | 28.7 | |
| 优农红糯292 | 水稻所 | 4/14 | 5/28 | 44 | 8/4 | 8/8 | 10/2 | 171 | 2.9 | 17.6 | 116.8 | 18.3 | 149.7 | 144.5 | 96.5 | 23.8 | |
| | 天隆 | 4/14 | 5/17 | 33 | 8/5 | 8/11 | 9/30 | 169 | 6.0 | 22.7 | 121.7 | 18.3 | 126.7 | 116.3 | 91.8 | 28.2 | |
| | 玉米场 | 4/10 | 5/18 | 38 | 7/23 | 7/29 | 10/7 | 180 | 7.5 | 28.9 | 106.5 | 16.0 | 108.1 | 86.6 | 80.1 | 23.2 | |
| | 原种场 | 4/6 | 5/16 | 40 | 7/21 | 7/28 | 9/6 | 153 | 5.3 | 22.1 | 98.0 | 18.7 | 110.0 | 99.0 | 90.0 | 22.4 | |
| | 作物所 | 4/12 | 5/25 | 43 | 8/23 | 8/27 | 10/8 | 178 | 4.0 | 20.5 | 103.6 | 20.2 | 130.3 | 116.7 | 89.6 | 22.8 | |
| | 平均 | | | 39.6 | | | | 170 | 5.2 | 22.4 | 109.3 | 18.3 | 125.0 | 112.6 | 89.6 | 24.1 | |

附表 8-2　2023年天津市特用稻品种区域试验参试品种产量

| 品种名称 | 试点名称 | 小区产量（千克） | 折合亩产（千克） | 耐寒性 苗期耐寒 | 耐寒性 后期耐寒 | 整齐度 | 杂株率（%） | 株型 | 稻粒色 | 稻米色 | 熟期转色 | 倒伏性 日期（月/日） | 倒伏性 面积（%） | 倒伏性 程度 | 落粒性 | 稻曲病 | 穗颈瘟 | 胡麻叶斑病 | 条纹叶枯病（%） | 纹枯病 |
|---|---|---|---|---|---|---|---|---|---|---|---|---|---|---|---|---|---|---|---|---|
| 天隆香糯2号 | 水稻所 | 20.29 | 563.64 | 强 | 强 | 整齐 | 0.0 | 紧束 | 黄 | 白 | 好 | | | 直 | 难 | 未发 | 中 | 未发 | 未发 | 轻 |
| | 天隆 | 33.64 | 553.77 | 强 | 强 | 整齐 | 0.0 | 紧束 | 黄 | 白 | 好 | | | 直 | 难 | 未发 | 未发 | 未发 | 未发 | 未发 |
| | 玉米场 | 17.42 | 483.89 | 强 | 强 | 整齐 | 0.0 | 紧束 | 黄 | 白 | 好 | 9/29 | | 直 | 难 | 未发 | 未发 | 轻 | 未发 | 未发 |
| | 原种场 | 18.00 | 500.25 | 强 | 强 | 整齐 | 0.0 | 松散 | 黄 | 白 | 好 | | | 直 | 难 | 未发 | 未发 | 未发 | 未发 | 未发 |
| | 作物所 | 20.44 | 567.81 | 强 | 强 | 整齐 | 0.0 | 紧束 | 黄 | 白 | 好 | | | 直 | 中 | 未发 | 未发 | 未发 | 未发 | 轻 |
| | 平均 | 21.96 | 533.87 | | | | | | | | | | | | | | | | | |
| 天隆香糯1号 | 水稻所 | 18.67 | 518.64 | 强 | 强 | 整齐 | 0.0 | 松散 | 黄 | 红 | 好 | | | 直 | 难 | 未发 | 中 | 未发 | 未发 | 轻 |
| | 天隆 | 30.73 | 505.87 | 强 | 强 | 整齐 | 0.0 | 紧束 | 黄 | 红 | 好 | | | 直 | 难 | 未发 | 未发 | 未发 | 未发 | 未发 |
| | 玉米场 | 16.63 | 461.95 | 强 | 强 | 整齐 | 0.0 | 紧束 | 黄 | 黄 | 好 | 9/29 | | 直 | 难 | 未发 | 未发 | 轻 | 未发 | 未发 |
| | 原种场 | 19.85 | 551.67 | 强 | 强 | 整齐 | 0.0 | 松散 | 红 | 红 | 好 | | | 直 | 难 | 未发 | 未发 | 未发 | 未发 | 未发 |
| | 作物所 | 15.94 | 442.80 | 强 | 强 | 整齐 | 0.0 | 紧束 | 红 | 黄 | 好 | | | 直 | 中 | 未发 | 未发 | 未发 | 未发 | 未发 |
| | 平均 | 20.36 | 496.18 | | | | | | | | | | | | | | | | | |
| 优农红糯292 | 水稻所 | 19.67 | 546.42 | 强 | 强 | 整齐 | 0.0 | 适中 | 黄 | 白 | 好 | | | 直 | 难 | 未发 | 轻 | 未发 | 未发 | 轻 |
| | 天隆 | 31.69 | 521.67 | 强 | 强 | 整齐 | 0.0 | 紧束 | 黄 | 白 | 好 | | | 直 | 难 | 未发 | 未发 | 未发 | 未发 | 未发 |
| | 玉米场 | 17.24 | 478.89 | 强 | 强 | 整齐 | 0.0 | 紧束 | 黄 | 白 | 好 | 9/29 | | 直 | 难 | 未发 | 未发 | 轻 | 未发 | 未发 |
| | 原种场 | 19.00 | 528.04 | 强 | 强 | 整齐 | 0.0 | 松散 | 黄 | 白 | 好 | | | 直 | 难 | 未发 | 未发 | 未发 | 未发 | 未发 |
| | 作物所 | 17.80 | 494.47 | 强 | 强 | 整齐 | 0.0 | 紧束 | 黄 | 白 | 好 | | | 直 | 难 | 未发 | 未发 | 未发 | 未发 | 未发 |
| | 平均 | 21.08 | 513.90 | | | | | | | | | | | | | | | | | |

附表 8-3  2023 年天津市特用稻品种区域、生产合并试验参试品种生育期及主要农艺性状表现

| 品种名称 | 试点名称 | 播种期(月/日) | 移栽期(月/日) | 秧龄(天) | 始穗期(月/日) | 齐穗期(月/日) | 成熟期(月/日) | 全生育期(天) | 基本苗(万株/亩) | 有效穗(万穗/亩) | 株高(厘米) | 穗长(厘米) | 总粒数(粒/穗) | 实粒数(粒/穗) | 结实率(%) | 千粒重(克) | 备注 |
|---|---|---|---|---|---|---|---|---|---|---|---|---|---|---|---|---|---|
| 津育糯5号 | 水稻所 | 4/14 | 5/28 | 44 | 8/22 | 8/26 | 10/5 | 174 | 3.2 | 18.3 | 96.5 | 15.7 | 152.0 | 138.6 | 91.2 | 23.4 | |
| | 天隆 | 4/14 | 5/17 | 33 | 8/20 | 8/20 | 10/9 | 178 | 6.0 | 19.2 | 112.4 | 15.8 | 143.5 | 135.1 | 94.1 | 26.8 | |
| | 玉米场 | 4/10 | 5/18 | 38 | 8/15 | 8/18 | 10/11 | 184 | 6.5 | 23.9 | 96.0 | 15.0 | 147.0 | 134.6 | 91.6 | 25.5 | |
| | 原种场 | 4/6 | 5/16 | 40 | 8/15 | 8/22 | 9/26 | 173 | 4.8 | 22.6 | 94.0 | 16.7 | 129.0 | 121.0 | 93.8 | 24.2 | |
| | 作物所 | 4/12 | 5/25 | 43 | 8/23 | 8/26 | 10/11 | 181 | 3.8 | 22.8 | 92.3 | 17.2 | 184.5 | 171.2 | 92.8 | 27.8 | |
| | 平均 | | | 39.6 | | | | 178 | 4.9 | 21.4 | 98.2 | 16.1 | 151.2 | 140.1 | 92.7 | 25.5 | |
| 津育粳37 | 水稻所 | 4/14 | 5/28 | 44 | 8/17 | 8/22 | 10/3 | 172 | 3.5 | 18.3 | 101.8 | 17.6 | 213.8 | 205.8 | 96.3 | 27.7 | |
| | 天隆 | 4/14 | 5/17 | 33 | 8/14 | 8/21 | 10/10 | 179 | 6.0 | 23.1 | 107.2 | 17.1 | 138.4 | 132.6 | 95.8 | 26.1 | |
| | 玉米场 | 4/10 | 5/18 | 38 | 8/6 | 8/12 | 10/8 | 181 | 7.5 | 25.0 | 111.0 | 13.5 | 99.9 | 90.7 | 90.8 | 27.5 | |
| | 原种场 | 4/6 | 5/16 | 40 | 8/11 | 8/17 | 9/23 | 170 | 5.2 | 25.2 | 94.0 | 14.8 | 106.0 | 99.0 | 93.4 | 25.2 | |
| | 作物所 | 4/12 | 5/25 | 43 | 8/21 | 8/23 | 10/9 | 178 | 3.6 | 20.2 | 94.5 | 16.8 | 176.8 | 162.3 | 91.8 | 25.6 | |
| | 平均 | | | 39.6 | | | | 176 | 5.2 | 22.4 | 101.7 | 16.0 | 147.0 | 138.1 | 93.6 | 26.4 | |

附表 8-4　2023 年天津市特用稻品种区域、生产合并试验参试品种产量

| 品种名称 | 试点名称 | 小区产量（千克） | 折合亩产（千克） | 耐寒性 | | 整齐度 | 杂株率（%） | 株型 | 稻粒色 | 稻米色 | 倒伏性 | | | 落粒性 | 稻曲病 | 穗颈瘟 | 胡麻叶斑病 | 条纹叶枯病（%） | 纹枯病 |
| | | | | 苗期耐寒 | 后期耐寒 | | | | | | 日期（月/日） | 面积（%） | 程度 | | | | | | |
| --- | --- | --- | --- | --- | --- | --- | --- | --- | --- | --- | --- | --- | --- | --- | --- | --- | --- | --- | --- |
| 津育糯5号 | 水稻所 | 264.80 | 529.60 | 强 | 强 | 齐 | 0.0 | 适中 | 黄 | 白 | | | 直 | 中 | 未发 | 轻 | 未发 | 未发 | 轻 |
| | 天隆 | 291.83 | 583.65 | 强 | 强 | 整齐 | 0.0 | 紧束 | 黄 | 白 | | | 直 | 难 | 未发 | 未发 | 未发 | 未发 | 未发 |
| | 玉米场 | 310.96 | 621.98 | 强 | 强 | 整齐 | 0.0 | 适中 | 黄 | 白 | 9/29 | | 直 | 难 | 未发 | 未发 | 轻 | 未发 | 未发 |
| | 原种场 | 331.00 | 662.00 | 强 | 强 | 齐 | 0.0 | 紧束 | 黄 | 白 | | | 直 | 难 | 未发 | 未发 | 未发 | 未发 | 未发 |
| | 作物所 | 291.50 | 583.00 | 强 | 强 | 整齐 | 0.0 | 紧束 | 黄 | 白 | | | 直 | 中 | 未发 | 未发 | 未发 | 未发 | 未发 |
| | 平均 | 298.02 | 596.05 | | | | | | | | | | | | | | | | |
| 津育粳37 | 水稻所 | 257.70 | 515.40 | 强 | 强 | 齐 | 0.0 | 紧束 | 黄 | 白 | | | 直 | 中 | 轻 | 轻 | 未发 | 未发 | 轻 |
| | 天隆 | 289.47 | 578.94 | 强 | 强 | 整齐 | 0.0 | 紧束 | 黄 | 白 | | | 直 | 难 | 未发 | 未发 | 未发 | 未发 | 未发 |
| | 玉米场 | 353.91 | 707.89 | 强 | 强 | 整齐 | 0.0 | 适中 | 黄 | 白 | 9/29 | | 直 | 难 | 未发 | 未发 | 轻 | 未发 | 未发 |
| | 原种场 | 342.00 | 684.00 | 强 | 强 | 齐 | 0.0 | 松散 | 黄 | 白 | | | 直 | 难 | 未发 | 未发 | 未发 | 未发 | 未发 |
| | 作物所 | 256.50 | 513.00 | 强 | 强 | 整齐 | 0.0 | 紧束 | 黄 | 白 | | | 直 | 中 | 未发 | 未发 | 未发 | 未发 | 未发 |
| | 平均 | 299.92 | 599.85 | | | | | | | | | | | | | | | | |

附表8-5　2023年天津市特用稻品种区域、生产合并试验参试品种生育期及主要农艺性状表现（陆稻）

| 品种名称 | 试点名称 | 播种期（月/日） | 始穗期（月/日） | 齐穗期（月/日） | 成熟期（月/日） | 全生育期（天） | 基本苗（万株/亩） | 有效穗（万穗/亩） | 株高（厘米） | 穗长（厘米） | 总粒数（粒/穗） | 实粒数（粒/穗） | 结实率（%） | 千粒重（克） | 备注 |
|---|---|---|---|---|---|---|---|---|---|---|---|---|---|---|---|
| 中农大4号 | 宝坻 | 4/24 | 8/9 | 8/17 | 9/23 | 151 | 9.6 | 23.7 | 112.0 | 19.1 | 123.9 | 122.9 | 99.2 | 25.7 | |
| | 蓟州 | 4/27 | 8/9 | 8/18 | 10/1 | 157 | 9.3 | 15.7 | 109.6 | 19.5 | 162.1 | 141.6 | 87.4 | 25.9 | |
| | 静海 | 5/11 | 8/12 | 8/20 | 10/10 | 153 | 7.4 | 21.8 | 80.6 | 18.5 | 130.2 | 120.1 | 90.1 | 26.1 | |
| | 宁河 | 4/30 | 8/7 | 8/14 | 9/25 | 148 | 8.5 | 18.1 | 106.7 | 26.4 | 165.4 | 151.8 | 91.8 | 27.5 | |
| | 武清 | 4/25 | 8/13 | 8/22 | 10/6 | 164 | 9.1 | 17.3 | 98.7 | 17.8 | 92.5 | 83.3 | 90.1 | 26.2 | |
| | 平均 | | | | | 155 | 8.8 | 19.3 | 101.5 | 20.3 | 134.8 | 123.9 | 91.7 | 26.3 | |
| 中农大5号 | 宝坻 | 4/24 | 8/7 | 8/14 | 9/23 | 151 | 8.5 | 21.9 | 120.0 | 19.6 | 210.1 | 208.3 | 99.2 | 22.3 | |
| | 蓟州 | 4/27 | 8/8 | 8/12 | 10/6 | 162 | 11.5 | 16.8 | 118.6 | 20.1 | 159.5 | 147.5 | 92.5 | 21.1 | |
| | 静海 | 5/11 | 8/13 | 8/22 | 10/9 | 152 | 8.2 | 21.2 | 90.9 | 20.8 | 135.1 | 130.2 | 88.2 | 22.3 | |
| | 宁河 | 4/30 | 8/2 | 8/9 | 9/30 | 153 | 10.2 | 16.9 | 138.2 | 18.1 | 100.5 | 95.4 | 94.9 | 24.8 | |
| | 武清 | 4/25 | 8/16 | 8/24 | 10/11 | 169 | 13.6 | 10.7 | 113.3 | 17.4 | 152.1 | 140.8 | 92.6 | 23.0 | |
| | 平均 | | | | | 157 | 10.4 | 17.5 | 116.2 | 19.2 | 151.5 | 144.4 | 93.5 | 22.7 | |

附表 8-6　2023年天津市特用稻品种区域、生产合并试验参试品种产量、农艺性状及抗性表现（陆稻）

| 品种名称 | 试点名称 | 大区产量（千克） | 折合亩产（千克） | 耐寒性 | | 整齐度 | 杂株率（%） | 株型 | 稻粒色 | 稻米色 | 倒伏性 | | | 落粒性 | 稻曲病 | 穗颈瘟 | 胡麻叶斑病 | 条纹叶枯病 | 纹枯病 |
|---|---|---|---|---|---|---|---|---|---|---|---|---|---|---|---|---|---|---|---|
| | | | | 苗期耐寒 | 后期耐寒 | | | | | | 日期（月/日） | 面积（%） | 程度 | | | | | | |
| 中农大4号 | 宝坻 | 229.15 | 458.30 | 强 | 强 | 整齐 | 0.0 | 紧束 | | | 9/20 | | 直 | 易 | 未发 | 未发 | 未发 | 未发 | 未发 |
| | 蓟州 | 226.82 | 453.60 | | | 整齐 | 0.0 | 紧凑 | | | 9/18 | | 直 | 难 | 未发 | 未发 | 轻 | 未发 | 未发 |
| | 静海 | 233.90 | 467.80 | | | 好 | 0.0 | 紧凑 | | | | | 直 | 中 | 未发 | 轻 | 轻 | 轻 | 无 |
| | 宁河 | 232.80 | 465.60 | 强 | | 整齐 | 0.0 | 紧凑 | | | 9/15 | | 直 | 难 | 未发 | 未发 | 轻 | 未发 | 未发 |
| | 武清 | 226.97 | 453.90 | | 强 | 整齐 | 0.0 | 紧凑 | | | 10/13 | | 直 | 难 | 未发 | 未发 | 轻 | 未发 | 未发 |
| | 平均 | 229.93 | 459.84 | | | | | | | | | | | | | | | | |
| 中农大5号 | 宝坻 | 227.35 | 454.70 | 强 | 强 | 整齐 | 0.0 | 适中 | | | 9/20 | | 直 | 易 | 未发 | 未发 | 未发 | 未发 | 未发 |
| | 蓟州 | 236.50 | 473.00 | | | 整齐 | 0.0 | 紧凑 | | | 9/18 | | 直 | 难 | 未发 | 未发 | 轻 | 未发 | 未发 |
| | 静海 | 226.54 | 453.08 | | | 好 | 0.0 | 紧凑 | | | | | 直 | 中 | 未发 | 轻 | 轻 | 轻 | 未发 |
| | 宁河 | 239.70 | 479.40 | 强 | | 整齐 | 0.0 | 紧凑 | | | 9/15 | | 直 | 难 | 未发 | 未发 | 轻 | 未发 | 未发 |
| | 武清 | 218.62 | 437.20 | | 强 | 整齐 | 0.0 | 紧凑 | | | 10/13 | | 直 | 难 | 未发 | 未发 | 轻 | 未发 | 未发 |
| | 平均 | 229.74 | 459.48 | | | | | | | | | | | | | | | | |

# 第九章  2023年天津市优质稻品种区域试验总结

## 一、试验目的

为加快育种科研成果转化为生产力的步伐，加快水稻新品种更新换代和技术推广，筛选适合天津市种植的丰产性、优质性、抗性好、适应性强的水稻品种，为品种审定和品种布局提供依据。

## 二、参试品种、供种单位及承试单位

**1. 参试品种**

优质稻区试共10个参试品种，其中对照品种为津原E28。

**2. 供种单位**

详见表9-1。

表9-1  2023年天津市优质稻品种区域试验参试品种及育种（供种）单位

| 序号 | 品种名称 | 育种（供种）单位 | 参试年限 |
|---|---|---|---|
| 1 | 津育1875 | 天津金谷鑫农种业有限责任公司 | 第二年 |
| 2 | 天隆粳17号 | 天津天隆科技股份有限公司 | 第二年 |
| 3 | 津原U91 | 天津市优质农产品开发示范中心 | 第一年 |
| 4 | 津育1992 | 天津金谷鑫农种业有限责任公司 | 第一年 |
| 5 | 津原105 | 天津市优质农产品开发示范中心 | 第一年 |
| 6 | MAP411 | 中化现代农业有限公司天津技术服务中心 | 第一年 |
| 7 | 津农香157 | 天津农学院 | 第一年 |
| 8 | 金稻878 | 天津市农业科学院 | 第一年 |
| 9 | 津原217 | 天津市优质农产品开发示范中心 | 第一年 |
| 10 | 津原E28（CK） | 天津市优质农产品开发示范中心 | 对照 |

**3. 承试单位**

天津市优质农产品开发示范中心（原种场）、天津市水稻研究所（水稻所）、天津市农作物研究所（作物所）、天津天隆种业科技有限公司（天隆）、天津市优质农产品开发示范中心（玉米场）、天津农垦小站稻产业发展有限公司（农垦小站稻）。

## 三、试验方法及田间管理

**1. 试验方法**

试验设计采用完全随机区组设计，3次重复，小区面积13.3平方米，四周均设保护行。

**2. 田间管理**

所有参试品种同期播种、移栽、耕作，栽培措施与大田生产相同，只治虫不防病（纹枯病除外）。

## 四、试验结果与分析

2023年优质稻品种区域试验结果汇总分析显示：秧田期品种出苗良好，本田期缓苗较好。参试的10个品种产量范围在555.74~684.64千克/亩。结果表明（表9-2、表9-3）：2023年试验有9个品种较对照增产。

**表 9-2　2023 年天津市优质稻品种区域试验方差分析**

性状：产量
年份：2023 年
试点：农垦小站稻、水稻所、天隆、玉米场、原种场、作物所
品种：MAP411、金稻 878、津农香 157、津育 1875、津育 1992、津原 105、津原 217、津原 E28（CK）、津原 U91、天隆粳 17 号
重复：3 次

| 变异来源 | 自由度 | 平方和 | 均方 | $F$ 值 | 概率（小于 0.05 显著） |
|---|---|---|---|---|---|
| 试点内区组 | 12 | 8.005 24 | 0.667 10 | 1.837 97 | 0.051 |
| 品种 | 9 | 106.321 18 | 11.813 46 | 32.547 87 | 0.000 |
| 试点 | 5 | 257.947 22 | 51.589 44 | 142.136 65 | 0.000 |
| 品种×试点 | 45 | 80.029 21 | 1.778 43 | 4.899 83 | 0.000 |
| 误差 | 108 | 39.199 32 | 0.362 96 | | |
| 总变异 | 179 | 491.502 17 | | | |

注：本试验的误差变异系数 CV（%）= 4.837。

**表 9-3　2023 年天津市优质稻品种区域试验品种均值多重比较（LSD 法）**

| 品种名称 | 品种均值 | 0.05 显著性 | 0.01 显著性 |
|---|---|---|---|
| 津原 105 | 13.688 91 | a | A |
| 津原 217 | 13.613 61 | a | A |
| 津原 U91 | 13.078 73 | b | B |
| 天隆粳 17 号 | 12.532 06 | c | C |
| 津农香 157 | 12.269 17 | cd | C |
| 金稻 878 | 12.240 61 | cd | C |
| 津育 1992 | 12.193 29 | cd | CD |
| 津育 1875 | 12.129 04 | d | CD |
| MAP411 | 11.680 72 | e | D |
| 津原 E28（CK） | 11.116 34 | f | E |

注：$LSD_{0.05}$ = 0.399 6；$LSD_{0.01}$ = 0.528 2。

结果表明（表 9-4 至表 9-6）：各品种 Shukla 方差同质性检验（Bartlett 测验）Prob. = 0.187 73，不显著，同质，各品种稳定性差异不显著。

**表 9-4　2023 年天津市优质稻品种区域试验品种稳定性分析（Shukla 稳定性方差）**

| 品种名称 | $DF$ | Shukla 方差 | $F$ 值 | 概率 | 互作方差 | 品种均值 | Shukla 变异系数（%） |
|---|---|---|---|---|---|---|---|
| MAP411 | 5 | 1.273 12 | 10.523 3 | 0.000 | 1.152 1 | 11.680 7 | 9.659 7 |
| 金稻 878 | 5 | 0.834 97 | 6.901 7 | 0.000 | 0.714 0 | 12.240 6 | 7.465 0 |
| 津农香 157 | 5 | 0.451 91 | 3.735 4 | 0.004 | 0.330 9 | 12.269 2 | 5.479 1 |
| 津育 1875 | 5 | 0.106 85 | 0.883 2 | 0.495 | 0.000 0 | 12.129 0 | 2.695 1 |
| 津育 1992 | 5 | 0.529 95 | 4.380 5 | 0.001 | 0.409 0 | 12.193 3 | 5.970 3 |
| 津原 105 | 5 | 1.343 04 | 11.101 9 | 0.000 | 1.222 1 | 13.688 9 | 8.466 0 |
| 津原 217 | 5 | 0.599 38 | 4.954 3 | 0.000 | 0.478 4 | 13.613 6 | 5.686 9 |
| 津原 E28（CK） | 5 | 0.350 28 | 2.895 3 | 0.017 | 0.229 3 | 11.116 3 | 5.324 1 |

(续表)

| 品种名称 | DF | Shukla 方差 | F 值 | 概率 | 互作方差 | 品种均值 | Shukla 变异系数（%） |
|---|---|---|---|---|---|---|---|
| 津原 U91 | 5 | 0.208 31 | 1.721 9 | 0.136 | 0.087 3 | 13.078 7 | 3.489 7 |
| 天隆粳 17 号 | 5 | 0.230 40 | 1.904 4 | 0.099 | 0.109 4 | 12.532 1 | 3.830 2 |
| 误差 | 108 | 0.120 98 | | | | | |

表 9-5　2023 年天津市优质稻品种区域试验各品种 Shukla 方差的多重比较

| 品种名称 | Shukla 方差 | 0.05 显著性 | 0.01 显著性 |
|---|---|---|---|
| 津原 105 | 1.343 04 | a | A |
| MAP411 | 1.273 12 | a | A |
| 金稻 878 | 0.834 97 | ab | AB |
| 津原 217 | 0.599 38 | ab | AB |
| 津育 1992 | 0.529 95 | abc | AB |
| 津农香 157 | 0.451 91 | abc | AB |
| 津原 E28（CK） | 0.350 28 | abc | AB |
| 天隆粳 17 号 | 0.230 40 | bc | AB |
| 津原 U91 | 0.208 31 | bc | AB |
| 津育 1875 | 0.106 85 | c | B |

表 9-6　2023 年天津市优质稻品种区域试验各品种适应度分析

| 品种名称 | 品种均值 | 适应度（%） |
|---|---|---|
| MAP411 | 11.680 72 | 16.667 |
| 金稻 878 | 12.240 61 | 33.333 |
| 津农香 157 | 12.269 16 | 33.333 |
| 津育 1875 | 12.129 04 | 16.667 |
| 津育 1992 | 12.193 29 | 16.667 |
| 津原 105 | 13.688 91 | 83.333 |
| 津原 217 | 13.613 61 | 100.000 |
| 津原 E28（CK） | 11.116 34 | 0.000 |
| 津原 U91 | 13.078 73 | 100.000 |
| 天隆粳 17 号 | 12.532 06 | 83.333 |

2023 年天津市优质稻品种区域试验数据汇总详见附表 9-1 和附表 9-2。

第九章 2023年天津市优质稻品种区域试验总结

附表9-1 2023年天津市优质稻品种区域试验参试品种生育期及主要农艺性状表现

| 品种名称 | 试点名称 | 播种期（月/日） | 移栽期（月/日） | 秧龄（天） | 始穗期（月/日） | 齐穗期（月/日） | 成熟期（月/日） | 全生育期（天） | 基本苗（万株/亩） | 有效穗（万穗/亩） | 株高（厘米） | 穗长（厘米） | 总粒数（粒/穗） | 实粒数（粒/穗） | 结实率（%） | 千粒重（克） | 备注 |
|---|---|---|---|---|---|---|---|---|---|---|---|---|---|---|---|---|---|
| 津育1875 | 水稻所 | 4/14 | 5/30 | 46 | 8/19 | 8/24 | 10/5 | 174 | 4.4 | 17.2 | 96.8 | 15.9 | 71.9 | 65.5 | 91.1 | 22.6 | |
| | 天隆 | 4/14 | 5/17 | 33 | 8/15 | 8/21 | 10/10 | 179 | 6.0 | 15.4 | 120.0 | 19.6 | 124.3 | 117.6 | 94.6 | 27.9 | |
| | 玉米场 | 4/10 | 5/18 | 38 | 8/8 | 8/16 | 10/9 | 182 | 5.9 | 29.1 | 107.3 | 16.8 | 98.6 | 86.7 | 87.9 | 26.4 | |
| | 原种场 | 4/6 | 5/16 | 40 | 8/14 | 8/20 | 9/27 | 174 | 5.3 | 21.2 | 102.5 | 17.8 | 107.0 | 101.0 | 94.4 | 25.3 | |
| | 作物所 | 4/12 | 5/25 | 43 | 8/24 | 8/28 | 10/10 | 181 | 4.9 | 21.3 | 113.9 | 19.3 | 130.7 | 118.3 | 90.5 | 24.8 | |
| | 农垦小站稻 | 4/14 | 5/24 | 40 | 8/18 | 8/25 | 10/8 | 176 | 5.5 | 28.9 | 107.0 | 20.1 | 114.3 | 104.0 | 91.1 | 24.7 | |
| | 平均 | | | 40 | | | | 178 | 5.3 | 22.2 | 107.9 | 18.2 | 107.8 | 98.9 | 91.6 | 25.3 | |
| 天隆粳17号 | 水稻所 | 4/14 | 5/30 | 46 | 8/18 | 8/22 | 10/6 | 175 | 4.0 | 14.8 | 104.2 | 18.7 | 162.8 | 155.7 | 95.6 | 28.3 | |
| | 天隆 | 4/14 | 5/17 | 33 | 8/12 | 8/17 | 10/8 | 177 | 6.0 | 16.7 | 106.7 | 18.2 | 135.7 | 133.0 | 98.0 | 27.3 | |
| | 玉米场 | 4/10 | 5/18 | 38 | 8/6 | 8/12 | 10/7 | 180 | 5.8 | 25.8 | 104.0 | 17.5 | 133.8 | 126.5 | 94.6 | 27.3 | |
| | 原种场 | 4/6 | 5/16 | 40 | 8/12 | 8/18 | 9/22 | 169 | 4.8 | 15.7 | 97.3 | 18.7 | 152.0 | 143.0 | 94.1 | 26.1 | |
| | 作物所 | 4/12 | 5/25 | 43 | 8/23 | 8/27 | 10/8 | 179 | 4.5 | 16.1 | 105.0 | 18.4 | 171.9 | 159.2 | 92.6 | 26.0 | |
| | 农垦小站稻 | 4/14 | 5/24 | 40 | 8/16 | 8/24 | 10/6 | 174 | 5.0 | 26.0 | 96.0 | 17.0 | 115.0 | 104.3 | 90.8 | 26.4 | |
| | 平均 | | | 40 | | | | 176 | 5.0 | 19.2 | 102.2 | 18.1 | 145.2 | 137.0 | 94.3 | 26.9 | |
| 津原U91 | 水稻所 | 4/14 | 5/30 | 46 | 8/21 | 8/26 | 10/6 | 175 | 5.1 | 15.4 | 115.2 | 20.7 | 124.3 | 117.9 | 94.9 | 28.2 | |
| | 天隆 | 4/14 | 5/17 | 33 | 8/17 | 8/23 | 10/12 | 181 | 6.0 | 20.5 | 123.5 | 18.6 | 121.3 | 112.0 | 92.3 | 28.1 | |
| | 玉米场 | 4/10 | 5/18 | 38 | 8/12 | 8/16 | 10/11 | 184 | 5.7 | 22.2 | 117.8 | 19.5 | 116.0 | 105.3 | 90.8 | 28.2 | |
| | 原种场 | 4/6 | 5/16 | 40 | 8/17 | 8/24 | 9/29 | 176 | 5.3 | 17.6 | 117.5 | 22.1 | 146.0 | 134.0 | 91.8 | 25.0 | |
| | 作物所 | 4/12 | 5/25 | 43 | 8/28 | 9/1 | 10/15 | 186 | 5.2 | 18.0 | 129.5 | 21.8 | 167.2 | 155.7 | 93.1 | 28.4 | |
| | 农垦小站稻 | 4/14 | 5/24 | 40 | 8/21 | 8/28 | 10/11 | 179 | 4.4 | 36.6 | 117.0 | 21.0 | 132.2 | 120.3 | 91.0 | 24.8 | |
| | 平均 | | | 40 | | | | 180 | 5.3 | 21.7 | 120.1 | 20.6 | 134.5 | 124.2 | 92.3 | 27.1 | |

(续表)

| 品种名称 | 试点名称 | 播种期(月/日) | 移栽期(月/日) | 秧龄(天) | 始穗期(月/日) | 齐穗期(月/日) | 成熟期(月/日) | 全生育期(天) | 基本苗(万株/亩) | 有效穗(万穗/亩) | 株高(厘米) | 穗长(厘米) | 总粒数(粒/穗) | 实粒数(粒/穗) | 结实率(%) | 千粒重(克) | 备注 |
|---|---|---|---|---|---|---|---|---|---|---|---|---|---|---|---|---|---|
| 津育1992 | 水稻所 | 4/14 | 5/30 | 46 | 8/18 | 8/22 | 10/3 | 172 | 4.4 | 17.9 | 106.4 | 14.0 | 80.0 | 73.6 | 92.0 | 24.9 | |
| | 天隆 | 4/14 | 5/17 | 33 | 8/13 | 8/19 | 10/13 | 182 | 6.0 | 17.9 | 123.1 | 14.6 | 154.0 | 135.3 | 87.9 | 27.5 | |
| | 玉米场 | 4/10 | 5/18 | 38 | 8/7 | 8/11 | 10/10 | 183 | 6.3 | 26.7 | 113.3 | 14.3 | 123.1 | 110.1 | 89.4 | 26.1 | |
| | 原种场 | 4/6 | 5/16 | 40 | 8/13 | 8/20 | 9/24 | 171 | 4.9 | 21.8 | 104.0 | 14.9 | 113.0 | 102.0 | 90.3 | 24.6 | |
| | 作物所 | 4/12 | 5/25 | 43 | 8/25 | 8/29 | 10/9 | 180 | 4.7 | 20.0 | 118.6 | 15.8 | 138.1 | 126.2 | 91.4 | 25.3 | |
| | 农垦小站稻 | 4/14 | 5/24 | 40 | 8/20 | 8/26 | 10/6 | 174 | 5.6 | 17.4 | 103.0 | 16.6 | 168.9 | 153.0 | 90.6 | 23.7 | |
| | 平均 | | | 40 | | | | 177 | 5.3 | 20.3 | 111.4 | 15.0 | 129.5 | 116.7 | 90.3 | 25.4 | |
| 津原105 | 水稻所 | 4/14 | 5/30 | 46 | 8/18 | 8/23 | 10/5 | 174 | 5.4 | 13.1 | 105.6 | 15.3 | 128.1 | 113.9 | 88.9 | 27.4 | |
| | 天隆 | 4/14 | 5/17 | 33 | 8/14 | 8/20 | 10/9 | 178 | 6.0 | 13.1 | 123.6 | 16.4 | 124.0 | 114.7 | 92.5 | 28.3 | |
| | 玉米场 | 4/10 | 5/18 | 38 | 8/7 | 8/12 | 10/7 | 180 | 5.1 | 24.6 | 110.5 | 15.3 | 122.1 | 97.1 | 79.5 | 29.1 | |
| | 原种场 | 4/6 | 5/16 | 40 | 8/14 | 8/20 | 9/26 | 171 | 5.1 | 15.9 | 104.8 | 18.8 | 160.0 | 148.0 | 92.5 | 28.2 | |
| | 作物所 | 4/12 | 5/25 | 43 | 8/20 | 8/25 | 10/7 | 178 | 5.0 | 16.1 | 113.3 | 18.1 | 172.6 | 153.1 | 88.7 | 28.1 | |
| | 农垦小站稻 | 4/14 | 5/24 | 40 | 8/17 | 8/24 | 10/5 | 173 | 6.1 | 20.6 | 101.0 | 15.9 | 133.6 | 121.6 | 91.0 | 29.1 | |
| | 平均 | | | 40 | | | | 176 | 5.4 | 17.2 | 109.8 | 16.6 | 140.1 | 124.7 | 88.8 | 28.4 | |
| MAP411 | 水稻所 | 4/14 | 5/30 | 46 | 8/19 | 8/23 | 10/6 | 175 | 4.6 | 11.5 | 125.0 | 18.3 | 130.4 | 121.2 | 92.9 | 31.8 | |
| | 天隆 | 4/14 | 5/17 | 33 | 8/14 | 8/20 | 10/14 | 183 | 6.0 | 10.4 | 131.7 | 18.8 | 154.7 | 135.7 | 87.7 | 28.6 | |
| | 玉米场 | 4/10 | 5/18 | 38 | 8/14 | 8/17 | 10/8 | 181 | 6.0 | 17.8 | 135.0 | 17.0 | 131.2 | 116.3 | 88.6 | 30.1 | |
| | 原种场 | 4/6 | 5/16 | 40 | 8/14 | 8/24 | 9/30 | 177 | 5.4 | 12.3 | 125.5 | 21.3 | 171.0 | 152.0 | 88.9 | 29.3 | |
| | 作物所 | 4/12 | 5/25 | 43 | 8/23 | 8/27 | 10/9 | 180 | 3.8 | 12.9 | 134.4 | 20.2 | 157.3 | 143.9 | 91.5 | 28.6 | |
| | 农垦小站稻 | 4/14 | 5/24 | 40 | 8/15 | 8/23 | 10/5 | 173 | 3.7 | 18.0 | 118.0 | 17.5 | 143.5 | 130.5 | 90.9 | 26.8 | |
| | 平均 | | | 40 | | | | 178 | 4.9 | 13.8 | 128.3 | 18.8 | 148.0 | 133.3 | 90.1 | 29.2 | |

(续表)

| 品种名称 | 试点名称 | 播种期(月/日) | 移栽期(月/日) | 秧龄(天) | 始穗期(月/日) | 齐穗期(月/日) | 成熟期(月/日) | 全生育期(天) | 基本苗(万株/亩) | 有效穗(万穗/亩) | 株高(厘米) | 穗长(厘米) | 总粒数(粒/穗) | 实粒数(粒/穗) | 结实率(%) | 千粒重(克) | 备注 |
|---|---|---|---|---|---|---|---|---|---|---|---|---|---|---|---|---|---|
| 津农香157 | 水稻所 | 4/14 | 5/30 | 46 | 8/17 | 8/23 | 10/3 | 172 | 4.6 | 14.5 | 100.4 | 17.6 | 140.2 | 128.7 | 91.8 | 24.3 | |
| | 天隆 | 4/14 | 5/17 | 33 | 8/12 | 8/17 | 10/6 | 175 | 6.0 | 17.6 | 111.7 | 16.5 | 113.3 | 111.3 | 98.2 | 28.6 | |
| | 玉米场 | 4/10 | 5/18 | 38 | 8/8 | 8/12 | 10/8 | 181 | 5.7 | 20.0 | 107.8 | 17.3 | 146.7 | 133.8 | 91.2 | 28.2 | |
| | 原种场 | 4/6 | 5/16 | 40 | 8/13 | 8/19 | 9/25 | 172 | 4.9 | 15.2 | 100.3 | 18.6 | 151.0 | 141.0 | 93.4 | 25.1 | |
| | 作物所 | 4/12 | 5/25 | 43 | 8/18 | 8/26 | 10/8 | 179 | 4.7 | 15.2 | 112.6 | 17.6 | 159.7 | 144.6 | 90.5 | 26.3 | |
| | 农垦小站稻 | 4/14 | 5/24 | 40 | 8/19 | 8/25 | 10/10 | 178 | 4.1 | 22.5 | 100.0 | 17.1 | 120.3 | 109.9 | 91.3 | 26.5 | |
| | 平均 | | | 40 | | | | 176 | 5.0 | 17.5 | 105.5 | 17.4 | 138.5 | 128.2 | 92.8 | 26.5 | |
| 金稻878 | 水稻所 | 4/14 | 5/30 | 46 | 8/16 | 8/21 | 10/5 | 174 | 4.5 | 19.9 | 103.2 | 18.8 | 102.6 | 96.1 | 93.7 | 25.7 | |
| | 天隆 | 4/14 | 5/17 | 33 | 8/12 | 8/17 | 10/6 | 175 | 6.0 | 12.8 | 113.3 | 18.0 | 96.1 | 94.1 | 97.9 | 27.5 | |
| | 玉米场 | 4/10 | 5/18 | 38 | 8/7 | 8/15 | 10/10 | 183 | 7.0 | 32.2 | 108.3 | 16.5 | 113.0 | 104.2 | 92.2 | 24.8 | |
| | 原种场 | 4/6 | 5/16 | 40 | 8/14 | 8/20 | 9/26 | 173 | 5.0 | 23.4 | 97.2 | 18.7 | 101.0 | 93.0 | 92.1 | 24.6 | |
| | 作物所 | 4/12 | 5/25 | 43 | 8/13 | 8/17 | 10/1 | 172 | 4.5 | 20.5 | 104.4 | 20.9 | 137.0 | 128.5 | 93.8 | 24.4 | |
| | 农垦小站稻 | 4/14 | 5/24 | 40 | 8/21 | 8/28 | 10/11 | 179 | 4.0 | 33.6 | 103.0 | 19.4 | 123.7 | 112.6 | 91.0 | 23.6 | |
| | 平均 | | | 40 | | | | 176 | 5.2 | 23.7 | 104.9 | 18.7 | 112.2 | 104.7 | 93.4 | 25.1 | |
| 津原217 | 水稻所 | 4/14 | 5/30 | 46 | 8/18 | 8/22 | 10/6 | 175 | 5.0 | 11.5 | 114.4 | 17.8 | 130.2 | 122.6 | 94.2 | 33.3 | |
| | 天隆 | 4/14 | 5/17 | 33 | 8/12 | 8/17 | 10/8 | 177 | 6.0 | 16.3 | 123.3 | 17.2 | 130.0 | 115.0 | 88.5 | 28.9 | |
| | 玉米场 | 4/10 | 5/18 | 38 | 8/7 | 8/11 | 10/13 | 186 | 6.4 | 20.8 | 111.0 | 17.0 | 140.0 | 127.0 | 90.7 | 31.6 | |
| | 原种场 | 4/6 | 5/16 | 40 | 8/12 | 8/18 | 9/26 | 173 | 4.6 | 14.3 | 107.1 | 18.8 | 132.0 | 117.0 | 88.6 | 31.4 | |
| | 作物所 | 4/12 | 5/25 | 43 | 8/16 | 8/20 | 10/4 | 175 | 4.7 | 14.0 | 119.2 | 18.6 | 161.2 | 145.2 | 90.1 | 31.1 | |
| | 农垦小站稻 | 4/14 | 5/24 | 40 | 8/22 | 8/28 | 10/11 | 179 | 4.6 | 22.5 | 102.0 | 19.1 | 130.7 | 117.8 | 90.2 | 29.7 | |
| | 平均 | | | 40 | | | | 178 | 5.2 | 16.6 | 112.8 | 18.1 | 137.3 | 124.1 | 90.4 | 31.0 | |
| 津原E28(CK) | 水稻所 | 4/14 | 5/30 | 46 | 8/16 | 8/22 | 10/3 | 172 | 6.1 | 15.0 | 109.0 | 20.0 | 94.4 | 90.1 | 95.4 | 28.7 | |
| | 天隆 | 4/14 | 5/17 | 33 | 8/12 | 8/17 | 10/6 | 175 | 6.0 | 16.3 | 121.7 | 19.6 | 108.7 | 102.3 | 94.2 | 29.4 | |
| | 玉米场 | 4/10 | 5/18 | 38 | 8/6 | 8/11 | 10/11 | 184 | 6.3 | 21.9 | 108.0 | 19.8 | 100.2 | 88.5 | 88.4 | 29.0 | |
| | 原种场 | 4/6 | 5/16 | 40 | 8/9 | 8/15 | 9/22 | 169 | 5.2 | 19.5 | 101.3 | 20.9 | 103.0 | 97.0 | 94.2 | 27.8 | |
| | 作物所 | 4/12 | 5/25 | 43 | 8/13 | 8/17 | 10/1 | 172 | 5.2 | 22.0 | 115.0 | 20.8 | 107.1 | 102.4 | 95.6 | 29.0 | |
| | 农垦小站稻 | 4/14 | 5/24 | 40 | 8/15 | 8/22 | 10/7 | 175 | 4.9 | 25.7 | 105.0 | 20.9 | 100.2 | 90.3 | 90.0 | 27.7 | |
| | 平均 | | | 40 | | | | 175 | 5.6 | 20.1 | 110.0 | 20.3 | 102.3 | 95.1 | 93.0 | 28.6 | |

附表 9-2 2023 年天津市优质稻品种区域试验参试品种产量、农艺性状及抗性表现

| 品种名称 | 试点名称 | 小区产量（千克） I | II | III | 小区平均产量（千克） | 折合亩产量（千克） | 比对照增减产（%） | 位次 | 耐寒性 苗期耐寒 | 后期耐寒 | 整齐度 | 杂株率（%） | 株型 | 熟期转色 | 倒伏性 日期(月/日) | 面积(%) | 程度 | 落粒性 | 稻曲病 | 穗颈瘟 | 胡麻叶斑病 | 条纹叶枯病 | 纹枯病 |
|---|---|---|---|---|---|---|---|---|---|---|---|---|---|---|---|---|---|---|---|---|---|---|---|
| 津育1875 | 水稻所 | 11.60 | 11.40 | 11.50 | 11.50 | 576.47 | 6.48 | 6 | 强 | 强 | 整齐 | 0.0 | 松散 | 好 | | | 直 | 难 | 未发 | 未发 | 未发 | 未发 | 轻 |
| | 天隆 | 11.24 | 11.79 | 10.88 | 11.30 | 566.56 | 6.91 | 7 | 强 | 强 | 整齐 | 0.0 | 适中 | 好 | | | 直 | 难 | 未发 | 未发 | 未发 | 未发 | 未发 |
| | 玉米场 | 13.11 | 12.82 | 12.84 | 12.93 | 641.14 | 16.73 | 3 | 强 | 强 | 整齐 | 0.0 | 适中 | 好 | 9/29 | | 直 | 难 | 未发 | 未发 | 轻 | 未发 | 未发 |
| | 原种场 | 12.30 | 11.30 | 11.80 | 11.80 | 591.77 | 3.51 | 8 | 强 | 强 | 整齐 | 0.0 | 松散 | 好 | | | 直 | 难 | 未发 | 未发 | 未发 | 未发 | 未发 |
| | 作物所 | 10.50 | 11.20 | 10.70 | 10.80 | 541.38 | 4.52 | 7 | 强 | 强 | 紧束 | 0.0 | 紧束 | 好 | | | 直 | 难 | 无 | 无 | 无 | 无 | 无 |
| | 农垦小站稻 | 13.51 | 16.32 | 13.51 | 14.40 | 720.00 | 15.20 | | 强 | 强 | 中等 | 3.0 | 紧束 | 好 | 9/25 | | 斜 | 中 | 未发 | 未发 | 未发 | 未发 | 轻 |
| | 平均 | 12.04 | 12.47 | 11.87 | 12.12 | 606.22 | 8.89 | | | | | | | | | | | | | | | | |
| 天隆粳17号 | 水稻所 | 11.30 | 12.35 | 12.50 | 12.05 | 604.04 | 11.57 | 4 | 强 | 强 | 整齐 | 0.0 | 紧束 | 中 | | | 直 | 难 | 未发 | 未发 | 未发 | 未发 | 未发 |
| | 天隆 | 12.51 | 12.44 | 11.39 | 12.11 | 607.27 | 14.59 | 4 | 好 | 好 | 整齐 | 0.0 | 紧束 | 好 | | | 直 | 难 | 未发 | 未发 | 未发 | 未发 | 未发 |
| | 玉米场 | 12.76 | 12.68 | 12.70 | 12.71 | 630.52 | 14.57 | 4 | 强 | 强 | 整齐 | 0.0 | 紧束 | 好 | 9/29 | | 直 | 难 | 未发 | 未发 | 轻 | 未发 | 未发 |
| | 原种场 | 12.85 | 13.35 | 11.51 | 12.57 | 630.14 | 10.22 | 3 | 强 | 强 | 整齐 | 0.0 | 松散 | 好 | | | 直 | 难 | 未发 | 未发 | 未发 | 未发 | 未发 |
| | 作物所 | 11.80 | 12.10 | 11.10 | 11.67 | 584.82 | 12.90 | 4 | 强 | 强 | 整齐 | 0.0 | 紧束 | 好 | | | 直 | 中 | 轻 | 未发 | 未发 | 未发 | 未发 |
| | 农垦小站稻 | 13.55 | 13.51 | 15.18 | 14.10 | 705.00 | 12.80 | 8 | 强 | 强 | 整齐 | 0.0 | 紧束 | 好 | | | 直 | 难 | 未发 | 未发 | 未发 | 未发 | 未发 |
| | 平均 | 12.46 | 12.74 | 12.40 | 12.53 | 626.97 | 12.78 | | | | | | | | | | | | | | | | |

(续表)

| 品种名称 | 试点名称 | 小区产量（千克） I | II | III | 小区平均产量（千克） | 折合亩产（千克） | 比对照增减产(%) | 位次 | 耐寒性 苗期耐寒 | 后期耐寒 | 整齐度 | 杂株率(%) | 株型 | 熟期转色 | 倒伏性 日期(月/日) | 面积(%) | 程度 | 落粒性 | 稻曲病 | 穗颈瘟 | 胡麻叶斑病 | 条纹叶枯病 | 纹枯病 |
|---|---|---|---|---|---|---|---|---|---|---|---|---|---|---|---|---|---|---|---|---|---|---|---|
| 津原U91 | 水稻所 | 13.10 | 11.70 | 12.25 | 12.35 | 619.08 | 14.35 | 3 | 强 | 强 | 整齐 | 0.0 | 紧束 | 中 | | | 直 | 难 | 未发 | 未发 | 未发 | 未发 | 轻 |
| | 天隆 | 12.62 | 11.43 | 12.25 | 12.10 | 606.55 | 14.45 | 5 | 强 | 强 | 整齐 | 0.0 | 紧束 | 好 | | | 直 | 难 | 未发 | 未发 | 未发 | 未发 | 未发 |
| | 玉米场 | 12.66 | 12.72 | 12.46 | 12.61 | 625.62 | 12.32 | 7 | 强 | 强 | 整齐 | 0.0 | 紧束 | 好 | 9/29 | | 直 | 难 | 未发 | 未发 | 轻 | 未发 | 未发 |
| | 原种场 | 12.50 | 12.35 | 12.90 | 12.54 | 628.63 | 9.96 | 4 | 强 | 强 | 整齐 | 0.0 | 松散 | 好 | | | 直 | 难 | 未发 | 未发 | 未发 | 未发 | 未发 |
| | 作物所 | 13.30 | 12.50 | 12.10 | 12.63 | 633.28 | 22.26 | 2 | 强 | 强 | 整齐 | 0.0 | 适中 | 好 | | | 直 | 中 | 轻 | 未发 | 未发 | 未发 | 轻 |
| | 农垦小站稻 | 15.56 | 16.51 | 16.51 | 16.20 | 810.00 | 29.60 | 2 | | 强 | 整齐 | 0.0 | 紧束 | 好 | | | 直 | 难 | 未发 | 未发 | 未发 | 未发 | 未发 |
| | 平均 | 13.29 | 12.87 | 13.08 | 13.07 | 653.86 | 17.16 | | | | | | | | | | | | | | | | |
| 津育1992 | 水稻所 | 10.50 | 10.85 | 10.00 | 10.45 | 523.84 | -3.24 | 10 | 强 | 强 | 整齐 | 0.0 | 松散 | 好 | | | 直 | 难 | 未发 | 轻 | 未发 | 未发 | 轻 |
| | 天隆 | 11.21 | 10.63 | 10.99 | 10.94 | 548.55 | 3.51 | 8 | 强 | 强 | 整齐 | 0.0 | 松散 | 好 | | | 直 | 难 | 未发 | 未发 | 未发 | 未发 | 未发 |
| | 玉米场 | 12.55 | 12.63 | 12.22 | 12.46 | 618.22 | 12.70 | 6 | 强 | 强 | 整齐 | 0.0 | 适中 | 好 | 9/29 | | 直 | 难 | 未发 | 未发 | 轻 | 未发 | 未发 |
| | 原种场 | 12.35 | 12.25 | 12.15 | 12.25 | 614.34 | 7.46 | 6 | 强 | 强 | 整齐 | 0.0 | 松散 | 好 | | | 直 | 难 | 未发 | 未发 | 未发 | 未发 | 未发 |
| | 作物所 | 11.80 | 10.50 | 11.70 | 11.33 | 568.12 | 9.68 | 5 | 强 | 强 | 整齐 | 0.0 | 适中 | 好 | | | 直 | 中 | 轻 | 无 | 未发 | 无 | 无 |
| | 农垦小站稻 | 13.51 | 16.84 | 16.81 | 15.70 | 785.00 | 25.60 | 4 | 强 | 强 | 整齐 | 0.0 | 紧束 | 好 | 9/25 | | 斜 | 难 | 未发 | 未发 | 未发 | 未发 | 轻 |
| | 平均 | 11.99 | 12.28 | 12.31 | 12.19 | 609.68 | 9.28 | | | | | | | | | | | | | | | | |

（续表）

| 品种名称 | 试点名称 | 小区产量（千克） I | II | III | 小区平均产量（千克） | 折合亩产（千克） | 比对照增减产（%） | 位次 | 耐寒性 苗期耐寒 | 后期耐寒 | 整齐度 | 杂株率（%） | 株型 | 熟期转色 | 倒伏性 日期（月/日） | 面积（%） | 程度 | 落粒性 | 稻曲病 | 穗颈瘟 | 胡麻叶斑病 | 条纹叶枯病 | 纹枯病 |
|---|---|---|---|---|---|---|---|---|---|---|---|---|---|---|---|---|---|---|---|---|---|---|---|
| 津原105 | 水稻所 | 10.70 | 11.80 | 11.30 | 11.27 | 564.77 | 4.32 | 7 | 强 | 强 | 整齐 | 0.0 | 松散 | 好 | | | 直 | 难 | 未发 | 未发 | 未发 | 未发 | 轻 |
| | 天隆 | 13.45 | 12.55 | 12.34 | 12.78 | 640.75 | 20.91 | 2 | 强 | 强 | 整齐 | 0.0 | 紧束 | 好 | | | 直 | 难 | 未发 | 未发 | 未发 | 未发 | 未发 |
| | 玉米场 | 13.17 | 13.49 | 13.36 | 13.34 | 661.77 | 18.05 | 2 | 强 | 强 | 整齐 | 0.0 | 适中 | 好 | 9/29 | | 直 | 难 | 未发 | 未发 | 轻 | 未发 | 未发 |
| | 原种场 | 13.90 | 14.00 | 13.90 | 13.94 | 698.85 | 22.24 | 1 | 强 | 强 | 整齐 | 0.0 | 松散 | 好 | | | 直 | 难 | 未发 | 未发 | 未发 | 未发 | 未发 |
| | 作物所 | 13.20 | 12.90 | 13.20 | 13.10 | 656.67 | 26.77 | 1 | 强 | 强 | 整齐 | 0.0 | 紧束 | 好 | | | 直 | 中 | 未发 | 轻 | 未发 | 未发 | 未发 |
| | 农垦小站稻 | 17.36 | 17.15 | 18.62 | 17.70 | 885.00 | 41.60 | 1 | 强 | 强 | 整齐 | 0.0 | 松散 | 好 | | | 直 | 难 | 未发 | 未发 | 未发 | 未发 | 轻 |
| | 平均 | 13.63 | 13.65 | 13.79 | 13.69 | 684.64 | 22.31 | | | | | | | | | | | | | | | | |
| MAP411 | 水稻所 | 12.25 | 12.85 | 12.10 | 12.40 | 621.58 | 14.81 | 2 | 强 | 强 | 整齐 | 0.0 | 紧束 | 好 | | | 直 | 难 | 未发 | 轻 | 未发 | 未发 | 轻 |
| | 天隆 | 10.48 | 9.72 | 9.72 | 9.97 | 499.99 | -5.65 | 9 | 强 | 强 | 整齐 | 0.0 | 紧束 | 好 | | | 直 | 难 | 未发 | 未发 | 未发 | 未发 | 未发 |
| | 玉米场 | 12.02 | 11.76 | 11.65 | 11.81 | 585.81 | 6.61 | 9 | 强 | 强 | 整齐 | 0.0 | 适中 | 好 | 9/29 | | 直 | 难 | 未发 | 未发 | 轻 | 未发 | 未发 |
| | 原种场 | 11.10 | 10.35 | 9.10 | 10.19 | 510.78 | -10.66 | 10 | 强 | 强 | 整齐 | 0.0 | 适中 | 好 | | | 直 | 中 | 未发 | 未发 | 未发 | 未发 | 未发 |
| | 作物所 | 10.20 | 10.70 | 11.30 | 10.73 | 538.04 | 3.87 | 8 | 强 | 强 | 整齐 | 0.0 | 紧束 | 好 | | | 直 | 难 | 轻 | 未发 | 未发 | 未发 | 未发 |
| | 农垦小站稻 | 14.56 | 15.58 | 14.81 | 15.00 | 750.00 | 20.00 | 6 | 强 | 强 | 中等 | 5.0 | 紧束 | 好 | | | | | 未发 | 未发 | 未发 | 未发 | 未发 |
| | 平均 | 11.77 | 11.83 | 11.45 | 11.68 | 584.37 | 4.83 | | | | | | | | | | | | | | | | |

（续表）

| 品种名称 | 试点名称 | 小区产量（千克） I | II | III | 小区平均产量（千克） | 折合亩产（千克） | 比对照增减产（%） | 位次 | 耐寒性 苗期耐寒 | 后期耐寒 | 整齐度 | 杂株率（%） | 株型 | 熟期转色 | 倒伏性 日期（月/日） | 面积（%） | 程度 | 落粒性 | 稻曲病 | 穗颈瘟 | 胡麻叶斑病 | 条纹叶枯病 | 纹枯病 |
|---|---|---|---|---|---|---|---|---|---|---|---|---|---|---|---|---|---|---|---|---|---|---|---|
| 津农香157 | 水稻所 | 11.10 | 11.25 | 10.80 | 11.05 | 553.91 | 2.31 | 8 | 强 | 强 | 整齐 | 0.0 | 松散 | 好 | | | 直 | 难 | 未发 | 未发 | 未发 | 未发 | 轻 |
| | 天隆 | 12.28 | 10.95 | 11.92 | 11.72 | 587.25 | 10.81 | 6 | 强 | 强 | 整齐 | 0.0 | 适中 | 好 | | | 直 | 难 | 未发 | 未发 | 未发 | 轻 | 未发 |
| | 玉米场 | 12.01 | 12.43 | 12.29 | 12.24 | 607.14 | 9.40 | 8 | 强 | 强 | 整齐 | 0.0 | 紧束 | 好 | 9/29 | | 直 | 难 | 未发 | 未发 | 轻 | 未发 | 未发 |
| | 原种场 | 12.50 | 12.35 | 12.30 | 12.35 | 619.36 | 8.33 | 5 | 强 | 强 | 整齐 | 0.0 | 松散 | 好 | | | 直 | 难 | 未发 | 未发 | 未发 | 未发 | 未发 |
| | 作物所 | 9.70 | 10.50 | 11.00 | 10.40 | 521.33 | 0.64 | 9 | 强 | 强 | 整齐 | 0.0 | 紧束 | 好 | | | 直 | 中 | 轻 | 未发 | 未发 | 未发 | 未发 |
| | 农垦小站稻 | 15.68 | 15.89 | 15.91 | 15.80 | 790.00 | 26.40 | 3 | | 强 | 整齐 | 0.0 | 紧束 | 好 | | | 直 | 难 | 未发 | 轻 | 轻 | 未发 | 轻 |
| | 平均 | 12.21 | 12.23 | 12.37 | 12.26 | 613.17 | 9.65 | | | | | | | | | | | | | | | | |
| 金稻878 | 水稻所 | 11.70 | 12.00 | 11.20 | 11.63 | 583.15 | 7.72 | 5 | 强 | 强 | 整齐 | 0.0 | 适中 | 好 | | | 直 | 难 | 未发 | 未发 | 未发 | 未发 | 轻 |
| | 天隆 | 12.68 | 12.65 | 12.44 | 12.59 | 630.97 | 19.06 | 3 | 强 | 强 | 整齐 | 0.0 | 紧束 | 好 | | | 直 | 难 | 未发 | 未发 | 未发 | 未发 | 轻 |
| | 玉米场 | 12.81 | 12.65 | 13.06 | 12.84 | 636.73 | 14.54 | 5 | 强 | 强 | 整齐 | 0.0 | 紧束 | 好 | 9/29 | | 直 | 难 | 未发 | 未发 | 轻 | 未发 | 未发 |
| | 原种场 | 12.20 | 11.35 | 12.80 | 12.12 | 607.57 | 6.27 | 7 | 强 | 强 | 整齐 | 0.0 | 松散 | 好 | | | 直 | 难 | 未发 | 未发 | 未发 | 未发 | 未发 |
| | 作物所 | 11.80 | 10.40 | 10.60 | 10.93 | 548.06 | 5.81 | 6 | 强 | 强 | 整齐 | 0.0 | 紧束 | 好 | | | 直 | 难 | 未发 | 未发 | 轻 | 未发 | 未发 |
| | 农垦小站稻 | 13.51 | 13.10 | 13.40 | 13.30 | 665.00 | 6.40 | 9 | 强 | 强 | 中等 | 5.0 | 松散 | 好 | | | 直 | 难 | 未发 | 轻 | 未发 | 未发 | 轻 |
| | 平均 | 12.45 | 12.02 | 12.25 | 12.23 | 611.91 | 9.97 | | | | | | | | | | | | | | | | |

（续表）

| 品种名称 | 试点名称 | 小区产量（千克） I | II | III | 小区平均产量（千克） | 折合亩产量（千克） | 比对照增减产（%） | 位次 | 耐寒性 苗期耐寒 | 后期耐寒 | 整齐度 | 杂株率（%） | 株型 | 熟期转色 | 倒伏性 日期（月/日） | 面积（%） | 程度 | 落粒性 | 稻曲病 | 穗颈瘟 | 胡麻叶斑病 | 条纹叶枯病 | 纹枯病 |
|---|---|---|---|---|---|---|---|---|---|---|---|---|---|---|---|---|---|---|---|---|---|---|---|
| 津原217 | 水稻所 | 14.05 | 14.15 | 13.80 | 14.00 | 701.79 | 29.63 | 1 | 强 | 强 | 整齐 | 0.0 | 松散 | 好 | | | 直 | 难 | 未发 | 未发 | 未发 | 未发 | 轻 |
| | 天隆 | 13.77 | 12.76 | 12.83 | 13.12 | 657.67 | 24.10 | 1 | 强 | 强 | 整齐 | 0.0 | 适中 | 好 | | | 直 | 难 | 未发 | 未发 | 未发 | 轻 | 未发 |
| | 玉米场 | 13.10 | 13.10 | 13.39 | 13.20 | 654.52 | 19.33 | 1 | 强 | 强 | 整齐 | 0.0 | 紧束 | 好 | 9/29 | | 直 | 难 | 未发 | 未发 | 轻 | 未发 | 未发 |
| | 原种场 | 14.25 | 13.05 | 14.30 | 13.87 | 695.33 | 21.62 | 2 | 强 | 强 | 整齐 | 0.0 | 松散 | 好 | | | 直 | 难 | 未发 | 未发 | 未发 | 未发 | 未发 |
| | 作物所 | 12.60 | 12.20 | 12.20 | 12.33 | 618.24 | 19.35 | 3 | 强 | 强 | 整齐 | 0.0 | 紧束 | 好 | | | 直 | 难 | 未发 | 未发 | 未发 | 未发 | 未发 |
| | 农垦小站稻 | 14.50 | 17.00 | 14.00 | 15.20 | 760.00 | 21.60 | 5 | 强 | 强 | 中等 | 5.0 | 松散 | 好 | | | 直 | 难 | 未发 | 未发 | 未发 | 未发 | 轻 |
| | 平均 | 13.71 | 13.71 | 13.42 | 13.62 | 681.26 | 22.61 | | | | | | | | | | | | | | | | |
| 津原E28（CK） | 水稻所 | 11.55 | 10.70 | 10.10 | 10.78 | 540.54 | 0.00 | 9 | 强 | 强 | 整齐 | 0.0 | 紧束 | 好 | | | 直 | 难 | 未发 | 未发 | 未发 | 未发 | 轻 |
| | 天隆 | 11.01 | 9.89 | 10.81 | 10.57 | 529.95 | 0.00 | | 强 | 强 | 整齐 | 0.0 | 紧束 | 好 | | | 直 | 难 | 未发 | 未发 | 未发 | 未发 | 未发 |
| | 玉米场 | 11.01 | 11.13 | 11.08 | 11.07 | 549.24 | 0.00 | 10 | 强 | 强 | 整齐 | 0.0 | 紧束 | 好 | 9/29 | | 直 | 难 | 未发 | 未发 | 轻 | 未发 | 未发 |
| | 原种场 | 11.05 | 11.45 | 11.70 | 11.40 | 571.71 | 0.00 | 9 | 强 | 强 | 整齐 | 0.0 | 松散 | 好 | | | 直 | 难 | 未发 | 未发 | 未发 | 未发 | 未发 |
| | 作物所 | 11.00 | 9.90 | 10.10 | 10.33 | 517.99 | 0.00 | 10 | 强 | 强 | 整齐 | 0.0 | 紧束 | 好 | | | 直 | 难 | 未发 | 无 | 无 | 无 | 无 |
| | 农垦小站稻 | 13.50 | 12.00 | 12.11 | 12.50 | 625.00 | 0.00 | 10 | 强 | 强 | 整齐 | 0.0 | 紧束 | 好 | | | 直 | 难 | 轻 | 轻 | 未发 | 未发 | 轻 |
| | 平均 | 11.52 | 10.84 | 10.98 | 11.11 | 555.74 | | | | | | | | | | | | | | | | | |

# 第十章　2023年天津市普通玉米品种区域试验总结

## 一、试验目的

鉴定供试品种（系）在天津市的适应性、丰产性和抗逆性，为品种审定和推广提供依据。

## 二、参试品种和供种单位

参试品种见表10-1和表10-2。

表10-1　2023年天津市玉米品种区域试验参试品种和供种单位（春玉米）

| 序号 | 品种名称 | 区试年份 | 供种单位 |
| --- | --- | --- | --- |
| 1 | 郑单958（CK） | — | |
| 2 | ZY819 | 2 | 天津市农业科学院 |
| 3 | ZY706 | 1 | 天津市农业科学院 |
| 4 | 郑单918 | 1 | 河南省农业科学院粮食作物、河南生物育种中心有限公司 |
| 5 | 冀玉805 | 1 | 河北省农林科学院粮油作物研究所 |
| 6 | 金奥74 | 1 | 河北金奥兰种业有限公司 |
| 7 | 唐白一号 | 1 | 王文田 |
| 8 | 先耕303 | 1 | 河南耕誉农业科技有限公司 |
| 9 | 润玉131 | 1 | 天津中天润农科技有限公司 |
| 10 | 兴茂玉228 | 1 | 北京兴农益远农业科技有限公司 |
| 11 | 玖河玉1号 | 1 | 天津玖河农业科技发展有限公司 |

表10-2　2023年天津市玉米品种区域试验参试品种和供种单位（夏玉米）

| 序号 | 品种名称 | 区试年份 | 供种单位 |
| --- | --- | --- | --- |
| 1 | 京单58（CK） | — | |
| 2 | 固玉1号 | 1 | 王守起 |
| 3 | 莱科868 | 1 | 山东西由种业有限公司 |
| 4 | 禽玉320 | 1 | 天津德润佳禾科技有限公司 |
| 5 | 玖河玉2号 | 1 | 天津玖河农业科技发展有限公司 |

## 三、试验设计

试验采用随机区组排列，重复3次，5行区，小区面积20平方米，实收中间3行（面积12平方米）。春玉米种植密度4 000株/亩，对照郑单958。夏玉米种植密度4 500株/亩，对照京单58。

## 四、试验执行情况

区域试验设7个试点（表10-3）。各试点均能严格按照实验方案执行，管理到位，记载项目规范齐全，试验数据可靠。夏玉米试验中，天津保农仓农业科技有限公司受洪涝灾害的影响较重，各品种不能正常成熟，做报废处理。

表10-3　2023年天津市普通玉米品种区域试验承试单位

| 序号 | 承试单位 | 地址 |
| --- | --- | --- |
| 1 | 天津蓟县康恩伟泰种子有限公司（蓟州） | 天津市蓟州区别山镇大官场村南 |
| 2 | 天津宝坻区农业发展服务中心（宝坻） | 天津市宝坻区新安镇 |

(续表)

| 序号 | 承试单位 | 地址 |
|---|---|---|
| 3 | 天津保农仓农业科技有限公司（保农仓） | 天津市武清区南蔡村镇张辛庄村北 |
| 4 | 天津市农业科学院（作物所） | 天津市武清区农业科学院创新基地 |
| 5 | 天津金世神农种业有限公司（金世神农） | 天津市宁河区张彪村 |
| 6 | 天津市中天大地科技有限公司（中天大地） | 天津市静海区十里堡路静海良种场 |
| 7 | 天津市优质农产品开发示范中心（玉米场） | 天津市宁河区东棘坨镇张老仁村南 |

### 五、试验期间气象情况

（一）春玉米

前期整体温度不高，降雨极少，田间连续干旱，各试点均通过适时喷灌缓解旱情；中后期整体降水量增多，蓟州、宝坻、武清试点出现多次强降雨，造成个别品种出现倒伏，茎腐病发生较重。

（二）夏玉米

前期降水量较充足，宝坻试点苗期降雨较少；中期降水量较往年较少，土壤旱情严重，各试点均灌溉处理，宝坻、武清出现大雨大风的天气，部分品种发生倒伏。

### 六、试验结果与分析

（一）春玉米结果分析

**1. 试验质量分析**

以小区产量为依据，进行统计分析。从表10-4可知，各试点试验误差变异系数CV（%）均在12%以下，且总的试验误差变异系数CV（%）为4.246%，这表明各试点试验水平较好，可以对所有试点试验数据做联合方差分析。

表10-4　2023年天津市普通玉米品种区域试验各试点试验精确度分析

| 年份 | 承试单位 | 误差变异系数CV（%） |
|---|---|---|
| 2023 | 天津蓟县康恩伟泰种子有限公司 | 3.328 |
| | 天津宝坻区农业发展服务中心 | 4.393 |
| | 天津保农仓农业科技有限公司 | 3.686 |
| | 天津市农业科学院 | 6.057 |
| | 天津金世神农种业有限公司 | 4.547 |
| | 天津市中天大地科技有限公司 | 7.096 |
| | 天津市优质农产品开发示范中心 | 0.613 |

**2. 方差分析**

对春玉米7个点、11个品种（含对照郑单958）的3次重复的小区产量数据进行方差分析（表10-5），结果表明：品种项概率值为0.000（<0.01），说明品种间差异达极显著水平；试点项概率值为0.000（<0.01），说明试点间差异达极显著水平；品种×试点项概率值为0.000（<0.01），说明品种×试点间互作效应达极显著水平。由于品种间差异显著，进一步进行品种间的多重比较分析（表10-6）。从表10-6可以看出，参试品种ZY719、郑单918、玖河玉1号、ZY819、金奥74比对照郑单958增产，差异极显著；先耕303比对照郑单958增产，差异显著；兴茂玉228比对照郑单958减产，差异显著；润玉131、冀玉805、唐白一号比对照郑单958减产，差异极显著。

表10-5　2023年天津市普通玉米品种区域试验方差分析

| 变异来源 | 自由度 | 平方和 | 均方 | $F$ 值 | 概率（小于0.05显著）|
|---|---|---|---|---|---|
| 试点内区组 | 14 | 11.187 04 | 0.799 07 | 3.010 76 | 0.000 |

(续表)

| 变异来源 | 自由度 | 平方和 | 均方 | $F$ 值 | 概率（小于0.05显著） |
|---|---|---|---|---|---|
| 品种 | 10 | 89.390 15 | 8.939 02 | 33.680 52 | 0.000 |
| 试点 | 6 | 820.002 16 | 136.667 03 | 514.935 52 | 0.000 |
| 品种×试点 | 60 | 178.288 80 | 2.971 48 | 11.195 97 | 0.000 |
| 误差 | 140 | 37.156 85 | 0.265 41 | | |
| 总变异 | 230 | 1 136.025 01 | | | |

注：本试验的误差变异系数 CV（%）= 4.313。

**表 10-6　2023 年天津市普通玉米品种区域试验品种均值多重比较（LSD 法）**

| 品种名称 | 小区均值（千克） | 平均亩产（千克） | 比对照增减（%） | 增产点比率（%） | 0.05 显著性 | 0.01 显著性 |
|---|---|---|---|---|---|---|
| ZY706 | 12.59 | 699.5 | 5.5 | 71.4 | a | A |
| 郑单 918 | 12.49 | 693.9 | 4.7 | 85.7 | ab | A |
| 玖河玉 1 号 | 12.47 | 692.8 | 4.5 | 71.4 | ab | A |
| ZY819 | 12.45 | 691.7 | 4.4 | 85.7 | ab | A |
| 金奥 74 | 12.38 | 687.8 | 3.8 | 71.4 | ab | A |
| 先耕 303 | 12.21 | 678.4 | 2.3 | 42.9 | bc | AB |
| 郑单 958（CK） | 11.93 | 662.8 | 0.0 | — | cd | BC |
| 兴茂玉 228 | 11.63 | 646.1 | -2.5 | 28.6 | de | CD |
| 润玉 131 | 11.45 | 636.1 | -4.0 | 42.9 | ef | DE |
| 冀玉 805 | 11.20 | 622.3 | -6.1 | 42.9 | f | E |
| 唐白一号 | 10.58 | 587.8 | -11.3 | 14.3 | g | F |

注：$LSD_{0.05}$ = 0.314 8；$LSD_{0.01}$ = 0.416 5。

**3. 品种稳定性分析（Shukla 稳定性方差）**

结果表明（表 10-7）：各品种 Shukla 方差同质性检验（Bartlett 测验）Prob. = 0.076 21，不显著，同质，各品种稳定性差异不显著。

**表 10-7　2023 年天津市普通玉米品种区域试验 Shukla 稳定性方差**

| 品种名称 | Shukla 变异系数（%） | Shukla 方差 | 0.05 显著性 | 0.01 显著性 | DF | $F$ 值 | 概率 | 互作方差 |
|---|---|---|---|---|---|---|---|---|
| ZY706 | 4.499 9 | 0.320 96 | c | AB | 6 | 3.628 3 | 0.002 | 0.232 5 |
| ZY819 | 4.216 6 | 0.275 42 | c | B | 6 | 3.113 5 | 0.007 | 0.187 0 |
| 冀玉 805 | 13.086 1 | 2.147 22 | a | AB | 6 | 24.273 3 | 0.000 | 2.058 8 |
| 金奥 74 | 6.328 7 | 0.613 36 | abc | AB | 6 | 6.933 8 | 0.000 | 0.524 9 |
| 玖河玉 1 号 | 6.690 4 | 0.696 35 | abc | AB | 6 | 7.871 9 | 0.000 | 0.607 9 |
| 润玉 131 | 8.556 5 | 0.960 32 | abc | AB | 6 | 10.856 0 | 0.000 | 0.871 9 |
| 唐白一号 | 9.341 0 | 0.977 58 | abc | AB | 6 | 11.051 1 | 0.000 | 0.889 1 |
| 先耕 303 | 5.431 0 | 0.440 06 | bc | AB | 6 | 4.974 7 | 0.000 | 0.351 6 |
| 兴茂玉 228 | 13.810 6 | 2.577 81 | a | A | 6 | 29.140 8 | 0.000 | 2.489 3 |
| 郑单 918 | 9.952 0 | 1.546 07 | ab | AB | 6 | 17.477 6 | 0.000 | 1.457 6 |
| 郑单 958（CK） | 4.875 1 | 0.338 33 | c | AB | 6 | 3.824 7 | 0.001 | 0.249 9 |

注：Shukla 方差误差 = 0.088 46；DF 误差 = 140。

**4. 抗性结果分析**

结果表明（表10-8）：对参试的春玉米品种进行人工接种鉴定和田间自然发病、倒伏情况记载。结果显示（表10-8）：人工接种鉴定中"一票否决"病害未出现高感（HS）情况的品种有1个，自然发病中茎腐病发生严重；倒伏倒折情况中未出现不达标品种1个。

**表10-8　2023年天津市普通玉米品种区域试验抗性结果分析（春玉米）**

| 品种名称 | 大斑病 | | 茎腐病 | | 穗腐病 | | 倒伏倒折之和（%） | 倒伏倒折之和≥10%比例（%） |
|---|---|---|---|---|---|---|---|---|
| | 人工接种 | 田间表现 | 人工接种 | 田间表现 | 人工接种 | 田间表现 | | |
| ZY706 | R | 1级 | R | 8.8% | S | 0 | 0.3 | 0 |
| ZY819 | R | 1级 | HR | 7.5% | S | 0 | 0.6 | 0 |
| 冀玉805 | MR | 1级 | HS | 33.9% | MR | 0 | 9.7 | 28.6 |
| 金奥74 | S | 1级 | R | 11.8% | MR | 0 | 2.9 | 0 |
| 玖河玉1号 | R | 1级 | HR | 1.5% | MR | 0 | 0.1 | 0 |
| 润玉131 | MR | 1级 | HR | 17.3% | MR | 0 | 1.3 | 0 |
| 唐白一号 | MR | 1级 | MR | 18.0% | R | 0 | 4.1 | 14.3 |
| 先耕303 | MR | 1级 | HR | 2.9% | MR | 0 | 0.1 | 0 |
| 兴茂玉228 | R | 1级 | HR | 0.7% | MR | 0 | 0 | 0 |
| 郑单918 | MR | 1级 | MR | 6.6% | MR | 0 | 1.1 | 0 |
| 郑单958（CK） | R | 1级 | MR | 3.3% | MR | 0 | 1.9 | 0 |

**5. 品种综述**

2023年天津市春玉米品种区试参试品种（系）共11个，产量幅度为587.8~699.5千克，对照郑单958平均亩产662.8千克。参试品种产量较对照增减产幅度为-11.3%~5.5%。各参试品种按增产百分率排名，现分述如下。

（1）ZY706。第一年参试，平均亩产699.5千克，较对照郑单958增产5.5%，增产极显著，居11个品种第1位，增产点率71.4%。平均生育期111.0天，株高276厘米，穗位111厘米，穗长21.3厘米，穗粗4.8厘米，穗行数19.4，秃尖长0.8厘米，单穗粒重191.7克，百粒重28.5克。田间表现倒折倒伏率之和平均0.28%，倒伏倒折率之和≥10%的点次比例0，大斑病1级，穗腐病0，茎腐病8.8%。

（2）郑单918。第一年参试，平均亩产693.9千克，较对照郑单958增产4.7%，增产极显著，居11个品种第2位，增产点率85.7%。平均生育期110.0天，株高284厘米，穗位117厘米，穗长19.7厘米，穗粗5.0厘米，穗行数15.9，秃尖长0.5厘米，单穗粒重190.8克，百粒重35.0克。田间表现倒折倒伏率之和平均1.1%，倒伏倒折率之和≥10%的点次比例0，大斑病1级，穗腐病0，茎腐病6.6%。

（3）玖河玉1号。第一年参试，平均亩产692.8千克，较对照郑单958增产4.5%，增产极显著，居11个品种第3位，增产点率71.4%。平均生育期109.0天，株高273厘米，穗位112厘米，穗长20.6厘米，穗粗5.0厘米，穗行数18.0，秃尖长2.0厘米，单穗粒重189.3克，百粒重31.1克。田间表现倒折倒伏率之和平均0.1%，倒伏倒折率之和≥10%的点次比例0，大斑病1级，穗腐病0，茎腐病1.5%。

（4）ZY819。第二年参试，平均亩产691.7千克，较对照郑单958增产4.4%，增产极显著，居11个品种第4位，增产点率85.7%。平均生育期109.0天，株高285厘米，穗位101厘米，穗长21.2厘米，穗粗4.6厘米，穗行数15.7，秃尖长1.2厘米，单穗粒重187.6克，百粒重33.4克。田间表现倒折倒伏率之和平均0.6%，倒伏倒折率之和≥10%的点次比例0，大斑病1级，穗腐病0，茎腐病7.5%。

（5）金奥74。第一年参试，平均亩产987.8千克，较对照郑单958增产3.8%，增产极显著，居11

个品种第5位，增产点率71.4%。平均生育期109.0天，株高276厘米，穗位119厘米，穗长20.4厘米，穗粗4.8厘米，穗行数16.5，秃尖长0.9厘米，单穗粒重176.2克，百粒重32.37克。田间表现倒折倒伏率之和平均2.9%，倒伏倒折率之和≥10%的点次比例0，大斑病1级，穗腐病0，茎腐病11.8%。

（6）先耕303。第一年参试，平均亩产678.4千克，较对照郑单958增产2.23%，增产显著，居11个品种第6位，增产点率42.9%。平均生育期110.0天，株高271厘米，穗位120厘米，穗长18.3厘米，穗粗4.9厘米，穗行数16.8，秃尖长0.5厘米，单穗粒重186.1克，百粒重33.2克。田间表现倒折倒伏率之和平均0.1%，倒伏倒折率之和≥10%的点次比例0，大斑病1级，穗腐病0，茎腐病2.9%。

（7）郑单958（CK）。对照品种，平均亩产662.8千克，居11个品种第7位。平均生育期110.0天，株高268厘米，穗位116厘米，穗长18厘米，穗粗4.8厘米，穗行数15.6，秃尖长0.4厘米，单穗粒重171.4克，百粒重33.4克。田间表现倒折倒伏率之和平均1.9%，倒伏倒折率之和≥10%的点次比例0，大斑病1级，穗腐病10，茎腐病3.3%。

（8）兴茂玉228。第一年参试，平均亩产646.1千克。平均生育期109.0天，较对照郑单958减产2.5%，减产显著，居11个品种第8位，增产点率28.6%，株高274厘米，穗位105厘米，穗长15.6厘米，穗粗5.5厘米，穗行数21.5，秃尖长1.2厘米，单穗粒重202.5克，百粒重32.4克。田间表现倒折倒伏率之和平均0，倒伏倒折率之和≥10%的点次比例0，大斑病1级，穗腐病0，茎腐病0.7%。

（9）润玉131。第一年参试，平均亩产636.1千克，较对照郑单958减产4.0%，居11个品种第9位，增产点率42.9%。平均生育期109.0天，株高267厘米，穗位100厘米，穗长16.7厘米，穗粗5.2厘米，穗行数19.1，秃尖长0.8厘米，单穗粒重172.5克，百粒重29.5克。田间表现倒折倒伏率之和平均1.3%，倒伏倒折率之和≥10%的点次比例0，大斑病1级，穗腐病0，茎腐病17.3%。

（10）冀玉805。第一年参试，平均亩产622.3千克，较对照郑单958减产6.1%，居11个品种第10位，增产点率42.9%。平均生育期108.0天，株高267厘米，穗位116厘米，穗长19.2厘米，穗粗4.8厘米，穗行数19.5，秃尖长0.5厘米，单穗粒重168.3克，百粒重29.4克。田间表现倒折倒伏率之和平均9.7%，倒伏倒折率之和≥10%的点次比例28.6%，大斑病1级，穗腐病0，茎腐病33.9%。

（11）唐白一号。第一年参试，平均亩产587.8千克，较对照郑单958减产11.3%，居11个品种第11位，增产点率14.3%。平均生育期109.0天，株高280厘米，穗位117厘米，穗长21.2厘米，穗粗4.6厘米，穗15.4，秃尖长0.6厘米，单穗粒重150.2克，百粒重29.4克。田间表现倒折倒伏率之和平均4.1%，倒伏倒折率之和≥10%的点次比例14.3%，大斑病1级，穗腐病0，茎腐病18.0%。

（二）夏玉米结果分析

**1. 试验质量分析**

以小区产量为依据，进行统计分析。从表10-9可知，各试点试验误差变异系数CV（%）均在12%以下，且总的试验误差变异系数CV（%）为4.138%，这表明各试点试验水平较好，可以对所有试点试验数据做联合方差分析。

**表10-9　2023年天津市普通玉米品种区域试验各试点试验精确度分析**

| 年份 | 承试单位 | 误差变异系数CV（%） |
| --- | --- | --- |
| 2023 | 天津蓟县康恩伟泰种子有限公司 | 3.985 |
| | 天津宝坻区农业发展服务中心 | 3.108 |
| | 天津市农业科学院 | 7.629 |
| | 天津金世神农种业有限公司 | 4.125 |
| | 天津市中天大地科技有限公司 | 5.056 |
| | 天津市优质农产品开发示范中心 | 0.925 |

**2. 方差分析**

对夏玉米6个点、5个品种（含对照郑单958）3次重复的小区产量数据进行方差分析（表10-10），结果表明：品种项概率值为0.000（＜0.01），说明品种间差异达极显著水平；试点项概率值为0.000（＜0.01），说明试点间差异达极显著水平；品种×试点项概率值为0.000（＜0.01），说明品种×试点间互作效应达极显著水平。由于品种间差异显著，进一步进行品种间的多重比较分析（表10-11）。

从表 10-11 可以看出，参试品种翕玉 320、莱科 868、玖河玉 2 号比对照京单 58 增产，差异极显著；固玉 1 号比对照郑单 958 减产，差异极显著。

表 10-10　2023 年天津市普通玉米品种区域试验方差分析

| 变异来源 | 自由度 | 平方和 | 均方 | F 值 | 概率（小于 0.05 显著） |
|---|---|---|---|---|---|
| 试点内区组 | 12 | 5.664 39 | 0.472 03 | 2.134 39 | 0.032 |
| 品种 | 4 | 50.659 03 | 12.664 76 | 57.266 39 | 0.000 |
| 试点 | 5 | 253.525 35 | 50.705 07 | 229.273 76 | 0.000 |
| 品种×试点 | 20 | 16.584 90 | 0.829 25 | 3.749 61 | 0.000 |
| 误差 | 48 | 10.615 45 | 0.221 16 | | |
| 总变异 | 89 | 337.049 11 | | | |

注：本试验的误差变异系数 CV（%）= 4.276。

表 10-11　2023 年天津市普通玉米品种区域试验品种均值多重比较（LSD 法）

| 品种名称 | 小区均值（千克） | 平均亩产（千克） | 比对照增减（%） | 增产点比率（%） | 0.05 显著性 | 0.01 显著性 |
|---|---|---|---|---|---|---|
| 翕玉 320 | 11.61 | 645.3 | 6.4 | 66.7 | a | A |
| 莱科 868 | 11.50 | 638.9 | 5.3 | 83.3 | a | A |
| 玖河玉 2 号 | 11.38 | 632.4 | 4.2 | 66.7 | a | A |
| 京单 58（CK） | 10.92 | 606.7 | — | — | b | B |
| 固玉 1 号 | 9.57 | 531.7 | -12.4 | 0 | c | C |

注：$LSD_{0.05}$ = 0.316 6；$LSD_{0.01}$ = 0.421 7。

**3. 品种稳定性分析（Shukla 稳定性方差）**

结果表明（表 10-12）：各品种 Shukla 方差同质性检验（Bartlett 测验）Prob. = 0.538 58，不显著，同质，各品种稳定性差异不显著。

表 10-12　2023 年天津市普通玉米区域试验 Shukla 稳定性方差

| 品种名称 | Shukla 变异系数（%） | Shukla 方差 | 0.05 显著性 | 0.01 显著性 | DF | F 值 | 概率 | 互作方差 |
|---|---|---|---|---|---|---|---|---|
| 固玉 1 号 | 5.543 1 | 0.281 56 | a | A | 5 | 3.819 1 | 0.005 | 0.207 8 |
| 京单 58（CK） | 6.899 0 | 0.567 40 | a | A | 5 | 7.696 1 | 0.000 | 0.493 7 |
| 玖河玉 2 号 | 3.376 9 | 0.147 71 | a | A | 5 | 2.003 5 | 0.095 | 0.074 0 |
| 莱科 868 | 3.376 9 | 0.145 32 | a | A | 5 | 1.971 1 | 0.100 | 0.071 6 |
| 翕玉 320 | 4.216 6 | 0.239 82 | a | A | 5 | 3.252 9 | 0.013 | 0.166 1 |

注：Shukla 方差误差 = 0.073 73；DF 误差 = 48。

**4. 抗性结果分析**

对参试的夏玉米品种进行人工接种鉴定和田间自然发病、倒伏情况调查。结果显示（表 10-13）：人工接种鉴定和自然发病中对"一票否决"病害未出现高感（HS）情况；倒伏倒折情况中未出现不达标品种。

表 10-13　2023 年天津市普通玉米品种区域试验抗性结果分析（夏玉米）

| 品种名称 | 小斑病 | | 茎腐病 | | 穗腐病 | | 倒伏倒折之和（%） | 倒伏倒折之和≥10% 比例（%） |
|---|---|---|---|---|---|---|---|---|
| | 人工接种 | 田间表现 | 人工接种 | 田间表现 | 人工接种 | 田间表现 | | |
| 翕玉 320 | R | 1 级 | R | 2.0% | S | 0 | 3.6 | 16.7 |

(续表)

| 品种名称 | 小斑病 | | 茎腐病 | | 穗腐病 | | 倒伏倒折之和（%） | 倒伏倒折之和≥10%比例（%） |
|---|---|---|---|---|---|---|---|---|
| | 人工接种 | 田间表现 | 人工接种 | 田间表现 | 人工接种 | 田间表现 | | |
| 莱科868 | R | 1级 | HR | 0 | MR | 0 | 2.3 | 16.7 |
| 玖河玉2号 | R | 1级 | HR | 0.3% | R | 0 | 2.2 | 16.7 |
| 京单58（CK） | MR | 1级 | MR | 2.6% | MR | 0 | 0 | 0 |
| 固玉1号 | R | 1级 | MR | 3.1% | MR | 0 | 5.1 | 16.7 |

**5. 品种综述**

2023年天津市夏玉米品种区试参试品种（系）共5个，产量幅度为531.7~645.3千克，对照京单58平均亩产606.7千克。参试品种产量较对照增减产幅度为-12.4%~6.4%。各参试品种按增产百分率排名，现分述如下。

（1）翕玉320。第一年参试，平均亩产645.3千克，较对照京单58增产6.4%，增产极显著，居5个品种第1位，增产点率66.7%。平均生育期104.3天，株高285厘米，穗位91厘米，穗长19.0厘米，穗粗4.7厘米，穗行数16.9，秃尖长1.5厘米，单穗粒重160.7克，百粒重33.6克。田间表现倒折倒伏率之和平均3.6%，倒伏倒折率之和≥10%的点次比例16.7%，小斑病1级，穗腐病0，茎腐病2.0%。

（2）莱科868。第一年参试，平均亩产638.9千克，较对照京单58增产5.3%，增产极显著，居5个品种第2位，增产点率83.3%。平均生育期104.7天，株高235厘米，穗位83厘米，穗长17.6厘米，穗粗5.0厘米，穗行数16.5，秃尖长1.1厘米，单穗粒重158.7克，百粒重36.2克。田间表现倒折倒伏率之和平均2.3%，倒伏倒折率之和≥10%的点次比例16.7%，小斑病1级，穗腐病0，茎腐病0%。

（3）玖河玉2号。第一年参试，平均亩产632.4千克，较对照京单58增产4.2%，增产极显著，居5个品种第3位，增产点率66.7%。平均生育期107.7天，株高283厘米，穗位95厘米，穗长19.7厘米，穗粗5.0厘米，穗行数18.4，秃尖长1.0厘米，单穗粒重162.8克，百粒重33.2克。田间表现倒折倒伏率之和平均2.2%，倒伏倒折率之和≥10%的点次比例16.7%，小斑病1级，穗腐病0，茎腐病0.3%。

（4）京单58（CK）。对照品种，平均亩产606.7千克，居5个品种第4位。平均生育期106.4天，株高244厘米，穗位102厘米，穗长18.4厘米，穗粗4.9厘米，穗行数14.5，秃尖长0.5厘米，单穗粒重161.8克，百粒重40.1克。田间表现倒折倒伏率之和平均0，倒伏倒折率之和≥10%的点次比例0，小斑病1级，穗腐病0，茎腐病2.6%。

（5）固玉1号。第一年参试，平均亩产531.7千克，较对照京单58减产12.4%，减产极显著，居5个品种第5位，增产点率0。平均生育期100.0天，株高224厘米，穗位80厘米，穗长16.4厘米，穗粗4.5厘米，穗行数16.9，秃尖长1.2厘米，单穗粒重128.8克，百粒重29.4克。田间表现倒折倒伏率之和平均5.1%，倒伏倒折率之和≥10%的点次比例16.7%，小斑病1级，穗腐病0，茎腐病3.1%。

**（三）转基因检测结果**

对2023年天津市普通玉米区域试验第一年参试的品种进行转基因检测，检测结果未发现呈阳性的品种。

**（四）DNA指纹鉴定结果**

对2023年普通玉米区域试验样品进行DNA指纹真实性进行检测，确定其同一性和差异性，结果（表10-14）显示：同一性检测中，13份待测样品共筛出7套同名品种，并且7套同名品种间DNA指纹差异点数均<2；差异性检测中，13份待测样品筛出1套疑似品种，且成套品种间DNA指纹差异位点数<4。

**表10-14　2023年天津市普通玉米品种区域试验DNA指纹鉴定结果分析**

| 序号 | 待测样品 | 对照样品 | | 比较位点数 | 差异位点数 |
|---|---|---|---|---|---|
| | 样品名称 | 样品名称 | 来源 | | |
| 1 | ZY819 | ZY819 | 2022年天津春玉米区域试验 | 40 | 0 |

(续表)

| 序号 | 待测样品 样品名称 | 对照样品 样品名称 | 对照样品 来源 | 比较位点数 | 差异位点数 |
|---|---|---|---|---|---|
| 2 | 郑单918 | 郑单918 | 2023年安徽省拟引种备案玉米品种 | 40 | 0 |
| 3 | 郑单918 | 郑单918 | 2023年河北省玉米区域试验 | 40 | 0 |
| 4 | 先耕303 | 先耕303 | 2023年安徽省拟引种备案玉米品种 | 40 | 0 |
| 5 | 先耕303 | 先耕303 | 2022年河北省玉米区域试验 | 40 | 0 |
| 6 | 津2001 | 津2001 | 2022年天津春玉米区域试验 | 40 | 0 |
| 7 | 同丰162 | 同丰162 | 2022年天津春玉米区域试验 | 40 | 0 |
| 8 | 同丰162 | 同丰162 | 2022年沐玉联合体 | 40 | 0 |
| 9 | 固玉1号 | 固玉1号 | 2022年河北农作物玉米品种创新联盟 | 40 | 0 |
| 10 | 先玉2163 | 先玉2163 | 2022年河北省玉米区域试验 | 40 | 1 |
| 11 | 先玉2163 | 先玉2163 | 2023年河北省玉米区域试验 | 40 | 1 |
| 12 | 先玉2163 | 先玉2163 | 2022年天津夏玉米区域试验 | 40 | 1 |
| 13 | 金奥74 | 沧玉76 | 农业农村部征集审定品种 | 40 | 0 |

## 七、品种处理意见

根据参试品种在区域试验中的综合表现，春玉米品种ZY706、郑单918、玖河玉1号、ZY819、金奥74进入到第二年区试。第二年参试品种ZY819因两年增产平均值<5%，终止试验；兴茂玉228、润玉131、冀玉805、唐白一号因产量指标和抗病指标未达标终止试验。夏玉米品种翕玉320、莱科868、玖河玉2号进入第二年区试，固玉1号因产量指标未达标终止试验。

2023年天津市普通玉米品种区域试验数据汇总详见附表10-1至附表10-6。

附表10-1  2023年天津市普通玉米品种区域试验参试品种田间性状汇总（春玉米）

| 序号 | 品种名称 | 试点名称 | 出苗期（月/日） | 抽雄期（月/日） | 吐丝期（月/日） | 成熟期（月/日） | 生育期天数（天） | 比对照增减天数（天） | 收获时籽粒含水量（%） | 花丝色 | 花药色 | 整齐度 | 株高（厘米） | 穗位高（厘米） | 株型 | 出苗率（%） |
|---|---|---|---|---|---|---|---|---|---|---|---|---|---|---|---|---|
| 1 | 郑单958（CK） | 蓟州 | 5/12 | 7/5 | 7/9 | 9/9 | 121 | — | 30.1 | 浅紫 | 浅紫 | 较整齐 | 253 | 95 | 紧凑 | 98.5 |
| | | 宝坻 | 5/5 | 6/26 | 6/28 | 8/24 | 111 | — | 18.1 | 粉 | 黄 | 整齐 | 277 | 129 | 紧凑 | 100.0 |
| | | 作物所 | 5/6 | 6/29 | 7/2 | 8/25 | 111 | — | 27.3 | 浅紫 | 浅紫 | 整齐 | 285 | 125 | 紧凑 | 100.0 |
| | | 保农仓 | 5/17 | 7/7 | 7/12 | 8/25 | 100 | — | 31.7 | 紫 | 浅紫 | 整齐 | 269 | 101 | 半紧凑 | 100.0 |
| | | 玉米场 | 5/6 | 6/29 | 7/3 | 8/28 | 114 | — | 16.2 | 浅紫 | 绿 | 整齐 | 275 | 130 | 紧凑 | 100.0 |
| | | 金世神农 | 5/10 | 7/2 | 7/3 | 8/23 | 105 | — | 26.6 | 紫 | 紫 | 整齐 | 265 | 121 | 半紧凑 | 100.0 |
| | | 中天大地 | 5/15 | 7/14 | 7/15 | 9/3 | 111 | — | 30.0 | 紫红 | 绿 | 整齐 | 254 | 113 | 半紧凑 | 100.0 |
| | | 平均 | | | | | 112 | | 26.0 | | | | 268 | 116 | | |
| 2 | ZY819 | 蓟州 | 5/12 | 7/5 | 7/7 | 9/2 | 114 | -7.0 | 29.1 | 浅紫 | 紫 | 整齐 | 271 | 84 | 半紧凑 | 100.0 |
| | | 宝坻 | 5/5 | 6/26 | 6/28 | 8/22 | 109 | -2.0 | 14.5 | 黄 | 紫 | 整齐 | 295 | 118 | 紧凑 | 100.0 |
| | | 作物所 | 5/6 | 7/1 | 7/4 | 8/25 | 111 | 0.0 | 26.5 | 浅紫 | 紫 | 整齐 | 286 | 99 | 半紧凑 | 100.0 |
| | | 保农仓 | 5/17 | 7/7 | 7/11 | 8/24 | 99 | -1.0 | 29.6 | 紫 | 紫 | 整齐 | 260 | 85 | 半紧凑 | 100.0 |
| | | 玉米场 | 5/6 | 6/29 | 7/3 | 8/27 | 113 | -1.0 | 15.0 | 紫 | 紫 | 整齐 | 304 | 119 | 半紧凑 | 100.0 |
| | | 金世神农 | 5/9 | 7/3 | 7/4 | 8/23 | 106 | 1.0 | 22.6 | 浅紫 | 紫 | 整齐 | 314 | 119 | 半紧凑 | 100.0 |
| | | 中天大地 | 5/15 | 7/11 | 7/13 | 9/2 | 110 | -1.0 | 24.7 | 紫红 | 浅紫 | 整齐 | 266 | 85 | 半紧凑 | 100.0 |
| | | 平均 | | | | | 109 | | 23.0 | | | | 285 | 101 | | |
| 3 | ZY706 | 蓟州 | 5/12 | 7/4 | 7/8 | 9/2 | 114 | -7.0 | 27.7 | 紫 | 紫 | 整齐 | 248 | 81 | 半紧凑 | 97.8 |
| | | 宝坻 | 5/5 | 6/26 | 7/2 | 8/24 | 111 | 0.0 | 19.7 | 紫红 | 浅紫 | 整齐 | 298 | 130 | 紧凑 | 100.0 |
| | | 作物所 | 5/6 | 7/2 | 7/5 | 8/26 | 112 | 1.0 | 28.7 | 浅紫 | 绿 | 整齐 | 279 | 108 | 半紧凑 | 100.0 |
| | | 保农仓 | 5/17 | 7/10 | 7/13 | 8/27 | 102 | 2.0 | 31.6 | 浅紫 | 浅紫 | 整齐 | 277 | 104 | 半紧凑 | 100.0 |
| | | 玉米场 | 5/6 | 6/30 | 7/4 | 8/28 | 114 | 0.0 | 16.5 | 紫 | 紫 | 整齐 | 290 | 127 | 紧凑 | 100.0 |
| | | 金世神农 | 5/10 | 7/4 | 7/6 | 8/26 | 108 | 3.0 | 29.6 | 浅紫 | 浅紫 | 整齐 | 289 | 126 | 平展 | 100.0 |
| | | 中天大地 | 5/15 | 7/13 | 7/15 | 9/7 | 115 | 4.0 | 30.2 | 紫红 | 浅紫 | 整齐 | 250 | 103 | 半紧凑 | 100.0 |
| | | 平均 | | | | | 111 | | 26.0 | | | | 276 | 111 | | |

(续表)

| 序号 | 品种名称 | 试点名称 | 出苗期(月/日) | 抽雄期(月/日) | 吐丝期(月/日) | 成熟期(月/日) | 生育期天数(天) | 比对照增减天数(天) | 收获时籽粒含水量(%) | 花丝色 | 花药色 | 整齐度 | 株高(厘米) | 穗位高(厘米) | 株型 | 出苗率(%) |
|---|---|---|---|---|---|---|---|---|---|---|---|---|---|---|---|---|
| 4 | 郑单918 | 蓟州 | 5/12 | 7/4 | 7/6 | 9/5 | 117 | -4.0 | 28.5 | 浅紫 | 浅紫 | 整齐 | 270 | 98 | 紧凑 | 98.5 |
| | | 宝坻 | 5/5 | 6/26 | 6/28 | 8/22 | 111 | 0.0 | 15.6 | 粉绿 | 黄 | 整齐 | 320 | 148 | 紧凑 | 100.0 |
| | | 作物所 | 5/6 | 6/28 | 7/1 | 8/25 | 111 | 0.0 | 27.0 | 浅紫 | 绿 | 整齐 | 283 | 106 | 半紧凑 | 100.0 |
| | | 保农仓 | 5/17 | 7/7 | 7/11 | 8/28 | 103 | 3.0 | 30.4 | 紫 | 浅紫 | 整齐 | 262 | 104 | 紧凑 | 100.0 |
| | | 玉米场 | 5/6 | 6/27 | 7/1 | 8/28 | 114 | 0.0 | 16.5 | 浅紫 | 绿 | 整齐 | 295 | 131 | 紧凑 | 100.0 |
| | | 金世神农 | 5/10 | 7/2 | 7/4 | 8/21 | 103 | -2.0 | 26.7 | 浅紫 | 绿 | 整齐 | 291 | 119 | 半紧凑 | 100.0 |
| | | 中天大地 | 5/15 | 7/11 | 7/13 | 9/2 | 110 | -1.0 | 25.2 | 紫红 | 绿 | 整齐 | 268 | 116 | 半紧凑 | 100.0 |
| | | 平均 | | | | | 110 | | 24.0 | | | | 284 | 117 | | |
| 5 | 冀玉805 | 蓟州 | 5/12 | 7/4 | 7/7 | 9/1 | 113 | -8.0 | 26.2 | 浅紫 | 浅紫 | 整齐 | 240 | 95 | 半紧凑 | 98.5 |
| | | 宝坻 | 5/5 | 6/25 | 6/27 | 8/22 | 109 | -2.0 | 14.1 | 粉 | 黄 | 整齐 | 298 | 139 | 紧凑 | 100.0 |
| | | 作物所 | 5/6 | 6/29 | 7/2 | 8/24 | 110 | -1.0 | 27.8 | 浅紫 | 绿 | 整齐 | 273 | 116 | 半紧凑 | 99.0 |
| | | 保农仓 | 5/17 | 7/6 | 7/12 | 8/23 | 98 | -2.0 | 32.9 | 紫 | 绿 | 整齐 | 235 | 104 | 半紧凑 | 100.0 |
| | | 玉米场 | 5/6 | 6/29 | 7/2 | 8/28 | 114 | 0.0 | 14.3 | 紫 | 绿 | 整齐 | 282 | 123 | 紧凑 | 100.0 |
| | | 金世神农 | 5/11 | 7/2 | 7/5 | 8/22 | 103 | -2.0 | 24.2 | 浅绿 | 绿 | 整齐 | 296 | 123 | 半紧凑 | 100.0 |
| | | 中天大地 | 5/15 | 7/11 | 7/13 | 9/4 | 112 | 1.0 | 25.6 | 浅紫 | 绿 | 整齐 | 248 | 114 | 半紧凑 | 100.0 |
| | | 平均 | | | | | 108 | | 24.0 | | | | 267 | 116 | | |
| 6 | 金奥74 | 蓟州 | 5/12 | 7/7 | 7/9 | 9/7 | 119 | -2.0 | 28.7 | 浅紫 | 浅紫 | 整齐 | 263 | 103 | 半紧凑 | 96.3 |
| | | 宝坻 | 5/5 | 6/26 | 6/27 | 8/23 | 110 | -1.0 | 18.1 | 粉 | 黄 | 整齐 | 312 | 140 | 紧凑 | 100.0 |
| | | 作物所 | 5/6 | 7/2 | 7/5 | 8/25 | 111 | 0.0 | 28.3 | 浅紫 | 绿 | 整齐 | 263 | 104 | 半紧凑 | 100.0 |
| | | 保农仓 | 5/17 | 7/8 | 7/12 | 8/24 | 99 | -1.0 | 31.4 | 浅紫 | 绿 | 整齐 | 242 | 108 | 紧凑 | 100.0 |
| | | 玉米场 | 5/6 | 6/30 | 7/3 | 8/25 | 111 | -3.0 | 16.6 | 绿 | 绿 | 整齐 | 301 | 131 | 紧凑 | 100.0 |
| | | 金世神农 | 5/10 | 7/3 | 7/6 | 8/21 | 103 | -2.0 | 26.5 | 绿 | 绿 | 较整齐 | 294 | 136 | 半紧凑 | 100.0 |
| | | 中天大地 | 5/15 | 7/14 | 7/14 | 9/1 | 109 | -2.0 | 29.6 | 紫红 | 绿 | 整齐 | 255 | 113 | 半紧凑 | 100.0 |
| | | 平均 | | | | | 109 | | 26.0 | | | | 276 | 119 | | 99.0 |

(续表)

| 序号 | 品种名称 | 试点名称 | 出苗期（月/日） | 抽雄期（月/日） | 吐丝期（月/日） | 成熟期（月/日） | 生育期天数（天） | 比对照增减天数（天） | 收获时籽粒含水量（%） | 花丝色 | 花药色 | 整齐度 | 株高（厘米） | 穗位高（厘米） | 株型 | 出苗率（%） |
|---|---|---|---|---|---|---|---|---|---|---|---|---|---|---|---|---|
| 7 | 唐白一号 | 蓟州 | 5/12 | 7/6 | 7/9 | 9/2 | 114 | -7.0 | 28.2 | 浅紫 | 绿 | 整齐 | 260 | 102 | 半紧凑 | 100.0 |
| | | 宝坻 | 5/5 | 6/28 | 7/1 | 8/20 | 107 | -4.0 | 13.1 | 浅绿 | 黄 | 整齐 | 314 | 130 | 紧凑 | 100.0 |
| | | 作物所 | 5/6 | 7/2 | 7/6 | 8/27 | 113 | 2.0 | 28.4 | 浅紫 | 绿 | 整齐 | 280 | 109 | 半紧凑 | 100.0 |
| | | 保农仓 | 5/17 | 7/8 | 7/13 | 8/23 | 98 | -2.0 | 31.5 | 绿 | 绿 | 整齐 | 259 | 116 | 半紧凑 | 100.0 |
| | | 玉米场 | 5/6 | 7/1 | 7/5 | 8/26 | 112 | -2.0 | 15.8 | 浅紫 | 绿 | 整齐 | 299 | 139 | 紧凑 | 100.0 |
| | | 金世神农 | 5/10 | 7/4 | 7/6 | 8/20 | 102 | -3.0 | 18.4 | 绿 | 绿 | 整齐 | 280 | 105 | 半紧凑 | 100.0 |
| | | 中天大地 | 5/15 | 7/14 | 7/15 | 9/7 | 115 | 4.0 | 30.9 | 紫红 | 绿 | 整齐 | 269 | 118 | 半紧凑 | 100.0 |
| | | 平均 | | | | | 109 | | 24.0 | | | | 280 | 117 | | |
| 8 | 先耕303 | 蓟州 | 5/12 | 7/3 | 7/5 | 9/3 | 115 | -6.0 | 27.3 | 浅紫 | 浅紫 | 整齐 | 254 | 94 | 半紧凑 | 100.0 |
| | | 宝坻 | 5/5 | 6/25 | 6/27 | 8/22 | 109 | -2.0 | 17.4 | 浅绿 | 黄 | 整齐 | 298 | 142 | 紧凑 | 100.0 |
| | | 作物所 | 5/6 | 6/30 | 7/3 | 8/27 | 113 | 2.0 | 26.0 | 绿 | 绿 | 整齐 | 278 | 110 | 半紧凑 | 100.0 |
| | | 保农仓 | 5/17 | 7/5 | 7/10 | 8/24 | 99 | -1.0 | 28.1 | 浅紫 | 浅紫 | 整齐 | 248 | 102 | 半紧凑 | 100.0 |
| | | 玉米场 | 5/6 | 6/29 | 7/3 | 8/28 | 114 | 0.0 | 15.2 | 绿 | 绿 | 整齐 | 284 | 144 | 半紧凑 | 100.0 |
| | | 金世神农 | 5/11 | 7/2 | 7/5 | 8/24 | 105 | 0.0 | 24.7 | 浅紫 | 绿 | 整齐 | 278 | 128 | 半紧凑 | 100.0 |
| | | 中天大地 | 5/15 | 7/11 | 7/13 | 9/4 | 112 | 1.0 | 26.9 | 紫红 | 绿 | 整齐 | 257 | 118 | 半紧凑 | 100.0 |
| | | 平均 | | | | | 110 | | 24.0 | | | | 271 | 120 | | |
| 9 | 润玉131 | 蓟州 | 5/12 | 7/2 | 7/3 | 9/3 | 115 | -6.0 | 28.2 | 紫 | 紫 | 整齐 | 249 | 96 | 半紧凑 | 97.8 |
| | | 宝坻 | 5/5 | 6/25 | 6/26 | 8/23 | 110 | -1.0 | 15.1 | 橙黄 | 黄 | 整齐 | 296 | 126 | 紧凑 | 100.0 |
| | | 作物所 | 5/6 | 6/27 | 6/30 | 8/24 | 110 | -1.0 | 31.1 | 深紫 | 浅紫 | 整齐 | 273 | 90 | 半紧凑 | 100.0 |
| | | 保农仓 | 5/17 | 7/7 | 7/10 | 8/25 | 100 | 0.0 | 29.9 | 深紫 | 绿 | 整齐 | 235 | 82 | 半紧凑 | 100.0 |
| | | 玉米场 | 5/6 | 6/27 | 7/1 | 8/26 | 112 | -2.0 | 16.1 | 深紫 | 浅紫 | 整齐 | 287 | 119 | 紧凑 | 100.0 |
| | | 金世神农 | 5/10 | 7/2 | 7/5 | 8/24 | 106 | 1.0 | 18.2 | 绿 | 绿 | 整齐 | 266 | 96 | 半紧凑 | 100.0 |
| | | 中天大地 | 5/15 | 7/10 | 7/11 | 9/5 | 113 | 2.0 | 24.9 | 深紫 | 绿 | 整齐 | 264 | 94 | 半紧凑 | 100.0 |
| | | 平均 | | | | | 111 | | 23.0 | | | | 267 | 100 | | |

(续表)

| 序号 | 品种名称 | 试点名称 | 出苗期（月/日） | 抽雄期（月/日） | 吐丝期（月/日） | 成熟期（月/日） | 生育期天数（天） | 比对照增减天数（天） | 收获时籽粒含水量（%） | 花丝色 | 花药色 | 整齐度 | 株高（厘米） | 穗位高（厘米） | 株型 | 出苗率（%） |
|---|---|---|---|---|---|---|---|---|---|---|---|---|---|---|---|---|
| 10 | 兴茂玉228 | 蓟州 | 5/12 | 7/5 | 7/9 | 9/2 | 114 | -7.0 | 27.9 | 浅紫 | 浅紫 | 不整齐 | 266 | 93 | 紧凑 | 82.2 |
| | | 宝坻 | 5/5 | 6/29 | 7/1 | 8/23 | 110 | -1.0 | 16.9 | 浅绿 | 浅紫 | 较整齐 | 308 | 142 | 紧凑 | 100.0 |
| | | 作物所 | 5/6 | 7/1 | 7/4 | 8/24 | 110 | -1.0 | 30.6 | 绿 | 紫 | 整齐 | 268 | 104 | 半紧凑 | 100.0 |
| | | 保农仓 | 5/18 | 7/10 | 7/14 | 8/25 | 99 | -1.0 | 30.5 | 绿 | 浅紫 | 整齐 | 249 | 85 | 紧凑 | 100.0 |
| | | 玉米场 | 5/6 | 7/1 | 7/5 | 8/28 | 114 | 0.0 | 16.4 | 绿 | 紫 | 整齐 | 292 | 119 | 紧凑 | 100.0 |
| | | 金世神农 | 5/11 | 7/5 | 7/7 | 8/20 | 101 | -4.0 | 26.2 | 绿 | 浅紫 | 整齐 | 270 | 92 | 紧凑 | 100.0 |
| | | 中天大地 | 5/15 | 7/13 | 7/13 | 9/6 | 114 | 3.0 | 25.1 | 浅绿 | 浅紫 | 整齐 | 265 | 98 | 半紧凑 | 60.0 |
| | | 平均 | | | | | 109 | | 25.0 | | | | 274 | 105 | | 92.0 |
| 11 | 玖河玉1号 | 蓟州 | 5/12 | 7/3 | 7/5 | 9/4 | 116 | -5.0 | 29.3 | 浅紫 | 绿 | 整齐 | 264 | 102 | 半紧凑 | 99.3 |
| | | 宝坻 | 5/5 | 6/26 | 6/28 | 8/23 | 110 | -1.0 | 16.4 | 浅绿 | 黄 | 整齐 | 314 | 140 | 紧凑 | 100.0 |
| | | 作物所 | 5/6 | 6/28 | 7/1 | 8/24 | 110 | -1.0 | 27.4 | 绿 | 绿 | 整齐 | 283 | 102 | 半紧凑 | 100.0 |
| | | 保农仓 | 5/17 | 7/8 | 7/11 | 8/25 | 100 | 0.0 | 30.6 | 绿 | 绿 | 整齐 | 238 | 108 | 半紧凑 | 100.0 |
| | | 玉米场 | 5/6 | 6/28 | 7/3 | 8/27 | 113 | -1.0 | 16.2 | 绿 | 绿 | 整齐 | 284 | 121 | 紧凑 | 100.0 |
| | | 金世神农 | 5/10 | 7/8 | 7/10 | 8/19 | 100 | -5.0 | 25.7 | 浅绿 | 浅紫 | 整齐 | 276 | 109 | 半紧凑 | 100.0 |
| | | 中天大地 | 5/15 | 7/11 | 7/12 | 9/7 | 115 | 4.0 | 26.4 | 绿 | 绿 | 整齐 | 254 | 103 | 半紧凑 | 100.0 |
| | | 平均 | | | | | 111 | | 25.0 | | | | 273 | 112 | | 100.0 |

附表 10-2 2023年天津市普通玉米品种区域试验参试品种田间抗性汇总（春玉米）

| 序号 | 品种名称 | 试点名称 | 空秆率 (%) I | 空秆率 (%) II | 空秆率 (%) III | 倒伏率 (%) I | 倒伏率 (%) II | 倒伏率 (%) III | 倒折率 (%) I | 倒折率 (%) II | 倒折率 (%) III | 倒伏倒折率之和 (%) | 大斑病级（级） | 茎腐病（%）I | 茎腐病（%）II | 茎腐病（%）III | 茎腐病平均（%） | 穗腐病（%） | 丝黑穗病（%） | 灰斑病级（级） | 弯孢叶斑病级（级） | 瘤黑粉病（%） | 纹枯病级（级） | 粗缩病（%） | 矮花叶病（%） |
|---|---|---|---|---|---|---|---|---|---|---|---|---|---|---|---|---|---|---|---|---|---|---|---|---|---|
| 1 | 郑单958（CK） | 蓟州 | 0.0 | 0.0 | 0.0 | 0.0 | 0.0 | 0.0 | 0.0 | 0.0 | 0.0 | 0.0 | 1 | 0.0 | 0.0 | 0.0 | 0.0 | 0.0 | 0.0 | 1 | 1 | 0.0 | 1 | 0.0 | 0.0 |
|  |  | 宝坻 | 4.1 | 4.1 | 4.0 | 0.0 | 0.0 | 0.0 | 12.3 | 20.5 | 10.7 | 43.5 | 1 |  |  |  |  |  | 0.0 | 1 | 1 | 1.0 | 1 | 0.0 |  |
|  |  | 作物所 | 0.0 | 0.0 | 0.0 | 0.0 | 3.3 | 0.0 | 19.2 | 0.0 | 15.0 | 37.5 | 1 | 25.8 | 15.0 | 27.5 | 22.8 | 0.0 | 0.0 | 1 | 1 | 0.0 | 1 | 0.0 |  |
|  |  | 保农仓 | 0.0 | 0.0 | 0.0 | 0.0 | 0.0 | 0.0 | 0.0 | 0.0 | 0.0 | 0.0 | 1 | 0.0 | 0.0 | 0.0 | 0.0 |  | 0.0 | 1 | 1 | 0.0 | 1 | 0.0 |  |
|  |  | 玉米场 | 0.0 | 0.0 | 0.0 | 0.0 | 0.0 | 0.0 | 0.0 | 0.0 | 0.0 | 0.0 | 1 | 0.0 | 0.0 | 0.0 | 0.0 |  | 0.0 | 1 | 1 | 1.0 | 1 | 0.0 | 0.0 |
|  |  | 金世神农 | 0.0 | 0.0 | 0.0 | 0.0 | 0.0 | 0.0 | 0.0 | 0.0 | 0.0 | 0.0 | 1 | 0.0 | 0.0 | 0.0 | 0.0 |  | 0.0 | 1 | 1 | 0.0 | 1 | 0.0 |  |
|  |  | 中天大地 | 0.0 | 0.0 | 0.0 | 0.0 | 0.0 | 0.0 | 0.0 | 0.0 | 0.0 | 0.0 | 1 | 0.0 | 0.0 | 0.0 | 0.0 |  | 0.0 | 1 | 1 | 0.0 | 1 | 0.0 |  |
|  |  | 平均 |  |  |  |  |  |  |  |  |  |  |  |  |  |  |  |  |  |  |  |  |  |  |  |
| 2 | ZY819 | 蓟州 | 2.7 | 0.0 | 0.0 | 0.0 | 0.0 | 0.0 | 8.2 | 7.9 | 6.9 | 23.1 | 1 | 0.0 | 0.0 | 0.0 | 0.0 | 0.0 | 0.0 | 1 | 1 | 0.0 | 1 | 0.0 | 0.0 |
|  |  | 宝坻 | 0.0 | 0.0 | 0.0 | 0.0 | 0.0 | 0.0 | 0.0 | 0.0 | 0.0 | 0.0 | 1 |  |  |  | 48.0 |  | 0.0 | 1 | 1 | 1.0 | 1 | 0.0 |  |
|  |  | 作物所 | 0.0 | 0.0 | 0.0 | 0.0 | 0.0 | 0.0 | 0.0 | 0.0 | 0.0 | 0.0 | 1 | 9.2 | 3.3 | 2.5 | 5.0 | 0.0 | 0.0 | 1 | 1 | 0.6 | 1 | 0.0 |  |
|  |  | 保农仓 | 0.0 | 0.0 | 0.0 | 0.0 | 0.0 | 0.0 | 0.0 | 0.0 | 0.0 | 0.0 | 1 | 0.0 | 0.0 | 0.0 | 0.0 |  | 0.0 | 1 | 1 | 0.0 | 1 | 0.0 |  |
|  |  | 玉米场 | 0.0 | 0.0 | 0.0 | 0.0 | 0.0 | 0.0 | 0.0 | 0.0 | 0.0 | 0.0 | 1 | 0.0 | 0.0 | 0.0 | 0.0 |  | 0.0 | 1 | 1 | 1.0 | 1 | 0.0 | 0.0 |
|  |  | 金世神农 | 0.0 | 0.0 | 0.0 | 0.0 | 0.0 | 0.0 | 0.0 | 0.0 | 0.0 | 0.0 | 1 | 0.0 | 0.0 | 0.0 | 0.0 |  | 0.0 | 1 | 1 | 0.0 | 1 | 0.0 |  |
|  |  | 中天大地 | 0.0 | 0.0 | 0.0 | 0.0 | 0.0 | 0.0 | 0.0 | 0.0 | 0.0 | 0.0 | 1 | 0.0 | 0.0 | 0.0 | 0.0 |  | 0.0 | 1 | 1 | 0.0 | 1 | 0.0 |  |
|  |  | 平均 |  |  |  |  |  |  |  |  |  |  |  |  |  |  |  |  |  |  |  |  |  |  |  |
| 3 | ZY706 | 蓟州 | 0.0 | 0.0 | 0.0 | 0.0 | 0.0 | 0.0 | 0.0 | 0.0 | 0.0 | 0.0 | 1 | 0.0 | 2.2 | 4.4 | 2.2 | 0.0 | 0.0 | 1 | 1 | 0.0 | 1 | 0.0 | 0.0 |
|  |  | 宝坻 | 0.0 | 0.0 | 1.3 | 0.0 | 0.0 | 0.0 | 5.3 | 0.0 | 6.5 | 11.8 | 1 |  |  |  | 49.0 |  | 0.0 | 1 | 1 | 1.0 | 1 | 0.0 |  |
|  |  | 作物所 | 0.0 | 0.0 | 0.0 | 0.0 | 0.0 | 0.0 | 0.0 | 0.0 | 0.0 | 0.0 | 1 | 12.5 | 11.7 | 6.7 | 10.3 | 0.0 | 0.0 | 1 | 1 | 0.0 | 1 | 0.0 |  |
|  |  | 保农仓 | 0.0 | 0.0 | 0.0 | 0.0 | 0.0 | 0.0 | 0.0 | 0.0 | 0.0 | 0.0 | 1 | 0.0 | 0.0 | 0.0 | 0.0 |  | 0.0 | 1 | 1 | 0.0 | 1 | 0.0 |  |
|  |  | 玉米场 | 0.0 | 0.0 | 0.0 | 0.0 | 0.0 | 0.0 | 0.0 | 0.0 | 0.0 | 0.0 | 1 | 0.0 | 0.0 | 0.0 | 0.0 |  | 0.0 | 1 | 1 | 1.0 | 1 | 0.0 | 0.0 |
|  |  | 金世神农 | 0.0 | 0.0 | 0.0 | 0.0 | 0.0 | 0.0 | 0.0 | 0.0 | 0.0 | 0.0 | 1 | 0.0 | 0.0 | 0.0 | 0.0 |  | 0.0 | 1 | 1 | 0.0 | 1 | 0.0 |  |
|  |  | 中天大地 | 0.0 | 0.0 | 0.0 | 0.0 | 0.0 | 0.0 | 0.0 | 0.0 | 0.0 | 0.0 | 1 | 0.0 | 0.0 | 0.0 | 0.0 |  | 0.0 | 1 | 1 | 0.0 | 1 | 0.0 |  |
|  |  | 平均 |  |  |  |  |  |  |  |  |  |  |  |  |  |  |  |  |  |  |  |  |  |  |  |

（续表）

| 序号 | 品种名称 | 试点名称 | 空秆率（%） | | | 倒伏率（%） | | | 倒折率（%） | | | 倒伏倒折率之和（%） | 大斑病级（级） | 茎腐病（%） | | | 茎腐病平均（%） | 穗腐病（%） | 丝黑穗病（%） | 灰斑病级（级） | 弯孢叶斑病级（级） | 瘤黑粉病（%） | 纹枯病级（级） | 粗缩病（%） | 矮花叶病（%） |
|---|---|---|---|---|---|---|---|---|---|---|---|---|---|---|---|---|---|---|---|---|---|---|---|---|---|
| | | | I | II | III | I | II | III | I | II | III | | | I | II | III | | | | | | | | | |
| 4 | 郑单918 | 蓟州 | 0.0 | 0.0 | 0.0 | 7.4 | 0.0 | 0.0 | 0.0 | 0.0 | 0.0 | 7.4 | 1 | 0.0 | 0.0 | 0.0 | 0.0 | 0.0 | 0.0 | 1 | 1 | 0.0 | 1 | 0.0 | 0.0 |
| | | 宝坻 | 9.7 | 5.4 | 1.3 | 0.0 | 0.0 | 0.0 | 25.0 | 5.4 | 3.9 | 34.3 | 1 | 7.5 | 5.0 | | 41.0 | | 0.0 | 1 | 1 | 1.0 | 1 | 0.0 | |
| | | 作物所 | 0.0 | 0.0 | 1.7 | 0.0 | 0.0 | 0.0 | 0.0 | 3.3 | 0.0 | 3.3 | 1 | 7.5 | 5.0 | 3.3 | 5.3 | 0.0 | 0.0 | 1 | 1 | 2.2 | 1 | 0.0 | |
| | | 保农仓 | 0.0 | 0.0 | 0.0 | 0.0 | 0.0 | 0.0 | 0.0 | 0.0 | 0.0 | 0.0 | 1 | 0.0 | 0.0 | 0.0 | 0.0 | 0.0 | 0.0 | 1 | 1 | 0.0 | 1 | 0.0 | 0.0 |
| | | 玉米场 | 0.0 | 0.0 | 0.0 | 0.0 | 0.0 | 0.0 | 0.0 | 0.0 | 0.0 | 0.0 | 1 | 0.0 | 0.0 | 0.0 | 0.0 | | 0.0 | 1 | 1 | 0.0 | 1 | 0.0 | |
| | | 金世神农 | 0.0 | 0.0 | 0.0 | 0.0 | 0.0 | 0.0 | 0.0 | 0.0 | 0.0 | 0.0 | 1 | 0.0 | 0.0 | 0.0 | 0.0 | 0.0 | 0.0 | 1 | 1 | 1.0 | 1 | 0.0 | 0.0 |
| | | 中天大地 | 0.0 | 2.9 | 0.0 | 0.0 | 0.0 | 0.0 | 0.0 | 0.0 | 0.0 | 0.0 | 1 | 0.0 | 0.0 | 0.0 | 0.0 | | 0.0 | 1 | 1 | 0.0 | 1 | 0.0 | |
| | | 平均 | | | | | | | | | | | | | | | | | | | | | | | |
| 5 | 冀玉805 | 蓟州 | 0.0 | 0.0 | 0.0 | 0.0 | 0.0 | 0.0 | 0.0 | 6.7 | 7.4 | 14.1 | 1 | 60.0 | 71.1 | 54.8 | 62.0 | 0.0 | 0.0 | 1 | 1 | 0.0 | 1 | 0.0 | 0.0 |
| | | 宝坻 | 6.9 | 1.3 | 2.6 | 0.0 | 0.0 | 0.0 | 84.7 | 86.3 | 92.1 | 263.1 | 1 | | | | 84.0 | | 0.0 | 1 | 1 | 1.0 | 1 | 0.0 | |
| | | 作物所 | 0.0 | 0.0 | 0.0 | 0.0 | 0.0 | 0.0 | 84.2 | 15.0 | 32.5 | 131.7 | 1 | 96.7 | 70.8 | 85.8 | 84.4 | 0.0 | 0.0 | 1 | 1 | 0.8 | 1 | 0.0 | |
| | | 保农仓 | 0.0 | 0.0 | 0.0 | 0.0 | 0.0 | 0.0 | 0.0 | 0.0 | 0.0 | 0.0 | 1 | 0.0 | 0.0 | 0.0 | 0.0 | 0.0 | 0.0 | 1 | 1 | 0.0 | 1 | 0.0 | 0.0 |
| | | 玉米场 | 0.0 | 0.0 | 0.0 | 0.0 | 0.0 | 0.0 | 0.0 | 0.0 | 0.0 | 0.0 | 1 | 6.0 | 8.0 | 6.0 | 6.7 | | 0.0 | 1 | 1 | 1.0 | 1 | 0.0 | |
| | | 金世神农 | 0.0 | 0.0 | 0.0 | 0.0 | 0.0 | 0.0 | 0.0 | 0.0 | 0.0 | 0.0 | 1 | 0.0 | 0.0 | 0.0 | 0.0 | 0.0 | 0.0 | 1 | 1 | 0.0 | 1 | 0.0 | 0.0 |
| | | 中天大地 | 0.0 | 0.0 | 0.0 | 0.0 | 0.0 | 0.0 | 0.0 | 0.0 | 0.0 | 0.0 | 1 | 0.0 | 0.0 | 0.0 | 0.0 | | 0.0 | 1 | 1 | 0.0 | 1 | 0.0 | |
| | | 平均 | | | | | | | | | | | | | | | | | | | | | | | |
| 6 | 金奥74 | 蓟州 | 0.0 | 0.0 | 0.0 | 0.0 | 9.6 | 10.4 | 0.0 | 15.5 | 4.0 | 20.0 | 1 | 0.0 | 3.7 | 1.5 | 1.7 | 0.0 | 0.0 | 1 | 1 | 0.0 | 1 | 0.0 | 0.0 |
| | | 宝坻 | 4.1 | 4.2 | 1.3 | 0.0 | 0.0 | 0.0 | 26.0 | 7.5 | 15.8 | 45.5 | 1 | | | | 37.0 | | 0.0 | 1 | 1 | 1.0 | 1 | 0.0 | |
| | | 作物所 | 0.0 | 0.0 | 0.0 | 10.8 | 0.0 | 0.0 | 21.7 | 7.5 | 15.8 | 55.8 | 1 | 89.2 | 19.2 | 24.2 | 44.2 | 0.0 | 0.0 | 1 | 1 | 0.0 | 1 | 0.0 | |
| | | 保农仓 | 0.0 | 0.0 | 0.0 | 0.0 | 0.0 | 0.0 | 0.0 | 0.0 | 0.0 | 0.0 | 1 | 0.0 | 0.0 | 0.0 | 0.0 | 0.0 | 0.0 | 1 | 1 | 1.0 | 1 | 0.0 | 0.0 |
| | | 玉米场 | 0.0 | 0.0 | 0.0 | 0.0 | 0.0 | 0.0 | 0.0 | 0.0 | 0.0 | 0.0 | 1 | 0.0 | 0.0 | 0.0 | 0.0 | | 0.0 | 1 | 1 | 0.0 | 1 | 0.0 | |
| | | 金世神农 | 0.0 | 0.0 | 0.0 | 0.0 | 0.0 | 0.0 | 0.0 | 0.0 | 0.0 | 0.0 | 1 | 0.0 | 0.0 | 0.0 | 0.0 | 0.0 | 0.0 | 1 | 1 | 1.0 | 1 | 0.0 | 0.0 |
| | | 中天大地 | 0.0 | 0.0 | 0.0 | 0.0 | 0.0 | 0.0 | 0.0 | 0.0 | 0.0 | 0.0 | 1 | 0.0 | 0.0 | 0.0 | 0.0 | | 0.0 | 1 | 1 | 0.0 | 1 | 0.0 | |
| | | 平均 | | | | | | | | | | | | | | | | | | | | | | | |

(续表)

| 序号 | 品种名称 | 试点名称 | 空秆率(%) I | 空秆率(%) II | 空秆率(%) III | 倒伏率(%) I | 倒伏率(%) II | 倒伏率(%) III | 倒折率(%) I | 倒折率(%) II | 倒折率(%) III | 倒伏倒折率之和(%) | 大斑病级(级) | 茎腐病(%) I | 茎腐病(%) II | 茎腐病(%) III | 茎腐病平均(%) | 穗腐病(%) | 丝黑穗病(%) | 灰斑病级(级) | 弯孢叶斑病级(级) | 瘤黑粉病(%) | 纹枯病级(级) | 粗缩病(%) | 矮花叶病(%) |
|---|---|---|---|---|---|---|---|---|---|---|---|---|---|---|---|---|---|---|---|---|---|---|---|---|---|
| 7 | 唐白一号 | 蓟州 | 0.0 | 0.0 | 0.0 | 0.0 | 0.0 | 0.0 | 0.0 | 0.0 | 0.0 | 0.0 | 1 | 20.0 | 20.0 | 20.0 | 20.0 | 0.0 | 0.0 | 1 | 1 | 0.0 | 1 | 0.0 | 0.0 |
| | | 宝坻 | 5.2 | 0.0 | 4.1 | 0.0 | 0.0 | 0.0 | 16.9 | 40.0 | 95.9 | 152.8 | 1 | | 22.5 | | 71.0 | | 0.0 | 1 | 1 | 1.0 | 1 | 0.0 | |
| | | 作物所 | 0.0 | 0.0 | 0.0 | 0.0 | 0.0 | 0.0 | 10.0 | 3.3 | 6.7 | 20.0 | 1 | 58.3 | 22.5 | 20.8 | 33.9 | | 0.0 | 1 | 1 | 0.0 | 1 | 0.0 | |
| | | 保农仓 | 0.0 | 0.0 | 0.0 | 0.0 | 0.0 | 0.0 | 0.0 | 0.0 | 0.0 | 0.0 | 1 | 0.0 | 0.0 | 0.0 | 0.0 | 0.0 | 0.0 | 1 | 1 | 0.0 | 1 | 0.0 | 0.0 |
| | | 玉米场 | 0.0 | 0.0 | 0.0 | 0.0 | 0.0 | 0.0 | 0.0 | 0.0 | 0.0 | 0.0 | 1 | 2.0 | 1.0 | 1.0 | 1.3 | | 0.0 | 1 | 1 | 0.0 | 1 | 0.0 | |
| | | 金世神农 | 0.0 | 0.0 | 0.0 | 0.0 | 0.0 | 0.0 | 0.0 | 0.0 | 0.0 | 0.0 | 1 | 0.0 | 0.0 | 0.0 | 0.0 | 0.0 | 0.0 | 1 | 1 | 1.0 | 1 | 0.0 | 0.0 |
| | | 中天大地 | 1.4 | 0.0 | 0.0 | 0.0 | 0.0 | 0.0 | 0.0 | 0.0 | 0.0 | 0.0 | 1 | 0.0 | 0.0 | 0.0 | 0.0 | | 0.0 | 1 | 1 | 0.0 | 1 | 0.0 | |
| | | 平均 | | | | | | | | | | | | | | | | | | | | | | | |
| 8 | 先耕303 | 蓟州 | 0.0 | 0.0 | 0.0 | 0.0 | 0.0 | 0.0 | 0.0 | 0.0 | 0.0 | 0.0 | 1 | 8.9 | 0.0 | 0.0 | 3.0 | 0.0 | 0.0 | 1 | 1 | 0.0 | 1 | 0.0 | 0.0 |
| | | 宝坻 | 1.3 | 0.0 | 0.0 | 0.0 | 0.0 | 0.0 | 0.0 | 2.7 | 0.0 | 2.7 | 1 | | 9.2 | 8.3 | 15.6 | | 0.0 | 1 | 1 | 1.0 | 1 | 0.0 | |
| | | 作物所 | 0.0 | 0.0 | 0.0 | 0.0 | 0.0 | 0.0 | 0.0 | 0.0 | 0.0 | 0.0 | 1 | 29.2 | 9.2 | 8.3 | 15.6 | 0.0 | 0.0 | 1 | 1 | 0.3 | 1 | 0.0 | |
| | | 保农仓 | 0.0 | 0.0 | 0.0 | 0.0 | 0.0 | 0.0 | 0.0 | 0.0 | 0.0 | 0.0 | 1 | 0.0 | 0.0 | 0.0 | 0.0 | 0.0 | 0.0 | 1 | 1 | 0.0 | 1 | 0.0 | 0.0 |
| | | 玉米场 | 0.0 | 0.0 | 0.0 | 0.0 | 0.0 | 0.0 | 0.0 | 0.0 | 0.0 | 0.0 | 1 | 2.0 | 2.0 | 0.0 | 1.7 | | 0.0 | 1 | 1 | 0.0 | 1 | 0.0 | |
| | | 金世神农 | 0.0 | 0.0 | 0.0 | 0.0 | 0.0 | 0.0 | 0.0 | 0.0 | 0.0 | 0.0 | 1 | 0.0 | 0.0 | 0.0 | 0.0 | 0.0 | 0.0 | 1 | 1 | 1.0 | 1 | 0.0 | 0.0 |
| | | 中天大地 | 0.0 | 0.0 | 0.0 | 0.0 | 0.0 | 0.0 | 0.0 | 0.0 | 0.0 | 0.0 | 1 | 0.0 | 0.0 | 0.0 | 0.0 | | 0.0 | 1 | 1 | 0.0 | 1 | 0.0 | |
| | | 平均 | | | | | | | | | | | | | | | | | | | | | | | |
| 9 | 渭玉131 | 蓟州 | 0.0 | 0.0 | 0.0 | 0.0 | 0.0 | 0.0 | 0.0 | 0.0 | 0.0 | 0.0 | 1 | 37.8 | 29.6 | 40.7 | 36.0 | 0.0 | 0.0 | 1 | 1 | 0.0 | 1 | 0.0 | 0.0 |
| | | 宝坻 | 3.9 | 0.0 | 1.4 | 0.0 | 0.0 | 0.0 | 6.5 | 5.3 | 11.0 | 22.8 | 1 | | 51.7 | | 31.0 | | 0.0 | 1 | 1 | 1.0 | 1 | 0.0 | |
| | | 作物所 | 0.0 | 0.0 | 0.0 | 0.0 | 0.0 | 0.0 | 6.7 | 12.5 | 12.5 | 31.7 | 1 | 65.8 | 51.7 | 45.0 | 54.2 | | 0.0 | 1 | 1 | 0.0 | 1 | 0.0 | |
| | | 保农仓 | 0.0 | 0.0 | 0.0 | 0.0 | 0.0 | 0.0 | 0.0 | 0.0 | 0.0 | 0.0 | 1 | 0.0 | 0.0 | 0.0 | 0.0 | 0.0 | 0.0 | 1 | 1 | 0.0 | 1 | 0.0 | 0.0 |
| | | 玉米场 | 0.0 | 0.0 | 0.0 | 0.0 | 0.0 | 0.0 | 0.0 | 0.0 | 0.0 | 0.0 | 1 | 0.0 | 0.0 | 0.0 | 0.0 | | 0.0 | 1 | 1 | 1.0 | 1 | 0.0 | |
| | | 金世神农 | 0.0 | 0.0 | 0.0 | 0.0 | 0.0 | 0.0 | 0.0 | 0.0 | 0.0 | 0.0 | 1 | 0.0 | 0.0 | 0.0 | 0.0 | 0.0 | 0.0 | 1 | 1 | 1.0 | 1 | 0.0 | 0.0 |
| | | 中天大地 | 1.5 | 0.0 | 0.0 | 0.0 | 0.0 | 0.0 | 0.0 | 0.0 | 0.0 | 0.0 | 1 | 0.0 | 0.0 | 0.0 | 0.0 | | 0.0 | 1 | 1 | 0.0 | 1 | | |
| | | 平均 | | | | | | | | | | | | | | | | | | | | | | | |

（续表）

| 序号 | 品种名称 | 试点名称 | 空秆率（%） | | | 倒伏率（%） | | | 倒折率（%） | | | 倒伏倒折率之和（%） | 大斑病级（级） | 茎腐病（%） | | | 茎腐病平均（%） | 穗腐病（%） | 丝黑穗病（%） | 灰斑病级（级） | 弯孢叶斑病级（级） | 瘤黑粉病（%） | 纹枯病级（级） | 粗缩病（%） | 矮花叶病（%） |
|---|---|---|---|---|---|---|---|---|---|---|---|---|---|---|---|---|---|---|---|---|---|---|---|---|---|
| | | | Ⅰ | Ⅱ | Ⅲ | Ⅰ | Ⅱ | Ⅲ | Ⅰ | Ⅱ | Ⅲ | | | Ⅰ | Ⅱ | Ⅲ | | | | | | | | | |
| 10 | 兴茂玉228 | 蓟州 | 2.5 | 18.5 | 25.9 | 0.0 | 0.0 | 0.0 | 0.0 | 0.0 | 0.0 | 0.0 | 1 | 0.0 | 1.5 | 0.0 | 0.5 | 0.0 | 0.0 | 1 | 1 | 0.0 | 1 | 0.0 | 0.0 |
| | | 宝坻 | 0.0 | 2.9 | 14.7 | 0.0 | 0.0 | 0.0 | 0.0 | 0.0 | 0.0 | 0.0 | 1 | 4.2 | 5.0 | 3.3 | 4.2 | | 0.0 | 1 | 1 | 1.0 | 1 | 0.0 | |
| | | 作物所 | 1.7 | 0.0 | 0.0 | 0.0 | 0.0 | 0.0 | 0.0 | 0.0 | 0.0 | 0.0 | 1 | 0.0 | 0.0 | 0.0 | 0.0 | 0.0 | 0.0 | 1 | 1 | 0.0 | 1 | 0.0 | |
| | | 保农仓 | 0.0 | 0.0 | 0.0 | 0.0 | 0.0 | 0.0 | 0.0 | 0.0 | 0.0 | 0.0 | 1 | 0.0 | 0.0 | 0.0 | 0.0 | | 0.0 | 1 | 1 | 0.0 | 1 | 0.0 | 0.0 |
| | | 玉米场 | 0.0 | 0.0 | 0.0 | 0.0 | 0.0 | 0.0 | 0.0 | 0.0 | 0.0 | 0.0 | 1 | 0.0 | 0.0 | 0.0 | 0.0 | 0.0 | 0.0 | 1 | 1 | 0.0 | 1 | 0.0 | |
| | | 金世神农 | 0.0 | 0.0 | 0.0 | 0.0 | 0.0 | 0.0 | 0.0 | 0.0 | 0.0 | 0.0 | 1 | 0.0 | 0.0 | 0.0 | 0.0 | | 0.0 | 1 | 1 | 0.0 | 1 | 0.0 | 0.0 |
| | | 中天大地 | 0.0 | 0.0 | 0.0 | 0.0 | 0.0 | 0.0 | 0.0 | 0.0 | 0.0 | 0.0 | 1 | 0.0 | 0.0 | 0.0 | 0.0 | 0.0 | 0.0 | 1 | 1 | 1.0 | 1 | 0.0 | |
| | | 平均 | | | | | | | | | | | | | | | | | | | | | | | |
| 11 | 玖河玉1号 | 蓟州 | 0.0 | 0.0 | 0.0 | 0.0 | 0.0 | 0.0 | 0.0 | 0.0 | 0.0 | 0.0 | 1 | 0.0 | 0.0 | 0.0 | 0.0 | 0.0 | 0.0 | 1 | 1 | 0.0 | 1 | 0.0 | 0.0 |
| | | 宝坻 | 2.6 | 0.0 | 5.1 | 0.0 | 2.6 | 0.0 | 0.0 | 0.0 | 0.0 | 2.6 | 1 | 5.0 | 16.7 | 9.2 | 10.3 | | 0.0 | 1 | 1 | 1.0 | 1 | 0.0 | |
| | | 作物所 | 0.0 | 0.0 | 0.0 | 0.0 | 0.0 | 0.0 | 0.0 | 0.0 | 0.0 | 0.0 | 1 | 0.0 | 0.0 | 0.0 | 0.0 | 0.0 | 0.0 | 1 | 1 | 0.0 | 1 | 0.0 | |
| | | 保农仓 | 0.0 | 0.0 | 0.0 | 0.0 | 0.0 | 0.0 | 0.0 | 0.0 | 0.0 | 0.0 | 1 | 0.0 | 0.0 | 0.0 | 0.0 | | 0.0 | 1 | 1 | 0.0 | 1 | 0.0 | |
| | | 玉米场 | 0.0 | 0.0 | 0.0 | 0.0 | 0.0 | 0.0 | 0.0 | 0.0 | 0.0 | 0.0 | 1 | 0.0 | 0.0 | 0.0 | 0.0 | 0.0 | 0.0 | 1 | 1 | 0.0 | 1 | 0.0 | |
| | | 金世神农 | 0.0 | 0.0 | 0.0 | 0.0 | 0.0 | 0.0 | 0.0 | 0.0 | 0.0 | 0.0 | 1 | 0.0 | 0.0 | 0.0 | 0.0 | | 0.0 | 1 | 1 | 0.0 | 1 | 0.0 | |
| | | 中天大地 | 1.5 | 0.0 | 0.0 | 0.0 | 0.0 | 0.0 | 0.0 | 0.0 | 0.0 | 0.0 | 1 | 0.0 | 0.0 | 0.0 | 0.0 | 0.0 | 0.0 | 1 | 1 | 1.0 | 1 | 0.0 | 0.0 |
| | | 平均 | | | | | | | | | | | | | | | | | | | | | | | |

第十章 2023年天津市普通玉米品种区域试验总结

附表10-3 2023年天津市普通玉米品种区域试验产量产量性状汇总（春玉米）

| 序号 | 品种名称 | 试点名称 | 小区产量（千克） | | | 小区产量总和（千克） | 小区产量平均（千克） | 亩产（千克） | 比对照增减（%） | 位次 | 穗长（厘米） | 穗粗（厘米） | 穗行数 | 秃尖长（厘米） | 单穗粒重（干重）（克） | 百粒重（克） | 穗型 | 轴色 | 粒型 | 粒色 |
|---|---|---|---|---|---|---|---|---|---|---|---|---|---|---|---|---|---|---|---|---|
| | | | Ⅰ | Ⅱ | Ⅲ | | | | | | | | | | | | | | | |
| 1 | 郑单958（CK） | 蓟州 | 13.66 | 13.23 | 13.22 | 40.11 | 13.37 | 742.8 | — | 3 | 16.5 | 4.3 | 14.4 | 0.5 | 139.7 | 36.6 | 短筒型 | 白 | 半马齿 | 黄 |
| | | 宝坻 | 11.06 | 10.41 | 10.68 | 32.14 | 10.71 | 595.3 | — | 8 | 16.8 | 4.9 | 15.4 | 0.1 | 155.0 | 34.3 | 筒型 | 白 | 半马齿 | 黄 |
| | | 作物所 | 12.15 | 11.59 | 11.87 | 35.61 | 11.87 | 659.4 | — | 7 | 18.0 | 4.8 | 16.0 | 0.3 | 164.8 | 28.5 | | 白 | 半马齿 | 黄 |
| | | 保农仓 | 12.11 | 12.94 | 12.66 | 37.71 | 12.57 | 698.3 | — | 10 | 18.6 | 4.9 | 15.6 | 0.2 | 235.4 | 42.0 | 长筒型 | 白 | 半马齿 | 黄 |
| | | 玉米场 | 14.42 | 14.37 | 14.24 | 43.03 | 14.34 | 796.7 | — | 4 | 18.6 | 5.0 | 15.6 | 0.1 | 198.0 | 34.0 | | 白 | 马齿 | 黄 |
| | | 金世神农 | 12.43 | 12.91 | 13.55 | 38.89 | 12.96 | 720.0 | — | 7 | 19.3 | 4.8 | 16.2 | 1.3 | 195.0 | 29.1 | | 白 | 半马齿 | 黄 |
| | | 中天大地 | 8.69 | 7.67 | 6.71 | 23.06 | 7.69 | 427.1 | — | 7 | 18.2 | 5.1 | 16.0 | 0.2 | 108.8 | 29.2 | | 白 | 半马齿 | 黄 |
| | | 平均 | 12.07 | 11.87 | 11.85 | 35.79 | 11.93 | 662.79 | | | 18.00 | 4.83 | 15.60 | 0.39 | 170.96 | 33.38 | | | | |
| 2 | ZY819 | 蓟州 | 13.99 | 13.05 | 13.53 | 40.57 | 13.52 | 751.1 | 1.1 | 2 | 19.1 | 4.4 | 15.4 | 1.5 | 169.9 | 31.9 | 长筒型 | 红 | 半马齿 | 橙红 |
| | | 宝坻 | 10.92 | 11.46 | 11.70 | 34.08 | 11.36 | 631.0 | 6.0 | 6 | 18.6 | 4.6 | 15.4 | 0.7 | 161.6 | 31.0 | 筒型 | 粉 | 硬粒 | 黄 |
| | | 作物所 | 13.21 | 13.29 | 13.06 | 39.55 | 13.18 | 732.4 | 11.1 | 3 | 21.7 | 4.5 | 15.6 | 1.2 | 183.1 | 31.1 | | 粉 | 硬粒 | 黄 |
| | | 保农仓 | 13.11 | 12.56 | 13.29 | 38.96 | 12.99 | 721.5 | 3.3 | | 22.0 | 4.4 | 15.6 | 1.8 | 225.2 | 49.2 | 长筒型 | 红 | 半马齿 | 橙红 |
| | | 玉米场 | 13.84 | 13.88 | 13.98 | 41.70 | 13.90 | 772.2 | -3.1 | 6 | 22.0 | 4.4 | 16.0 | 1.5 | 232.7 | 32.6 | | 红 | 马齿 | 黄 |
| | | 金世神农 | 14.08 | 12.88 | 13.70 | 40.66 | 13.55 | 752.8 | 4.6 | 6 | 21.7 | 5.4 | 16.0 | 0.8 | 220.0 | 28.7 | | 粉 | 半马齿 | 黄 |
| | | 中天大地 | 8.81 | 8.87 | 8.16 | 25.84 | 8.61 | 478.6 | 12.1 | 1 | 23.3 | 4.5 | 16.0 | 0.6 | 120.8 | 29.0 | | 红 | 硬粒 | 黄 |
| | | 平均 | 12.57 | 12.28 | 12.49 | 37.34 | 12.44 | 691.38 | | | 21.20 | 4.62 | 15.71 | 1.16 | 187.61 | 33.35 | | | | |
| 3 | ZY706 | 蓟州 | 11.98 | 12.42 | 12.35 | 36.75 | 12.25 | 680.6 | -8.4 | 7 | 20.7 | 4.4 | 19.2 | 0.9 | 175.0 | 23.8 | 长筒型 | 红 | 半马齿 | 黄 |
| | | 宝坻 | 11.41 | 12.34 | 11.78 | 35.53 | 11.84 | 657.9 | 10.5 | 3 | 19.8 | 5.0 | 18.8 | 0.6 | 194.7 | 28.2 | 锥型 | 粉 | 半马齿 | 黄 |
| | | 作物所 | 11.31 | 13.99 | 13.31 | 38.61 | 12.87 | 714.9 | 8.4 | 4 | 22.5 | 5.0 | 19.5 | 0.3 | 178.7 | 25.7 | | 粉 | 半马齿 | 黄 |
| | | 保农仓 | 14.01 | 13.67 | 14.78 | 42.47 | 14.16 | 786.4 | 12.6 | | 20.2 | 4.8 | 20.0 | 1.4 | 230.4 | 39.5 | 长筒型 | 粉 | 马齿 | 黄 |
| | | 玉米场 | 15.66 | 15.41 | 15.52 | 46.59 | 15.53 | 862.5 | 8.3 | 1 | 21.6 | 4.9 | 20.0 | 1.9 | 218.8 | 28.0 | | 粉 | 马齿 | 黄 |
| | | 金世神农 | 13.77 | 14.58 | 13.14 | 41.49 | 13.83 | 768.3 | 6.7 | 5 | 22.0 | 4.9 | 18.2 | 0.0 | 238.0 | 29.6 | | 粉 | 半马齿 | 黄 |
| | | 中天大地 | 8.31 | 7.86 | 6.79 | 22.96 | 7.65 | 425.2 | -0.4 | 8 | 22.5 | 4.9 | 20.0 | 0.8 | 106.3 | 24.5 | | 红 | 半马齿 | 黄 |
| | | 平均 | 12.35 | 12.90 | 12.52 | 37.77 | 12.59 | 699.45 | | | 21.33 | 4.83 | 19.39 | 0.84 | 191.70 | 28.48 | | | | |

(续表)

| 序号 | 品种名称 | 试点名称 | 小区产量（千克）Ⅰ | Ⅱ | Ⅲ | 小区产量总和（千克） | 小区产量平均（千克） | 亩产（千克） | 比对照增减（%） | 位次 | 穗长（厘米） | 穗粗（厘米） | 穗行数 | 秃尖长（厘米） | 单穗粒重（干克） | 百粒重（克） | 穗型 | 轴色 | 粒型 | 粒色 |
|---|---|---|---|---|---|---|---|---|---|---|---|---|---|---|---|---|---|---|---|---|
| 4 | 郑单918 | 蓟州 | 13.12 | 13.34 | 14.17 | 40.63 | 13.54 | 752.2 | 1.3 | 1 | 17.5 | 4.6 | 15.2 | 0.5 | 186.3 | 38.3 | 短筒型 | 白 | 半马齿 | 黄 |
|  |  | 宝坻 | 11.54 | 11.17 | 11.63 | 34.35 | 11.45 | 636.1 | 6.9 | 5 | 18.5 | 5.0 | 16.0 | 0.3 | 176.4 | 28.1 | 筒型 | 白 | 半马齿 | 黄 |
|  |  | 作物所 | 13.30 | 14.37 | 15.03 | 42.69 | 14.23 | 790.6 | 19.9 | 2 | 20.5 | 5.1 | 17.2 | 0.1 | 197.7 | 33.9 | 长筒型 | 白 | 半马齿 | 黄 |
|  |  | 保农仓 | 13.31 | 14.27 | 13.32 | 40.90 | 13.63 | 757.5 | 8.5 |  | 18.8 | 4.8 | 15.6 | 0.4 | 234.8 | 48.9 |  | 白 | 半马齿 | 黄 |
|  |  | 玉米场 | 14.75 | 14.90 | 14.95 | 44.60 | 14.87 | 826.1 | 3.7 | 2 | 19.8 | 5.0 | 16.4 | 0.8 | 221.9 | 38.0 |  | 白 | 半马齿 | 黄 |
|  |  | 金世神农 | 12.42 | 11.62 | 10.92 | 34.96 | 11.65 | 647.2 | -10.1 | 10 | 22.5 | 5.2 | 16.8 | 1.0 | 205.0 | 27.1 |  | 白 | 半马齿 | 黄 |
|  |  | 中天大地 | 9.32 | 7.58 | 7.33 | 24.24 | 8.08 | 448.8 | 5.1 | 6 | 20.1 | 5.0 | 14.0 | 0.1 | 113.3 | 30.7 |  | 白 | 半马齿 | 黄 |
|  |  | 平均 | 12.54 | 12.46 | 12.48 | 37.48 | 12.49 | 694.07 |  |  | 19.67 | 4.96 | 15.89 | 0.46 | 190.76 | 35.00 |  |  |  |  |
| 5 | 冀玉805 | 蓟州 | 9.73 | 8.90 | 9.44 | 28.07 | 9.36 | 520.0 | -30.0 | 11 | 16.0 | 4.1 | 18.4 | 1.0 | 110.9 | 20.4 | 短筒型 | 红 | 半马齿 | 黄 |
|  |  | 宝坻 | 9.52 | 10.51 | 9.02 | 29.05 | 9.68 | 538.0 | -9.6 | 10 | 17.8 | 4.8 | 18.8 | 0.6 | 160.9 | 36.1 | 筒型 | 粉 | 半马齿 | 黄 |
|  |  | 作物所 | 10.30 | 10.76 | 10.58 | 31.64 | 10.55 | 586.0 | -11.1 | 10 | 20.4 | 4.9 | 20.0 | 0.8 | 146.5 | 22.3 |  | 粉 | 半马齿 | 黄 |
|  |  | 保农仓 | 13.51 | 13.29 | 12.59 | 39.39 | 13.13 | 729.5 | 4.5 |  | 20.8 | 4.7 | 18.4 | 0.4 | 220.1 | 40.9 | 长筒型 | 红 | 马齿 | 黄 |
|  |  | 玉米场 | 12.88 | 12.92 | 12.93 | 38.73 | 12.91 | 717.2 | -10.0 | 11 | 19.4 | 4.6 | 20.8 | 0.5 | 172.6 | 36.8 |  | 红 | 半马齿 | 黄 |
|  |  | 金世神农 | 14.04 | 15.26 | 13.65 | 42.95 | 14.32 | 795.6 | 10.5 | 4 | 20.1 | 5.7 | 20.2 | 0.1 | 245.0 | 26.3 |  | 红 | 半马齿 | 黄 |
|  |  | 中天大地 | 8.60 | 8.72 | 8.00 | 25.32 | 8.44 | 468.9 | 9.8 | 2 | 20.1 | 4.7 | 20.0 | 0.2 | 121.7 | 22.8 |  | 白 | 半马齿 | 黄 |
|  |  | 平均 | 11.23 | 11.48 | 10.89 | 33.59 | 11.20 | 622.17 |  |  | 19.23 | 4.78 | 19.51 | 0.51 | 168.25 | 29.37 |  |  |  |  |
| 6 | 金奥74 | 蓟州 | 13.62 | 13.23 | 13.07 | 39.92 | 13.31 | 739.4 | -0.5 | 4 | 18.6 | 4.8 | 16.8 | 1.0 | 176.2 | 35.4 | 长筒型 | 红 | 半马齿 | 黄 |
|  |  | 宝坻 | 11.42 | 11.35 | 11.63 | 34.40 | 11.47 | 637.1 | 7.0 | 4 | 22.0 | 5.1 | 15.8 | 0.3 | 159.6 | 34.7 | 锥型 | 红 | 半马齿 | 黄 |
|  |  | 作物所 | 10.41 | 10.79 | 12.51 | 33.71 | 11.24 | 624.3 | -5.3 | 8 | 21.0 | 4.7 | 17.0 | 0.4 | 156.1 | 23.7 |  | 红 | 半马齿 | 黄 |
|  |  | 保农仓 | 12.60 | 12.92 | 13.32 | 38.84 | 12.95 | 719.2 | 3.0 |  | 19.4 | 4.6 | 15.2 | 0.6 | 215.5 | 44.8 | 长筒型 | 红 | 半马齿 | 黄 |
|  |  | 玉米场 | 14.67 | 14.85 | 14.75 | 44.27 | 14.76 | 820.0 | 2.9 | 3 | 21.0 | 5.0 | 16.0 | 0.9 | 222.5 | 37.0 |  | 红 | 半马齿 | 黄 |
|  |  | 金世神农 | 13.97 | 14.71 | 15.18 | 43.86 | 14.62 | 812.2 | 12.8 | 2 | 19.0 | 5.2 | 18.4 | 2.4 | 185.0 | 24.4 |  | 红 | 马齿 | 黄 |
|  |  | 中天大地 | 8.41 | 8.59 | 7.88 | 24.87 | 8.29 | 460.6 | 7.8 | 3 | 21.7 | 4.5 | 16.0 | 0.4 | 118.4 | 28.8 |  | 红 | 半马齿 | 黄 |
|  |  | 平均 | 12.16 | 12.35 | 12.62 | 37.13 | 12.38 | 687.54 |  |  | 20.39 | 4.84 | 16.46 | 0.86 | 176.19 | 32.68 |  |  |  |  |

（续表）

| 序号 | 品种名称 | 试点名称 | 小区产量（千克） I | 小区产量（千克） II | 小区产量（千克） III | 小区产量总和（千克） | 小区产量平均（千克） | 亩产（千克） | 比对照增减（%） | 位次 | 穗长（厘米） | 穗粗（厘米） | 穗行数 | 秃尖长（厘米） | 单穗粒重（千克） | 百粒重（克） | 穗型 | 轴色 | 粒型 | 粒色 |
|---|---|---|---|---|---|---|---|---|---|---|---|---|---|---|---|---|---|---|---|---|
| 7 | 唐白一号 | 蓟州 | 10.98 | 11.16 | 10.26 | 32.40 | 10.80 | 600.0 | -19.2 | 9 | 18.7 | 4.2 | 15.2 | 1.2 | 134.2 | 28.9 | 长筒型 | 白 | 半马齿 | 黄白 |
|  |  | 宝坻 | 9.22 | 10.96 | 10.08 | 30.26 | 10.09 | 560.4 | -5.9 | 9 | 20.0 | 4.7 | 14.9 | 0.4 | 135.1 | 28.3 | 锥型 | 白 | 半马齿 | 白 |
|  |  | 作物所 | 8.64 | 10.23 | 9.54 | 28.41 | 9.47 | 526.0 | -20.2 | 11 | 21.2 | 4.6 | 16.0 | 1.0 | 131.5 | 26.6 |  | 白 | 硬粒 | 白 |
|  |  | 保农仓 | 11.28 | 10.95 | 11.92 | 34.15 | 11.38 | 632.5 | -9.4 | 9 | 21.6 | 4.4 | 15.2 | 0.8 | 184.6 | 44.2 | 长筒型 | 白 | 半马齿 | 白 |
|  |  | 玉米场 | 13.11 | 13.09 | 13.02 | 39.22 | 13.07 | 726.1 | -8.9 | 11 | 22.9 | 4.8 | 14.0 | 0.3 | 182.9 | 31.1 |  | 白 | 半马齿 | 白 |
|  |  | 金世神农 | 11.24 | 11.76 | 10.57 | 33.57 | 11.19 | 621.7 | -13.7 | 5 | 22.4 | 4.9 | 16.4 | 0.1 | 170.0 | 23.6 |  | 白 | 马齿 | 白 |
|  |  | 中天大地 | 7.64 | 8.66 | 7.96 | 24.27 | 8.09 | 449.4 | 5.2 |  | 21.9 | 4.7 | 16.0 | 0.4 | 112.9 | 23.3 |  | 白 | 硬粒 | 黄 |
|  |  | 平均 | 10.30 | 10.97 | 10.48 | 31.75 | 10.58 | 588.02 |  |  | 21.24 | 4.61 | 15.39 | 0.60 | 150.17 | 29.43 |  |  |  |  |
| 8 | 先耕303 | 蓟州 | 12.86 | 13.34 | 12.84 | 39.04 | 13.01 | 722.8 | -2.7 | 6 | 16.8 | 4.7 | 15.8 | 0.8 | 181.3 | 32.5 | 短筒型 | 红 | 半马齿 | 黄 |
|  |  | 宝坻 | 12.58 | 11.43 | 12.08 | 36.09 | 12.03 | 668.3 | 12.3 | 2 | 18.2 | 5.1 | 17.0 | 0.3 | 166.8 | 33.5 | 筒型 | 红 | 马齿 | 黄 |
|  |  | 作物所 | 11.85 | 12.28 | 13.05 | 37.18 | 12.39 | 688.5 | 4.4 | 6 | 19.0 | 4.8 | 16.5 | 0.3 | 172.1 | 31.0 |  | 粉 | 半马齿 | 黄 |
|  |  | 保农仓 | 13.84 | 14.43 | 13.61 | 41.88 | 13.96 | 775.6 | 11.1 |  | 18.6 | 4.7 | 17.6 | 0.0 | 230.2 | 40.0 | 长筒型 | 红 | 半马齿 | 黄 |
|  |  | 玉米场 | 14.24 | 14.18 | 14.24 | 42.66 | 14.22 | 790.0 | -0.8 | 5 | 18.2 | 4.8 | 16.8 | 1.2 | 202.5 | 34.8 |  | 红 | 马齿 | 黄 |
|  |  | 金世神农 | 12.22 | 12.64 | 12.68 | 37.54 | 12.51 | 695.0 | -3.5 | 8 | 21.2 | 5.3 | 16.0 | 0.5 | 246.0 | 33.9 |  | 粉 | 半马齿 | 黄 |
|  |  | 中天大地 | 8.36 | 7.06 | 6.70 | 22.12 | 7.37 | 409.6 | -4.1 | 9 | 16.4 | 4.8 | 18.0 | 0.2 | 103.8 | 26.5 |  | 红 | 半马齿 | 黄 |
|  |  | 平均 | 12.28 | 12.19 | 12.17 | 36.64 | 12.21 | 678.53 |  |  | 18.34 | 4.88 | 16.81 | 0.47 | 186.11 | 33.16 |  |  |  |  |
| 9 | 润玉131 | 蓟州 | 10.70 | 11.32 | 10.21 | 32.23 | 10.74 | 596.7 | -19.7 | 10 | 14.0 | 4.8 | 17.8 | 1.6 | 124.2 | 27.9 | 短筒型 | 白 | 半马齿 | 黄 |
|  |  | 宝坻 | 11.25 | 11.18 | 11.34 | 33.77 | 11.26 | 625.3 | 5.1 | 7 | 17.1 | 4.7 | 18.4 | 0.5 | 192.9 | 30.8 | 锥型 | 白 | 马齿 | 黄 |
|  |  | 作物所 | 10.18 | 11.07 | 10.64 | 31.88 | 10.63 | 590.5 | -10.5 | 9 | 17.0 | 5.4 | 21.0 | 0.4 | 147.6 | 23.3 |  | 白 | 半马齿 | 黄 |
|  |  | 保农仓 | 12.85 | 12.24 | 13.03 | 38.11 | 12.70 | 705.8 | 1.1 |  | 17.0 | 5.3 | 18.4 | 0.8 | 201.3 | 38.4 | 短筒型 | 白 | 马齿 | 黄 |
|  |  | 玉米场 | 13.01 | 13.05 | 13.07 | 39.13 | 13.04 | 724.5 | -9.1 | 10 | 17.2 | 5.2 | 19.6 | 1.6 | 209.3 | 31.0 |  | 白 | 半马齿 | 黄 |
|  |  | 金世神农 | 14.36 | 15.17 | 13.82 | 43.35 | 14.45 | 802.8 | 11.5 | 3 | 17.5 | 5.6 | 20.2 | 0.4 | 224.0 | 27.1 |  | 白 | 马齿 | 黄 |
|  |  | 中天大地 | 8.36 | 7.71 | 5.95 | 22.02 | 7.34 | 407.8 | -4.5 | 10 | 19.1 | 5.4 | 18.0 | 0.5 | 107.9 | 28.2 |  | 白 | 半马齿 | 黄 |
|  |  | 平均 | 11.53 | 11.68 | 11.15 | 34.36 | 11.45 | 636.20 |  |  | 16.99 | 5.20 | 19.06 | 0.83 | 172.46 | 29.53 |  |  |  |  |

(续表)

| 序号 | 品种名称 | 试点名称 | 小区产量（千克） I | II | III | 小区产量总和（千克） | 小区产量平均（千克） | 亩产（千克） | 比对照增减（%） | 位次 | 穗长（厘米） | 穗粗（厘米） | 穗行数 | 秃尖长（厘米） | 单穗粒重（千重）（克） | 百粒重（克） | 穗型 | 轴色 | 粒型 | 粒色 |
|---|---|---|---|---|---|---|---|---|---|---|---|---|---|---|---|---|---|---|---|---|
| 10 | 兴茂玉228 | 蓟州 | 11.58 | 11.24 | 10.82 | 33.64 | 11.21 | 622.8 | -16.2 | 8 | 16.9 | 5.1 | 19.4 | 1.0 | 175.3 | 32.4 | 短筒型 | 红 | 半马齿 | 黄 |
|  |  | 宝坻 | 9.91 | 9.23 | 9.15 | 28.29 | 9.43 | 523.8 | -12.0 | 11 | 19.0 | 5.7 | 20.8 | 1.2 | 184.2 | 32.7 | 筒型 | 粉 | 半马齿 | 黄 |
|  |  | 作物所 | 15.56 | 13.48 | 14.56 | 43.61 | 14.54 | 807.6 | 22.5 | 1 | 21.4 | 5.6 | 22.5 | 2.0 | 201.9 | 31.5 |  | 红 | 半马齿 | 黄 |
|  |  | 保农仓 | 13.79 | 13.96 | 14.82 | 42.57 | 14.19 | 788.3 | 12.9 |  | 20.2 | 5.5 | 20.8 | 1.4 | 255.9 | 47.5 | 长筒型 | 红 | 半马齿 | 黄 |
|  |  | 玉米场 | 13.11 | 13.20 | 13.26 | 39.57 | 13.19 | 732.8 | -8.0 | 8 | 18.4 | 5.2 | 22.8 | 1.9 | 204.0 | 28.9 |  | 红 | 齿 | 黄 |
|  |  | 金世神农 | 11.65 | 12.89 | 12.36 | 36.90 | 12.30 | 683.3 | -5.1 | 9 | 20.0 | 5.4 | 22.0 | 0.6 | 260.0 | 23.2 |  | 粉 | 马齿 | 黄 |
|  |  | 中天大地 | 6.03 | 6.96 | 6.58 | 19.57 | 6.52 | 362.4 | -15.2 | 11 | 21.2 | 5.8 | 22.0 | 0.3 | 135.9 | 30.6 |  | 红 | 半马齿 | 黄 |
|  |  | 平均 | 11.66 | 11.57 | 11.65 | 34.88 | 11.63 | 645.85 |  |  | 19.59 | 5.47 | 21.47 | 1.20 | 202.45 | 32.40 |  |  |  |  |
| 11 | 玖河玉1号 | 蓟州 | 12.73 | 13.32 | 13.01 | 39.06 | 13.02 | 723.3 | -2.6 | 5 | 17.8 | 4.8 | 18.4 | 2.9 | 159.3 | 32.8 | 短筒型 | 红 | 半马齿 | 黄 |
|  |  | 宝坻 | 12.63 | 12.73 | 12.61 | 37.96 | 12.65 | 703.0 | 18.1 | 1 | 18.7 | 5.1 | 18.2 | 1.4 | 181.0 | 24.3 | 锥型 | 粉 | 半马齿 | 黄 |
|  |  | 作物所 | 12.43 | 11.75 | 13.02 | 37.20 | 12.40 | 689.0 | 4.5 | 5 | 21.1 | 4.9 | 19.0 | 1.4 | 172.2 | 24.3 |  | 粉 | 半马齿 | 黄 |
|  |  | 保农仓 | 13.31 | 12.82 | 12.34 | 38.46 | 12.82 | 712.3 | 2.0 |  | 19.6 | 4.6 | 17.6 | 2.0 | 207.9 | 44.9 | 长筒型 | 粉 | 半马齿 | 黄 |
|  |  | 玉米场 | 13.59 | 13.38 | 13.38 | 40.35 | 13.45 | 747.2 | -6.2 | 7 | 21.4 | 5.2 | 18.0 | 3.3 | 223.1 | 31.9 |  | 粉 | 马齿 | 黄 |
|  |  | 金世神农 | 15.24 | 14.92 | 14.23 | 44.39 | 14.80 | 822.2 | 14.2 | 1 | 23.4 | 5.6 | 18.6 | 2.1 | 265.0 | 33.2 |  | 粉 | 马齿 | 黄 |
|  |  | 中天大地 | 8.61 | 8.31 | 7.58 | 24.50 | 8.17 | 453.7 | 6.2 | 4 | 22.0 | 5.0 | 16.0 | 0.4 | 116.7 | 26.0 |  | 红 | 半马齿 | 黄 |
|  |  | 平均 | 12.65 | 12.46 | 12.31 | 37.42 | 12.47 | 692.95 |  |  | 20.57 | 5.02 | 17.97 | 1.93 | 189.32 | 31.05 |  |  |  |  |

第十章　2023年天津市普通玉米品种区域试验总结

附表10-4　2023年天津市普通玉米品种区域试验参试品种田间性状汇总（夏玉米）

| 序号 | 品种名称 | 试点名称 | 出苗期（月/日） | 抽雄期（月/日） | 吐丝期（月/日） | 成熟期（月/日） | 生育期天数（天） | 比对照增减天数（天） | 收获时籽粒含水量（%） | 花丝色 | 花药色 | 整齐度 | 株高（厘米） | 穗位高（厘米） | 株型 | 出苗率（%） |
|---|---|---|---|---|---|---|---|---|---|---|---|---|---|---|---|---|
| 1 | 京单58（CK） | 蓟州 | 6/23 | 8/6 | 8/10 | 10/8 | 108 | — | 29.6 | 浅紫 | 浅紫 | 较整齐 | 256.0 | 115.0 | 半紧凑 | 96.3 |
|  |  | 宝坻 | 6/23 | 8/9 | 8/11 | 10/14 | 113 | — | 21.3 | 粉 | 浅紫 | 整齐 | 262.0 | 108.0 | 紧凑 | 100.0 |
|  |  | 作农所 | 6/27 | 8/12 | 8/16 | 10/4 | 99 | — | 29.2 | 浅紫 | 浅紫 | 整齐 | 232.0 | 96.0 | 紧凑 | 100.0 |
|  |  | 保农仓 | 7/3 | 8/19 | 8/20 | 10/16 | 105 | — | 30.8 | 浅紫 | 绿 | 整齐 | 218.0 | 76.0 | 半紧凑 | 100.0 |
|  |  | 玉米场 | 6/26 | 8/11 | 8/14 | 10/8 | 104 | — | 18.8 | 浅紫 | 浅紫 | 整齐 | 212.5 | 85.3 | 紧凑 | 100.0 |
|  |  | 金世神农 | 6/16 | 8/3 | 8/5 | 9/30 | 106 | — | 24.0 | 浅绿 | 绿 | 整齐 | 252.0 | 101.0 | 半紧凑 | 100.0 |
|  |  | 中天大地 | 6/25 | 8/13 | 8/15 | 10/13 | 110 | — | 30.3 | 浅紫 | 浅紫 | 整齐 | 252.0 | 104.0 | 半紧凑 | 100.0 |
|  |  | 平均 |  |  |  |  |  |  |  |  |  |  |  |  |  |  |
| 2 | 固玉1号 | 蓟州 | 6/23 | 8/1 | 8/5 | 10/1 | 101 | -7 | 25.7 | 浅紫 | 浅紫 | 较整齐 | 231.0 | 80.0 | 半紧凑 | 100.0 |
|  |  | 宝坻 | 6/23 | 8/2 | 8/5 | 10/8 | 107 | -5 | 13.0 | 浅绿 | 绿 | 整齐 | 222.0 | 72.0 | 半紧凑 | 100.0 |
|  |  | 作农所 | 6/27 | 8/7 | 8/9 | 9/28 | 93 | -6 | 24.8 | 浅紫 | 浅紫 | 整齐 | 232.0 | 90.0 | 半紧凑 | 100.0 |
|  |  | 保农仓 | 7/3 | 8/18 | 8/19 | 10/4 | 93 | -12 | 25.7 | 浅绿 | 绿 | 整齐 | 184.0 | 60.0 | 紧凑 | 100.0 |
|  |  | 玉米场 | 6/26 | 8/5 | 8/7 | 10/3 | 99 | -5 | 12.2 | 绿 | 浅紫 | 整齐 | 221.2 | 82.5 | 半紧凑 | 100.0 |
|  |  | 金世神农 | 6/16 | 8/1 | 8/3 | 9/24 | 100 | -6 | 20.9 | 紫 | 浅紫 | 整齐 | 226.0 | 86.0 | 半紧凑 | 100.0 |
|  |  | 中天大地 | 6/25 | 8/9 | 8/10 | 10/10 | 107 | -3 | 25.9 | 浅绿 | 浅紫 | 整齐 | 210.0 | 72.0 | 半紧凑 | 100.0 |
|  |  | 平均 |  |  |  |  |  |  |  |  |  |  |  |  |  |  |
| 3 | 莱科868 | 蓟州 | 6/23 | 8/6 | 8/9 | 10/6 | 106 | -2 | 30.1 | 浅紫 | 紫 | 较整齐 | 248.0 | 84.0 | 半紧凑 | 96.3 |
|  |  | 宝坻 | 6/23 | 8/7 | 8/11 | 10/13 | 112 | -1 | 21.1 | 紫红 | 紫 | 整齐 | 245.0 | 78.0 | 半紧凑 | 100.0 |
|  |  | 作农所 | 6/27 | 8/11 | 8/14 | 10/8 | 103 | 4 | 35.8 | 紫 | 紫 | 整齐 | 231.0 | 79.0 | 半紧凑 | 100.0 |
|  |  | 保农仓 | 7/3 | 8/18 | 8/20 | 10/6 | 95 | -10 | 34.4 | 紫 | 紫 | 整齐 | 217.0 | 66.0 | 半紧凑 | 100.0 |
|  |  | 玉米场 | 6/26 | 8/10 | 8/13 | 10/7 | 103 | -1 | 20.7 | 深紫 | 深紫 | 整齐 | 235.5 | 78.0 | 紧凑 | 100.0 |
|  |  | 金世神农 | 6/15 | 8/2 | 8/5 | 9/28 | 104 | -2 | 23.5 | 紫 | 绿 | 整齐 | 223.0 | 93.0 | 半紧凑 | 100.0 |
|  |  | 中天大地 | 6/25 | 8/11 | 8/13 | 10/13 | 110 | 0 | 33.4 | 紫红 | 深紫 | 整齐 | 230.0 | 84.0 | 紧凑 | 100.0 |
|  |  | 平均 |  |  |  |  |  |  |  |  |  |  |  |  |  |  |

(续表)

| 序号 | 品种名称 | 试点名称 | 出苗期(月/日) | 抽雄期(月/日) | 吐丝期(月/日) | 成熟期(月/日) | 生育期天数(天) | 比对照增减天数(天) | 收获时籽粒含水量(%) | 花丝色 | 花药色 | 整齐度 | 株高(厘米) | 穗位高(厘米) | 株型 | 出苗率(%) |
|---|---|---|---|---|---|---|---|---|---|---|---|---|---|---|---|---|
| 4 | 禽玉320 | 蓟州 | 6/23 | 8/5 | 8/8 | 9/29 | 100 | -8 | 27.8 | 浅紫 | 浅紫 | 整齐 | 273.0 | 82.0 | 半紧凑 | 97.0 |
| | | 宝坻 | 6/23 | 8/8 | 8/11 | 10/12 | 111 | -2 | 15.2 | 浅绿 | 绿 | 整齐 | 308.0 | 98.0 | 半紧凑 | 100.0 |
| | | 作物所 | 6/27 | 8/12 | 8/14 | 10/4 | 99 | 0 | 28.1 | 浅紫 | 紫 | 整齐 | 296.0 | 108.0 | 半紧凑 | 100.0 |
| | | 保农仓 | 7/3 | 8/20 | 8/23 | 10/9 | 98 | -7 | 33.8 | 绿 | 浅紫 | 整齐 | 255.0 | 81.0 | 半紧凑 | 100.0 |
| | | 玉米场 | 6/26 | 8/12 | 8/14 | 10/6 | 102 | -2 | 15.7 | 绿 | 浅紫 | 整齐 | 290.3 | 81.1 | 半紧凑 | 100.0 |
| | | 金世神农 | 6/15 | 8/3 | 8/6 | 10/3 | 109 | -3 | 24.1 | 浅绿 | 绿 | 整齐 | 264.0 | 87.0 | 半紧凑 | 100.0 |
| | | 中天大地 | 6/25 | 8/15 | 8/17 | 10/14 | 111 | 1 | 30.2 | 浅紫 | 浅紫 | 整齐 | 280.0 | 87.0 | 半紧凑 | 100.0 |
| | | 平均 | | | | | | | | | | | | | | |
| 5 | 玖河玉2号 | 蓟州 | 6/23 | 8/9 | 8/11 | 10/6 | 106 | -2 | 27.8 | 浅紫 | 浅紫 | 整齐 | 287.0 | 96.0 | 半紧凑 | 97.8 |
| | | 宝坻 | 6/23 | 8/9 | 8/12 | 10/13 | 112 | -1 | 17.3 | 紫红 | 绿 | 整齐 | 306.0 | 105.0 | 半紧凑 | 100.0 |
| | | 作物所 | 6/27 | 8/13 | 8/16 | 1/10 | 102 | 3 | 30.7 | 浅紫 | 浅紫 | 整齐 | 290.0 | 97.0 | 半紧凑 | 100.0 |
| | | 保农仓 | 7/3 | 8/21 | 8/25 | 10/18 | 107 | 2 | 33.7 | 紫 | 绿 | 整齐 | 263.0 | 88.0 | 半紧凑 | 100.0 |
| | | 玉米场 | 6/26 | 8/15 | 8/17 | 10/8 | 104 | 0 | 18.2 | 浅紫 | 浅紫 | 整齐 | 268.0 | 82.0 | 半紧凑 | 100.0 |
| | | 金世神农 | 6/16 | 8/3 | 8/5 | 10/6 | 112 | 6 | 24.0 | 浅紫 | 绿 | 整齐 | 276.0 | 99.0 | 半紧凑 | 100.0 |
| | | 中天大地 | 6/25 | 8/18 | 8/20 | 10/14 | 111 | 1 | 34.1 | 紫红 | 浅紫 | 整齐 | 271.0 | 93.0 | 半紧凑 | 100.0 |
| | | 平均 | | | | | | | | | | | | | | |

# 第十章 2023年天津市普通玉米品种区域试验总结

附表10-5 2023年天津市普通玉米品种区域试验参试品种田间抗性汇总（夏玉米）

| 序号 | 品种名称 | 试点名称 | 空秆率（%） | | | 倒伏率（%） | | | 倒折率（%） | | | 倒伏倒折率之和（%） | 小斑病级（级） | 茎腐病（%） | | | 茎腐病平均（%） | 穗腐病（%） | 丝黑穗病（%） | 南方锈病级（级） | 弯孢叶斑病级（级） | 瘤黑粉病（%） | 纹枯病级（级） | 粗缩病（%） |
|---|---|---|---|---|---|---|---|---|---|---|---|---|---|---|---|---|---|---|---|---|---|---|---|---|
| | | | I | II | III | I | II | III | I | II | III | | | I | II | III | | | | | | | | |
| 1 | 京单58 | 蓟州 | 0.0 | 0.0 | 0.0 | 0.0 | 0.0 | 0.0 | 0.0 | 0.0 | 0.0 | 0.0 | 1 | 0.0 | 0.0 | 0.0 | 0.0 | 0.0 | 0.0 | 7 | 7 | 0.0 | 1 | 0.0 |
| | | 宝坻 | 1.4 | 1.2 | 6.1 | 0.0 | 0.0 | 0.0 | 0.0 | 0.0 | 0.0 | | 3 | 0.0 | 0.0 | 0.0 | 0.0 | | 0.0 | 1 | 3 | 0.0 | 1 | 0.0 |
| | | 作物所 | 0.0 | 0.0 | 1.5 | 3.0 | 0.0 | 0.0 | 0.0 | 0.0 | 0.0 | 0.0 | 1 | 13.3 | 14.8 | 18.5 | | | 0.0 | 9 | 3 | 0.5 | 1 | 0.5 |
| | | 保农仓 | | | | | | | | | | | 1 | | | | | 0.0 | 0.0 | 7 | 1 | 0.0 | 1 | 0.0 |
| | | 玉米场 | 0.0 | 0.0 | 0.0 | 0.0 | 0.0 | 0.0 | 0.0 | 0.0 | 0.0 | 0.0 | | 0.0 | 0.0 | 0.0 | 0.0 | | | | | | | |
| | | 金世神农 | 0.0 | 0.0 | 0.0 | 0.0 | 0.0 | 0.0 | 0.0 | 0.0 | 0.0 | 0.0 | 1 | 0.0 | 0.0 | 0.0 | 0.0 | | 0.0 | 1 | 1 | 1.0 | 1 | 0.0 |
| | | 中天大地 | 1.0 | 1.0 | 1.0 | 0.0 | 0.0 | 0.0 | 0.0 | 0.0 | 0.0 | 0.0 | 1 | 0.0 | 0.0 | 0.0 | 0.0 | | 0.0 | 3 | 1 | 0.0 | 1 | 0.0 |
| | | 平均 | | | | | | | | | | | | | | | | | | | | | | |
| 2 | 囤玉1号 | 蓟州 | 0.0 | 0.0 | 0.0 | 44.4 | 69.6 | 70.3 | 0.0 | 0.0 | 0.0 | 184.3 | 1 | 0.0 | 0.0 | 0.0 | 0.0 | 0.0 | 0.0 | 7 | 1 | 0.0 | 1 | 0.0 |
| | | 宝坻 | 11.5 | 1.2 | 0.0 | 0.0 | 0.0 | 0.0 | 0.0 | 0.0 | 0.0 | 0.0 | 1 | 0.0 | 0.0 | 0.0 | 0.0 | | 0.0 | 3 | 1 | 0.0 | 1 | 0.5 |
| | | 作物所 | 1.5 | 0.0 | 0.0 | 0.0 | 0.0 | 0.0 | 0.0 | 0.0 | 0.0 | 0.0 | 1 | 11.1 | 18.5 | 14.8 | | 1.0 | 0.0 | 5 | 1 | 0.0 | 1 | 0.0 |
| | | 保农仓 | | | | | | | | | | | 1 | | | | | 0.0 | 0.0 | 9 | 1 | 0.0 | 1 | 0.0 |
| | | 玉米场 | 0.0 | 0.0 | 0.0 | 0.0 | 0.0 | 0.0 | 0.0 | 0.0 | 0.0 | 0.0 | | 0.0 | 0.0 | 0.0 | 0.0 | | | | | | | |
| | | 金世神农 | 0.0 | 0.0 | 0.0 | 0.0 | 0.0 | 0.0 | 0.0 | 0.0 | 0.0 | 0.0 | 1 | 0.0 | 0.0 | 0.0 | 0.0 | | 0.0 | 1 | 1 | 0.0 | 1 | 0.0 |
| | | 中天大地 | 1.0 | 1.0 | 1.0 | 0.0 | 0.0 | 0.0 | 0.0 | 0.0 | 0.0 | 0.0 | 1 | 3.7 | 3.0 | 4.4 | | 0.0 | 0.0 | 3 | 1 | 1.0 | 1 | 0.0 |
| | | 平均 | | | | | | | | | | | | | | | | | | | | | | |
| 3 | 莱科868 | 蓟州 | 0.0 | 0.0 | 0.0 | 20.0 | 29.6 | 10.4 | 0.0 | 0.0 | 0.0 | 60.0 | 1 | 0.0 | 0.0 | 0.0 | 0.0 | 0.0 | 0.0 | 3 | 1 | 0.0 | 1 | 0.0 |
| | | 宝坻 | 4.2 | 25.4 | 3.7 | 0.0 | 0.0 | 0.0 | 0.0 | 0.0 | 0.0 | 0.0 | 1 | 0.0 | 0.0 | 0.0 | 0.0 | | 0.0 | 1 | 1 | 0.0 | 1 | 1.2 |
| | | 作物所 | 0.7 | 2.2 | 1.5 | 3.7 | 5.9 | 6.7 | 2.2 | 3.0 | 2.2 | | 1 | 0.0 | 0.0 | 0.0 | | 1.0 | 0.0 | 7 | 1 | 0.0 | 1 | 0.0 |
| | | 保农仓 | | | | | | | | | | | 1 | | | | | 0.0 | 0.0 | | | | | |
| | | 玉米场 | 0.0 | 0.0 | 0.0 | 0.0 | 0.0 | 0.0 | 0.0 | 0.0 | 0.0 | 0.0 | | 0.0 | 0.0 | 0.0 | 0.0 | | | | | | | |
| | | 金世神农 | 0.0 | 0.0 | 0.0 | 0.0 | 0.0 | 0.0 | 0.0 | 0.0 | 0.0 | 0.0 | 1 | 0.0 | 0.0 | 0.0 | 0.0 | | 0.0 | 1 | 1 | 0.0 | 1 | 0.0 |
| | | 中天大地 | 1.0 | 1.0 | 1.0 | 0.0 | 0.0 | 0.0 | 0.0 | 0.0 | 0.0 | 0.0 | 1 | 0.0 | 0.0 | 0.0 | 0.0 | | 0.0 | 1 | 1 | 1.0 | 1 | 0.0 |
| | | 平均 | | | | | | | | | | | | | | | | | | | | | | |

(续表)

| 序号 | 品种名称 | 试点名称 | 空秆率（%） | | | 倒伏率（%） | | | 倒折率（%） | | | 倒伏倒折率之和（%） | 小斑病级（级） | 茎腐病（%） | | | 茎腐病平均（%） | 穗腐病（%） | 丝黑穗病（%） | 南方锈病级（级） | 弯孢叶斑病级（级） | 瘤黑粉病（%） | 纹枯病级（级） | 粗缩病（%） |
|---|---|---|---|---|---|---|---|---|---|---|---|---|---|---|---|---|---|---|---|---|---|---|---|---|
| | | | Ⅰ | Ⅱ | Ⅲ | Ⅰ | Ⅱ | Ⅲ | Ⅰ | Ⅱ | Ⅲ | | | Ⅰ | Ⅱ | Ⅲ | | | | | | | | |
| 4 | 翕玉320 | 蓟州 | 0.0 | 0.0 | 0.0 | 20.0 | 49.6 | 59.3 | 0.0 | 0.0 | 0.0 | 128.9 | 1 | 0.0 | 0.0 | 0.0 | 0.0 | 0.0 | 0.0 | 5 | 1 | 0.0 | 1 | 0.0 |
| | | 宝坻 | 0.0 | 6.3 | 6.2 | 0.0 | 0.0 | 0.0 | 0.0 | 0.0 | 0.0 | 0.0 | 1 | 0.0 | 0.0 | 0.0 | 0.0 | | 0.0 | 3 | 1 | 0.0 | 1 | 0.0 |
| | | 作物所 | 0.0 | 0.0 | 0.0 | 0.0 | 0.0 | 0.0 | 0.0 | 0.0 | 0.0 | 0.0 | 1 | 3.7 | 7.4 | 18.5 | | 1.0 | 0.0 | 9 | 1 | 0.0 | 1 | 0.0 |
| | | 保农仓 | 0.0 | | | 0.0 | 0.0 | 0.0 | 0.0 | 0.0 | 0.0 | 0.0 | | | | | | 0.0 | 0.0 | 5 | 1 | 0.0 | 1 | 0.0 |
| | | 玉米场 | 0.0 | 0.0 | 0.0 | 0.0 | 0.0 | 0.0 | 0.0 | 0.0 | 0.0 | 0.0 | 1 | 0.0 | 0.0 | 0.0 | 0.0 | | 0.0 | 1 | 1 | 0.0 | 1 | 0.0 |
| | | 金世神农 | 0.0 | 0.0 | 0.0 | 0.0 | 0.0 | 0.0 | 0.0 | 0.0 | 0.0 | 0.0 | 1 | 1.5 | 3.0 | 1.5 | 0.0 | | 0.0 | 1 | 1 | 1.0 | 1 | 0.0 |
| | | 中天大地 | 1.0 | 1.0 | 1.0 | 0.0 | 0.0 | 0.0 | 0.0 | 0.0 | 0.0 | 0.0 | 1 | | | | | | | | | | | |
| | | 平均 | | | | | | | | | | | | | | | | | | | | | | |
| 5 | 玖河玉2号 | 蓟州 | 0.0 | 0.0 | 0.0 | 19.3 | 48.9 | 9.6 | 0.0 | 0.0 | 0.0 | 77.8 | 1 | 0.0 | 0.0 | 0.0 | 0.0 | 0.0 | 0.0 | 5 | 5 | 0.0 | 1 | 0.0 |
| | | 宝坻 | 18.6 | 8.9 | 10.6 | 0.0 | 0.0 | 0.0 | 0.0 | 0.0 | 0.0 | 0.0 | 1 | 0.0 | 0.0 | 0.0 | 0.0 | | 0.0 | 3 | 1 | 0.0 | 1 | 0.0 |
| | | 作物所 | 0.0 | 0.0 | 0.0 | 0.0 | 0.0 | 0.0 | 0.0 | 0.0 | 0.0 | 0.0 | 1 | 0.0 | 0.0 | 0.0 | 0.0 | 1.0 | 0.0 | 7 | 1 | 0.0 | 1 | 0.0 |
| | | 保农仓 | 0.0 | | | 0.0 | 0.0 | 0.0 | 0.0 | 0.0 | 0.0 | 0.0 | | | | | | 0.0 | 0.0 | 5 | 1 | 0.0 | 1 | 0.0 |
| | | 玉米场 | 0.0 | 0.0 | 0.0 | 0.0 | 0.0 | 0.0 | 0.0 | 0.0 | 0.0 | 0.0 | 1 | 0.0 | 0.0 | 0.0 | 0.0 | | 0.0 | 1 | 1 | 0.0 | 1 | 0.0 |
| | | 金世神农 | 0.0 | 0.0 | 0.0 | 0.0 | 0.0 | 0.0 | 0.0 | 0.0 | 0.0 | 0.0 | 1 | 1.5 | 3.0 | 0.7 | 0.0 | | 0.0 | 1 | 1 | 0.0 | 1 | 0.0 |
| | | 中天大地 | 1.0 | 1.0 | 1.0 | 0.0 | 0.0 | 0.0 | 0.0 | 0.0 | 0.0 | 0.0 | 1 | | | | | | | 3 | 1 | 1.0 | 1 | |
| | | 平均 | | | | | | | | | | | | | | | | | | | | | | |

第十章 2023年天津市普通玉米品种区域试验总结

附表10-6 2023年天津市普通玉米品种区域试验产量性状汇总（夏玉米）

| 序号 | 品种名称 | 试点名称 | 小区产量（千克）Ⅰ | Ⅱ | Ⅲ | 小区产量总和（千克） | 小区产量平均（千克） | 亩产（千克） | 比对照增减（%） | 位次 | 穗长（厘米） | 穗粗（厘米） | 穗行数 | 秃尖长（厘米） | 单穗粒重（千重）（克） | 百粒重（克） | 穗型 | 轴色 | 粒型 | 粒色 |
|---|---|---|---|---|---|---|---|---|---|---|---|---|---|---|---|---|---|---|---|---|
| 1 | 京单58（CK） | 蓟州 | 11.54 | 11.45 | 10.55 | 33.54 | 11.18 | 621.1 | — | 4 | 18.1 | 5.0 | 13.4 | 0.6 | 189.5 | 45.5 | 长筒型 | 白 | 半马齿 | 黄 |
| | | 宝坻 | 9.89 | 10.14 | 10.16 | 30.20 | 10.07 | 559.3 | — | 1 | 19.0 | 5.0 | 13.2 | 0.6 | 189.0 | 41.2 | 锥型 | 白 | 半马齿 | 黄 |
| | | 作物所 | 8.69 | 9.40 | 8.07 | 26.17 | 8.72 | 484.5 | — | 4 | 17.9 | 4.6 | 14.8 | 0.3 | 107.7 | 35.1 | | 白 | 半马齿 | 黄 |
| | | 保农仓 | | | | | | | | | 18.4 | 5.1 | 13.6 | 0.0 | 176.4 | 47.3 | 长筒型 | 白 | 半马齿 | 黄 |
| | | 玉米场 | 12.89 | 12.68 | 12.81 | 38.38 | 12.79 | 710.6 | — | 4 | 17.8 | 4.8 | 13.2 | 1.3 | 153.4 | 38.5 | | 白 | 硬粒 | 黄 |
| | | 金世神农 | 12.07 | 12.83 | 11.77 | 36.67 | 12.22 | 678.9 | — | 4 | 16.8 | 5.2 | 18.2 | 0.2 | 201.0 | 38.8 | | 白 | 半马齿 | 黄 |
| | | 中天大地 | 10.78 | 11.08 | 9.78 | 31.64 | 10.55 | 585.9 | — | 2 | 20.5 | 5.1 | 14.0 | 0.1 | 130.2 | 41.7 | 筒型 | 白 | 半马齿 | 黄 |
| | | 平均 | | | | | | 606.7 | | | | | | | | | | | | |
| 2 | 固玉1号 | 蓟州 | 9.83 | 9.34 | 9.13 | 28.30 | 9.43 | 523.9 | -15.6 | 5 | 16.8 | 4.4 | 16.6 | 2.0 | 143.5 | 32.1 | 短筒型 | 红 | 半马齿 | 黄 |
| | | 宝坻 | 7.10 | 7.17 | 7.65 | 21.92 | 7.31 | 406.0 | -27.4 | 5 | 17.3 | 4.4 | 15.6 | 2.0 | 125.3 | 31.7 | 筒型 | 红 | 半马齿 | 黄 |
| | | 作物所 | 7.82 | 8.54 | 9.02 | 25.38 | 8.46 | 470.0 | -3.0 | 5 | 14.9 | 4.3 | 16.4 | 1.0 | 104.5 | 24.0 | | 紫 | 半马齿 | 黄 |
| | | 保农仓 | | | | | | | | | 15.5 | 4.3 | 14.8 | 0.0 | 155.2 | 37.7 | 短筒型 | 红 | 马齿 | 黄 |
| | | 玉米场 | 12.35 | 12.31 | 12.22 | 36.88 | 12.29 | 682.8 | -3.9 | 5 | 15.4 | 4.6 | 16.8 | 1.5 | 142.2 | 32.3 | | 红 | 马齿 | 黄 |
| | | 金世神农 | 11.75 | 12.41 | 11.06 | 35.22 | 11.74 | 652.2 | -3.9 | 5 | 17.3 | 4.6 | 18.0 | 0.4 | 155.0 | 28.7 | | 红 | 半马齿 | 黄 |
| | | 中天大地 | 7.34 | 9.24 | 8.03 | 24.60 | 8.20 | 455.6 | -22.2 | 5 | 16.9 | 4.9 | 18.0 | 0.0 | 102.1 | 27.6 | 筒型 | 红 | 半马齿 | 黄 |
| | | 平均 | | | | | | 531.7 | | | | | | | | | | | | |
| 3 | 莱科868 | 蓟州 | 11.70 | 11.63 | 11.91 | 35.24 | 11.75 | 652.8 | 5.1 | 1 | 16.9 | 5.1 | 16.4 | 1.4 | 181.8 | 38.9 | 短筒型 | 红 | 半马齿 | 橙红 |
| | | 宝坻 | 10.23 | 9.35 | 10.33 | 29.91 | 9.97 | 553.9 | -1.0 | 2 | 17.4 | 5.1 | 15.2 | 1.7 | 155.2 | 40.0 | 筒型 | 红 | 半马齿 | 橙黄 |
| | | 作物所 | 11.18 | 9.89 | 8.97 | 30.05 | 10.02 | 556.4 | 14.8 | 1 | 17.0 | 4.9 | 16.4 | 1.4 | 123.6 | 32.0 | | 粉 | 半马齿 | 黄 |
| | | 保农仓 | | | | | | | | | 15.0 | 4.8 | 15.2 | 0.6 | 171.5 | 42.6 | 短筒型 | 粉 | 半马齿 | 黄 |
| | | 玉米场 | 13.99 | 13.79 | 13.64 | 41.42 | 13.81 | 767.2 | 8.0 | 3 | 17.8 | 4.8 | 16.8 | 0.7 | 163.5 | 40.3 | | 红 | 马齿 | 黄 |
| | | 金世神农 | 12.69 | 13.30 | 12.18 | 38.17 | 12.72 | 706.7 | 4.1 | 3 | 18.0 | 5.0 | 16.4 | 1.3 | 192.0 | 31.8 | | 红 | 半马齿 | 黄 |
| | | 中天大地 | 10.73 | 11.40 | 10.07 | 32.19 | 10.73 | 596.2 | 1.8 | 1 | 18.3 | 5.2 | 18.0 | 0.2 | 135.8 | 34.2 | 筒型 | 红 | 半马齿 | 黄 |
| | | 平均 | | | | | | 638.9 | | | | | | | | | | | | |

(续表)

| 序号 | 品种名称 | 试点名称 | 小区产量（千克） I | II | III | 小区产量总和（千克） | 小区产量平均（千克） | 亩产（千克） | 比对照增减（%） | 位次 | 穗长（厘米） | 穗粗（厘米） | 穗行数 | 秃尖长（厘米） | 单穗粒重（千克）（克） | 百粒重（克） | 穗型 | 轴色 | 粒型 | 粒色 |
|---|---|---|---|---|---|---|---|---|---|---|---|---|---|---|---|---|---|---|---|---|
| 4 | 翁玉320 | 蓟州 | 12.21 | 11.60 | 11.30 | 35.11 | 11.70 | 650.0 | 4.7 | 2 | 18.7 | 4.6 | 16.6 | 1.5 | 173.8 | 36.3 | 长筒型 | 白 | 半马齿 | 黄 |
| | | 宝坻 | 9.85 | 9.88 | 9.84 | 29.57 | 9.86 | 547.7 | -2.1 | 3 | 18.9 | 4.6 | 16.0 | 2.9 | 141.8 | 36.2 | 筒型 | 白 | 半马齿 | 黄 |
| | | 作物所 | 9.50 | 9.31 | 9.56 | 28.37 | 9.46 | 525.3 | 8.4 | 2 | 18.1 | 4.4 | 16.8 | 2.1 | 116.7 | 25.8 | | 白 | 硬粒 | 黄 |
| | | 保农仓 | 14.09 | 13.91 | 13.84 | 41.84 | 13.95 | 775.0 | 9.1 | | 19.1 | 4.6 | 16.8 | 1.4 | 187.8 | 41.8 | 长筒型 | 白 | 半马齿 | 黄 |
| | | 玉米场 | 14.42 | 14.92 | 13.85 | 43.19 | 14.40 | 800.0 | 17.8 | 2 | 19.2 | 5.2 | 18.0 | 1.6 | 218.7 | 38.4 | | 白 | 马齿 | 黄 |
| | | 金世神农 | | | | | | | | 1 | 17.2 | 4.8 | 18.2 | 0.3 | 187.0 | 32.1 | 筒型 | 白 | 半马齿 | 黄 |
| | | 中天大地 | 10.89 | 10.36 | 9.72 | 30.97 | 10.32 | 573.6 | -2.1 | 4 | 21.8 | 4.8 | 16.0 | 0.3 | 125.9 | 32.8 | | | 半马齿 | 黄 |
| | | 平均 | | | | | | 645.3 | | | | | | | | | | | | |
| 5 | 玖河玉2号 | 蓟州 | 10.91 | 11.22 | 11.84 | 33.97 | 11.32 | 628.9 | 1.3 | 3 | 19.7 | 5.0 | 18.0 | 1.2 | 158.6 | 38.4 | 长筒型 | 红 | 半马齿 | 黄 |
| | | 宝坻 | 9.54 | 9.14 | 9.16 | 27.84 | 9.28 | 515.6 | -7.8 | 4 | 20.9 | 5.2 | 18.8 | 1.3 | 193.0 | 35.6 | 筒型 | 红 | 半马齿 | 黄 |
| | | 作物所 | 9.08 | 9.81 | 9.09 | 27.99 | 9.33 | 518.3 | 7.0 | 3 | 19.4 | 4.6 | 17.6 | 0.7 | 115.2 | 29.1 | | 白 | 半马齿 | 黄 |
| | | 保农仓 | | | | | | | | | 18.2 | 5.1 | 16.8 | 0.8 | 200.2 | 42.7 | 长筒型 | 粉 | 马齿 | 黄 |
| | | 玉米场 | 14.36 | 14.58 | 14.59 | 43.53 | 14.51 | 806.1 | 13.5 | 1 | 19.4 | 5.0 | 18.0 | 0.7 | 199.6 | 31.8 | | 红 | 半马齿 | 黄 |
| | | 金世神农 | 13.61 | 12.86 | 14.05 | 40.52 | 13.51 | 750.6 | 10.6 | 2 | 20.1 | 5.1 | 20.0 | 2.1 | 180 | 32.8 | 筒型 | 红 | 马齿 | 黄 |
| | | 中天大地 | 10.72 | 10.86 | 9.45 | 31.03 | 10.34 | 574.6 | -1.9 | 3 | 18.6 | 5.3 | 18.0 | 0.2 | 130.4 | 31.3 | | 红 | 半马齿 | 黄 |
| | | 平均 | | | | | | 632.4 | | | | | | | | | | | | |

# 第十一章 2023年天津市普通玉米品种生产试验总结

## 一、试验目的

在区域试验的基础上，进一步鉴定供试品种在天津市的丰产性、抗逆性、适应性，为品种审定和品种推广提供科学的依据。

## 二、参试品种和供种单位

参试品种见表11-1和表11-2。

表11-1 2023年天津市普通玉米品种生产试验参试品种（春玉米）

| 序号 | 品种名称 | 亲本组合 | 供种单位 |
| --- | --- | --- | --- |
| 1 | 郑单958（CK） | | |
| 2 | 津2001 | SFLFQJ×QLS68M | 天津市农业科学院 |
| 3 | 同丰162 | TF0747×TF18142 | 北京中农同丰农业科技有限公司 |

表11-2 2023年天津市普通玉米品种生产试验参试品种（夏玉米）

| 序号 | 品种名称 | 亲本组合 | 供种单位 |
| --- | --- | --- | --- |
| 1 | 京单58（CK） | | |
| 2 | 先玉2163 | PH492V×1PLBN05 | 铁岭先锋种子研究有限公司 |

## 三、试验设计

生产试验采用间比法排列，不设重复，大区面积300平方米，全区收获计产，并设不少于3行的保护区。天津宝坻农业发展服务中心、天津保农仓农业科技有限公司两点在生产试验田中，每品种安排10株（穗）套袋，以备作品质分析。春玉米组对照为郑单958，夏玉米组对照为京单58，由天津市农业发展服务中心植保植检部（种子技术服务部）统一提供。

## 四、试验执行情况

生产试验设7个试点（表11-3）。各试点均能严格按照实验方案执行，管理到位，记载项目规范齐全，试验数据可靠。夏玉米试验中，天津保农仓农业科技有限公司受洪涝灾害的影响较重，各品种不能正常成熟，做报废处理。

表11-3 2023年普通玉米生产试验承试单位

| 序号 | 承试单位 | 地址 |
| --- | --- | --- |
| 1 | 天津蓟县康恩伟泰种子有限公司（蓟州） | 天津市蓟州区别山镇大官场村南 |
| 2 | 天津宝坻区农业发展服务中心（宝坻） | 天津市宝坻区新安镇 |
| 3 | 天津保农仓农业科技有限公司（保农仓） | 天津市武清区南蔡村镇张辛庄村北 |
| 4 | 天津市农业科学院（作物所） | 天津市武清区农业科学院创新基地 |
| 5 | 天津金世神农种业有限公司（金世神农） | 天津市宁河区张彪村 |
| 6 | 天津市中天大地科技有限公司（中天大地） | 天津市静海区十里堡路静海良种场 |
| 7 | 天津市优质农产品开发示范中心（玉米场） | 天津市宁河区东棘坨镇张老仁村南 |

## 五、试验期间气象情况

（一）春玉米

前期整体温度不高，降雨极少，田间连续干旱，各试点均通过适时喷灌缓解旱情；中后期整体降水量增多，蓟州、宝坻、保农仓试点出现多次强降雨，造成个别品种出现倒伏，茎腐病发生较重。

### （二）夏玉米

前期降水量较充足，宝坻试点苗期降雨较少；中期降水量较往年较少，土壤旱情严重，各试点均灌溉处理，宝坻、保农仓出现大雨大风的天气，部分品种发生倒伏。

## 六、试验结果与分析

### （一）春玉米结果分析

2023 年天津市春玉米品种生试参试品种共 3 个（含对照），平均亩产在 634.2~671.3 千克，增产幅度为-1.3%~4.5%。

（1）同丰 162。平均亩产 671.3 千克，较对照郑单 958 增产 4.5%，增产点比率 71.4%。生育期 109.0 天。株高 288 厘米，穗位 109.4 厘米，株型半紧凑，穗长 20.1 厘米，穗粗 4.8 厘米，穗行数 17.7，秃尖长 1.0 厘米，单穗粒重 186.6 克，百粒 30.3 克，轴红色，籽粒黄色，半马齿型。2023 年品质检测结果：容重 760 克/升，粗蛋白（干基）9.69%，粗脂肪（干基）3.72%，粗淀粉（干基）72.92%，倒伏倒折率之和平均 0，倒伏倒折之和≥10%点次比例 0，大斑病 1 级，茎腐病 5%，穗腐病 0。

（2）津 2001。平均亩产 634.2 千克，较对照郑单 958 减产 1.3%，增产点比率 57.1%。生育期 107.7 天。株高 297 厘米，穗位 110 厘米，株型半紧凑，穗长 19.5 厘米，穗粗 4.7 厘米，穗行数 17.3，秃尖长 0.9 厘米，单穗粒重 174.0 克，百粒重 29.1 克，轴红色，籽粒黄色，半马齿型。2023 年品质检测结果：容重 774 克/升，粗蛋白（干基）9.81%，粗脂肪（干基）3.47%，粗淀粉（干基）74.56%，倒伏倒折率之和平均 0，倒伏倒折之和≥10%点次比例 0，大斑病 1 级，茎腐 16.7%，穗腐病 0。

（3）郑单 958（CK）。生产试验对照品种，产量 642.6 千克，容重 800 克/升，粗蛋白（干基）9.68%，粗脂肪（干基）4.40%，粗淀粉（干基）74.30%，倒伏倒折率之和平均 0.7%，倒伏倒折之和≥10%点次比例 0，大斑病 1 级，茎腐病 3.9%，穗腐病 0。

### （二）夏玉米结果分析

2023 年天津市夏玉米品种生试参试品种共 2 个（含对照），平均亩产在 568.3~613.5 千克，增产幅度为 0%~8.0%。

（1）先玉 2163。平均亩产 613.5 千克，较对照京单 58 增产 8.0%，增产点比率 100%。生育期 104.1 天。株高 268 厘米，穗位 89 厘米，株型半紧凑，穗长 19.7 厘米，穗粗 4.8 厘米，穗行数 15.1，秃尖长 1.0 厘米，单穗粒重 162.5 克，百粒重 34.1 克，轴红色，籽粒黄色，半马齿型。2023 年品质检测结果：容重 770 克/升，粗蛋白（干基）8.81%，粗脂肪（干基）3.51%，粗淀粉（干基）76.12%，倒伏倒折率之和平均 0，倒伏倒折之和≥10%点次比例 0，小斑病 1 级，茎腐病 2.9%，穗腐病 0。

（2）京单 58（CK）。生产试验对照品种，产量 568.3 千克，容重 772 克/升，粗蛋白（干基）8.85%，粗脂肪（干基）4.01%，粗淀粉（干基）75.60%，倒伏倒折率之和平均 0，倒伏倒折之和≥10%点次比例 0，小斑病 1 级，茎腐病 1.4%，穗腐病 0。

## 七、品种处理意见

根据参试品种在区试中的综合表现，推荐春玉米品种同丰 162、夏玉米品种先玉 2163 参加审定，其他品种停止试验。

2023 年天津市普通玉米品种生产试验数据汇总详见附表 11-1 至附表 11-6。

## 第十一章 2023年天津市普通玉米品种生产试验总结

附表11-1 2023年天津市普通玉米品种生产试验参试品种田间性状汇总（春玉米）

| 序号 | 品种名称 | 试点名称 | 出苗期（月/日） | 抽雄期（月/日） | 吐丝期（月/日） | 成熟期（月/日） | 生育期天数（天） | 比对照增减天数（天） | 收获时籽粒含水量（%） | 花丝色 | 花药色 | 整齐度 | 株高（厘米） | 穗位高（厘米） | 株型 | 出苗率（%） |
|---|---|---|---|---|---|---|---|---|---|---|---|---|---|---|---|---|
| 1 | 郑单958（CK） | 蓟州 | 5/12 | 7/5 | 7/10 | 9/9 | 121.0 | — | 30.9 | 浅紫 | 浅紫 | 较整齐 | 243 | 99 | 紧凑 | 99.8 |
| | | 宝坻 | 5/6 | 6/26 | 6/28 | 8/27 | 113.0 | — | 17.7 | 粉 | 黄 | 整齐 | 278 | 129 | 紧凑 | 100.0 |
| | | 作物所 | 5/6 | 6/30 | 7/2 | 8/24 | 110.0 | — | 27.1 | 浅紫 | 绿 | 整齐 | 255 | 104 | 紧凑 | 100.0 |
| | | 保农仓 | 5/17 | 7/7 | 7/11 | 8/25 | 100.0 | — | 31.5 | 紫 | 绿 | 整齐 | 262 | 113 | 紧凑 | 99.0 |
| | | 玉米场 | 5/5 | 7/1 | 7/3 | 8/21 | 108.0 | — | 24.8 | 浅紫 | 绿 | 整齐 | 262 | 123 | 半紧凑 | 100.0 |
| | | 金世神农 | 5/5 | 7/1 | 7/3 | 8/21 | 108.0 | — | 24.8 | 浅紫 | 绿 | 整齐 | 262 | 123 | 半紧凑 | 100.0 |
| | | 中天大地 | 5/15 | 7/12 | 7/13 | 9/5 | 113.0 | — | | 紫红 | 绿 | 整齐 | 254 | 113 | 半紧凑 | 100.0 |
| | | 平均 | | | | | | | | | | | | | | |
| 2 | 津2001 | 蓟州 | 5/12 | 7/6 | 7/7 | 9/4 | 116.0 | -5.0 | 24.3 | 浅紫 | 浅紫 | 整齐 | 249 | 87 | 半紧凑 | 100.0 |
| | | 宝坻 | 5/6 | 6/26 | 6/28 | 8/23 | 109.0 | -2.0 | 13.8 | 黄 | 黄 | 整齐 | 328 | 125 | 紧凑 | 100.0 |
| | | 作物所 | 5/6 | 6/30 | 7/2 | 8/22 | 108.0 | -2.0 | 23.9 | 浅紫 | 绿 | 整齐 | 301 | 106 | 半紧凑 | 100.0 |
| | | 保农仓 | 5/17 | 7/6 | 7/12 | 8/25 | 100.0 | 0.0 | 30.2 | 紫 | 绿 | 整齐 | 273 | 105 | 半紧凑 | 99.0 |
| | | 玉米场 | 5/6 | 7/1 | 7/3 | 8/17 | 103.0 | -5.0 | 20.9 | 绿 | 绿 | 整齐 | 328 | 119 | 半紧凑 | 100.0 |
| | | 金世神农 | 5/6 | 7/1 | 7/3 | 8/17 | 103.0 | -5.0 | 20.9 | 绿 | 绿 | 整齐 | 328 | 119 | 半紧凑 | 100.0 |
| | | 中天大地 | 5/15 | 7/12 | 7/13 | 9/7 | 115.0 | 2.0 | | 绿 | 绿 | 整齐 | 274 | 112 | 半紧凑 | 100.0 |
| | | 平均 | | | | | | | | | | | | | | |
| 3 | 同丰162 | 蓟州 | 5/12 | 7/6 | 7/10 | 9/5 | 117.0 | -4.0 | 25.8 | 浅紫 | 紫 | 整齐 | 255 | 89 | 半紧凑 | 99.8 |
| | | 宝坻 | 5/6 | 6/28 | 6/29 | 8/23 | 109.0 | -2.0 | 15.8 | 浅绿 | 浅紫 | 整齐 | 322 | 136 | 紧凑 | 100.0 |
| | | 作物所 | 5/6 | 6/29 | 7/1 | 8/23 | 109.0 | -1.0 | 24.8 | 绿 | 浅紫 | 整齐 | 290 | 100 | 半紧凑 | 100.0 |
| | | 保农仓 | 5/17 | 7/8 | 7/11 | 8/26 | 101.0 | 1.0 | 33.6 | 浅紫 | 浅紫 | 整齐 | 263 | 88 | 半紧凑 | 99.0 |
| | | 玉米场 | 5/6 | 6/29 | 7/1 | 8/21 | 107.0 | -1.0 | 21.6 | 绿 | 浅紫 | 整齐 | 305 | 121 | 半紧凑 | 100.0 |
| | | 金世神农 | 5/6 | 6/29 | 7/1 | 8/21 | 107.0 | -1.0 | 21.6 | 绿 | 浅紫 | 5 | 305 | 121 | 半紧凑 | 100.0 |
| | | 中天大地 | 5/15 | 7/12 | 7/14 | 9/5 | 113.0 | 0.0 | | 紫红 | 绿 | 整齐 | 273 | 106 | 半紧凑 | 100.0 |
| | | 平均 | | | | | | | | | | | | | | |

附表 11-2  2023 年天津市普通玉米品种生产试验参试品种田间抗性汇总（春玉米）

| 序号 | 品种名称 | 试点名称 | 空秆率（%） | 倒伏率（%） | 倒折率（%） | 倒伏倒折率之和（%） | 大斑病级（级） | 茎腐病（%） | 穗腐病（%） | 丝黑穗病（%） | 灰斑病级（级） | 弯孢叶斑病级（级） | 瘤黑粉病（%） | 纹枯病级（级） | 粗缩病（%） | 矮花叶病（%） |
|---|---|---|---|---|---|---|---|---|---|---|---|---|---|---|---|---|
| 1 | 郑单958（CK） | 蓟州 | 0.00 | 0.0 | 0.0 | 0.0 | 1 | 0.0 | 0.0 | 0.0 | 1 | 1 | 0.0 | 1 | 0.0 | 0.0 |
|  |  | 宝坻 | 4.40 | 0.0 | 0.0 | 0.0 | 1 | 2.3 |  | 0.0 | 1 | 1 | 1.0 | 1 | 0.0 | 0.0 |
|  |  | 作物所 | 0.80 | 0.0 | 5.2 | 5.2 | 1 | 25.0 | 0.0 | 0.0 | 1 | 1 | 0.0 | 1 | 0.0 |  |
|  |  | 保农仓 | 0.00 | 0.0 | 0.0 | 0.0 | 1 | 0.0 |  | 0.0 |  | 1 | 0.0 | 1 | 0.0 | 0.0 |
|  |  | 玉米场 | 0.00 | 0.0 | 0.0 | 0.0 | 1 | 0.0 | 0.0 | 0.0 | 1 | 1 | 0.0 | 1 | 0.0 | 0.0 |
|  |  | 金世神农 | 0.00 | 0.0 | 0.0 | 0.0 | 1 | 0.0 |  | 0.0 | 1 | 1 | 1.0 | 1 | 0.0 |  |
|  |  | 中天大地 | 0.00 | 0.0 | 0.0 | 0.0 | 1 | 0.0 |  |  |  |  |  |  |  |  |
|  |  | 平均 | 0.03 |  |  |  |  |  |  |  |  |  |  |  |  |  |
| 2 | 津2001 | 蓟州 | 0.00 | 0.0 | 0.0 | 0.0 | 1 | 30.0 | 0.0 | 0.0 | 1 | 1 | 0.0 | 1 | 0.0 | 0.0 |
|  |  | 宝坻 | 1.70 | 0.0 | 0.0 | 0.0 | 1 | 5.8 |  | 0.0 | 1 | 1 | 1.0 | 1 | 0.0 | 0.0 |
|  |  | 作物所 | 1.20 | 0.0 | 0.0 | 0.0 | 1 | 80.0 | 0.0 | 0.0 | 1 | 1 | 0.0 | 1 | 0.0 |  |
|  |  | 保农仓 | 0.00 | 0.0 | 0.0 | 0.0 | 1 | 1.0 |  | 0.0 |  | 1 | 0.0 | 1 | 0.0 | 0.0 |
|  |  | 玉米场 | 0.00 | 0.0 | 0.0 | 0.0 | 1 | 0.0 | 0.0 | 0.0 | 1 | 1 | 0.0 | 1 | 0.0 | 0.0 |
|  |  | 金世神农 | 0.00 | 0.0 | 0.0 | 0.0 | 1 | 0.0 |  | 0.0 | 1 | 1 | 1.0 | 1 | 0.0 |  |
|  |  | 中天大地 | 0.00 | 0.0 | 0.0 | 0.0 | 1 | 0.0 |  |  |  |  |  |  |  |  |
|  |  | 平均 |  |  |  |  |  |  |  |  |  |  |  |  |  |  |
| 3 | 同丰162 | 蓟州 | 0.00 | 0.0 | 0.0 | 0.0 | 1 | 0.0 | 0.0 | 0.0 | 1 | 1 | 0.0 | 1 | 0.0 | 0.0 |
|  |  | 宝坻 | 1.10 | 0.0 | 0.0 | 0.0 | 1 | 0.0 | 1.0 | 0.0 | 1 | 1 | 1.0 | 1 | 0.0 | 0.0 |
|  |  | 作物所 | 0.70 | 0.0 | 0.0 | 0.0 | 1 | 35.0 | 0.0 | 0.0 | 1 | 1 | 0.0 | 1 | 0.0 |  |
|  |  | 保农仓 | 0.00 | 0.0 | 0.0 | 0.0 | 1 | 0.0 |  | 0.0 |  | 1 | 0.0 | 1 | 0.0 | 0.0 |
|  |  | 玉米场 | 0.00 | 0.0 | 0.0 | 0.0 | 1 | 0.0 | 0.0 | 0.0 | 1 | 1 | 0.0 | 1 | 0.0 | 0.0 |
|  |  | 金世神农 | 0.00 | 0.0 | 0.0 | 0.0 | 1 | 0.0 |  | 0.0 | 1 | 1 | 1.0 | 1 | 0.0 |  |
|  |  | 中天大地 | 0.00 | 0.0 | 0.0 | 0.0 | 1 | 0.0 |  |  |  |  |  |  |  |  |
|  |  | 平均 |  |  |  |  |  |  |  |  |  |  |  |  |  |  |

第十一章 2023年天津市普通玉米品种生产试验总结

附表 11-3 2023年天津市普通玉米品种生产试验产量性状汇总（春玉米）

| 序号 | 品种名称 | 试点名称 | 实收株数 | 小区产量 | 亩产（千克） | 临标小区平均亩产（千克） | 比临标增减（%） | 位次 | 穗长（厘米） | 穗粗（厘米） | 穗行数 | 秃尖长（厘米） | 单穗粒重（干重）（克） | 百粒重（克） | 穗型 | 轴色 | 粒型 | 粒色 |
|---|---|---|---|---|---|---|---|---|---|---|---|---|---|---|---|---|---|---|
| 1 | 郑单958（CK） | 蓟州 | 2 020 | 275.22 | 611.6 | 585.9 | 4.40 | 1.0 | 15.4 | 4.50 | 14.6 | 0.2 | 156.9 | 36.1 | 短筒型 | 白 | 半马齿 | 黄 |
| | | 宝坻 | 1 800 | 273.49 | 594.4 | | — | 1.0 | 17.0 | 4.90 | 15.2 | 0.0 | 162.2 | 32.4 | 筒型 | 白 | 半马齿 | 黄 |
| | | 作物所 | 1 800 | 297.77 | 668.4 | | | 2.0 | 19.3 | 4.90 | 15.2 | 0.0 | 168.8 | 28.2 | | 白 | 半马齿 | 黄 |
| | | 保农仓 | 1 770 | 300.73 | 667.8 | 300.8 | 0.00 | 2.0 | 18.2 | 5.00 | 14.8 | 0.0 | 235.1 | 41.2 | 长筒型 | 白 | 半马齿 | 黄 |
| | | 玉米场 | 2 022 | 342.40 | 760.9 | | | 3.0 | 21.2 | 5.20 | 17.2 | 0.5 | 215.5 | 29.0 | | 白 | 马齿 | 黄 |
| | | 金世神农 | 1 991 | 320.43 | 712.1 | | | 3.0 | 21.5 | 5.20 | 16.4 | 0.0 | 234.0 | 31.9 | | 白 | 半马齿 | 黄 |
| | | 中天大地 | | 217.35 | 483.0 | 483.0 | 10.30 | 3.0 | 18.1 | 5.20 | 16.0 | 0.15 | 109.2 | 26.8 | | | 半马齿 | 黄 |
| | | 平均 | | | 642.6 | | | | | | | | | | | | | |
| 2 | 津2001 | 蓟州 | 2 025 | 260.49 | 578.9 | 585.9 | -1.20 | 2.0 | 18.6 | 4.50 | 16.4 | 1.1 | 182.8 | 27.8 | 长筒型 | 红 | 半马齿 | 黄 |
| | | 宝坻 | 1 800 | 281.05 | 624.6 | 594.4 | 5.07 | 2.0 | 18.1 | 4.90 | 17.6 | 0.8 | 158.8 | 31.2 | 锥型 | 红 | 半马齿 | 黄 |
| | | 作物所 | 1 800 | 277.84 | 617.4 | | -7.63 | 3.0 | 20.0 | 4.70 | 17.4 | 1.3 | 155.6 | 23.0 | | 红 | 硬粒 | 黄 |
| | | 保农仓 | 1 782 | 260.42 | 572.9 | 300.77 | 4.32 | 2.0 | 19.5 | 5.00 | 16.4 | 1.2 | 198.2 | 39.0 | 长筒型 | 红 | 半马齿 | 黄 |
| | | 玉米场 | | 357.20 | 793.8 | | | 2.0 | 20.6 | 5.00 | 18.4 | 1.6 | 217.3 | 30.2 | | 红 | 马齿 | 黄 |
| | | 金世神农 | 2 021 | 323.62 | 719.2 | | 1.00 | 2.0 | 19.0 | 4.30 | 16.6 | 0.1 | 186.0 | 27.9 | | 红 | 半马齿 | 橙红 |
| | | 中天大地 | 2 004 | 239.74 | 532.8 | 483.0 | 10.30 | 1.0 | 20.4 | 4.70 | 18.0 | 0.4 | 119.6 | 24.7 | | 红 | 半马齿 | 黄 |
| | | 平均 | | | 634.2 | | | | | | | | | | | | | |
| 3 | 同丰162 | 蓟州 | 2 020 | 255.18 | 567.1 | 585.9 | -3.20 | 3.0 | 19.3 | 4.40 | 17.2 | 1.9 | 183.8 | 27.5 | 长筒型 | 红 | 半马齿 | 黄 |
| | | 宝坻 | 1 800 | 289.80 | 644.0 | 594.4 | 8.30 | 1.0 | 17.7 | 5.10 | 19.4 | 1.8 | 162.8 | 30.4 | 筒型 | 红 | 半马齿 | 黄 |
| | | 作物所 | 1 800 | 291.50 | 647.8 | 300.8 | -3.10 | 2.0 | 21.2 | 4.82 | 19.4 | 2.2 | 162.7 | 26.8 | | 红 | 半马齿 | 黄 |
| | | 保农仓 | 1 795 | 319.05 | 701.9 | | 0.0 | 1.0 | 19.3 | 5.10 | 16.8 | 0.0 | 237.4 | 42.1 | 长筒型 | 红 | 半马齿 | 黄 |
| | | 玉米场 | | 371.10 | 824.7 | | 8.38 | 2.0 | 21.2 | 4.70 | 17.2 | 0.7 | 224.6 | 31.8 | | 红 | 马齿 | 黄 |
| | | 金世神农 | 2 018 | 355.07 | 789.1 | | 10.80 | 1.0 | 19.7 | 4.70 | 16.2 | 0.1 | 218.0 | 28.4 | | 红 | 半马齿 | 黄 |
| | | 中天大地 | 2 018 | 235.90 | 524.2 | 483.0 | 8.50 | 2.0 | 22.2 | 4.80 | 18.0 | 0.1 | 116.9 | 25.3 | | 红 | 马齿 | 黄 |
| | | 平均 | | 302.50 | 671.3 | 491.0 | 4.90 | 1.6 | 20.1 | 4.80 | 17.7 | 1.0 | 186.6 | 30.3 | | | | |

附表11-4 2023年天津市普通玉米品种生产试验参试品种田间性状汇总（夏玉米）

| 序号 | 品种名称 | 试点名称 | 出苗期（月/日） | 抽雄期（月/日） | 吐丝期（月/日） | 成熟期（月/日） | 生育期天数（天） | 比对照增减天数（天） | 收获时籽粒含水量（%） | 花丝色 | 花药色 | 整齐度 | 株高（厘米） | 穗位高（厘米） | 株型 | 出苗率（%） |
|---|---|---|---|---|---|---|---|---|---|---|---|---|---|---|---|---|
| 1 | 京单58（CK） | 蓟州 | 6/23 | 8/6 | 8/10 | 10/8 | 108 | — | 24.4 | 浅紫 | 浅紫 | 较整齐 | 252 | 112 | 半紧凑 | 100.0 |
|  |  | 宝坻 | 6/23 | 8/8 | 8/11 | 10/14 | 113 | — | 21.3 | 紫红 | 浅紫 | 整齐 | 279 | 108 | 紧凑 | 100.0 |
|  |  | 作物所 | 6/27 | 8/11 | 8/15 | 10/4 | 99 | — | 28.6 | 浅紫 | 紫 | 整齐 | 244 | 97 | 紧凑 | 100.0 |
|  |  | 保农仓 |  |  |  |  |  |  |  |  |  |  |  |  |  |  |
|  |  | 玉米场 | 6/26 | 8/11 | 8/14 | 10/8 | 104 | — | 21.1 | 浅紫 | 绿 | 整齐 | 216 | 86 | 紧凑 | 100.0 |
|  |  | 金世神农 | 6/16 | 8/2 | 8/5 | 9/30 | 106 | — | 25.7 | 紫 | 浅紫 | 整齐 | 248 | 114 | 半紧凑 | 100.0 |
|  |  | 中天大地 | 5/25 | 8/13 | 8/15 | 10/13 | 110 | — | 30.3 | 浅绿 | 浅紫 | 整齐 | 252 | 104 | 半紧凑 | 100.0 |
|  |  | 平均 |  |  |  |  |  |  |  |  |  |  |  |  |  |  |
| 2 | 先玉2163 | 蓟州 | 6/23 | 8/5 | 8/7 | 10/2 | 102 | -6.0 | 31.1 | 浅紫 | 浅紫 | 整齐 | 255 | 85 | 半紧凑 | 100.0 |
|  |  | 宝坻 | 6/23 | 8/6 | 8/9 | 10/11 | 110 | -3.0 | 14.0 | 紫红 | 绿 | 整齐 | 292 | 114 | 半紧凑 | 100.0 |
|  |  | 作物所 | 6/27 | 8/10 | 8/13 | 10/2 | 97 | -2.0 | 21.9 | 浅紫 | 绿 | 整齐 | 261 | 84 | 半紧凑 | 100.0 |
|  |  | 保农仓 |  |  |  |  |  |  |  |  |  |  |  |  |  |  |
|  |  | 玉米场 | 6/26 | 8/8 | 8/11 | 10/6 | 102 | -2.0 | 19.9 | 绿 | 紫 | 整齐 | 289 | 85 | 紧凑 | 100.0 |
|  |  | 金世神农 | 6/16 | 8/1 | 8/4 | 9/27 | 103 | -3.0 | 19.7 | 浅紫 | 绿 | 整齐 | 245 | 86 | 平展 | 100.0 |
|  |  | 中天大地 | 5/25 | 8/19 | 8/21 | 10/14 | 111 | 1.0 | 29.3 | 紫红 | 绿 | 整齐 | 268 | 79 | 半紧凑 | 100.0 |
|  |  | 平均 |  |  |  |  |  |  |  |  |  |  |  | 268 | 89 |  |  |

附表 11-5  2023 年天津市普通玉米品种生产试验参试品种田间抗性汇总（夏玉米）

| 序号 | 品种名称 | 试点名称 | 空秆率(%) | 倒伏率(%) | 倒折率(%) | 倒伏倒折率之和(%) | 小斑病(级) | 茎腐病(%) | 穗腐病(%) | 丝黑穗病(%) | 南方锈病(级) | 弯孢叶斑病(级) | 瘤黑粉病(%) | 纹枯病(级) | 粗缩病(%) |
|---|---|---|---|---|---|---|---|---|---|---|---|---|---|---|---|
| 1 | 京单58(CK) | 蓟州 | 0.0 | 0.0 | 0.0 | 0.0 | 1 | 0.0 | 0.0 | 0.0 | 7.0 | 9 | 0.0 | 1 | 0.0 |
| | | 宝坻 | 2.2 | 0.0 | 0.0 | 0.0 | 3 | 0.0 | | 0.0 | 3.0 | 3 | 1.0 | 1 | 0.0 |
| | | 作物所 | 0.13 | 0.0 | 0.0 | 0.0 | 1 | 8.6 | 0.0 | | 7.0 | 5 | 0.1 | 1 | 0.1 |
| | | 保农仓 | | | | | | | | | | | | | |
| | | 玉米场 | 0.0 | 0.0 | 0.0 | 0.0 | 1 | 0.0 | | 0.0 | | 1 | 0.0 | 1 | 0.0 |
| | | 金世神农 | 0.0 | 0.0 | 0.0 | 0.0 | 1 | 0.0 | 0.0 | 0.0 | 1.0 | 1 | 0.0 | 1 | 0.0 |
| | | 中天大地 | 0.0 | 0.0 | 0.0 | 0.0 | 1 | 0.0 | | 0.0 | | 1 | 1.0 | 1 | 0.0 |
| | | 平均 | | | | | | | | | | | | | |
| 2 | 先玉2163 | 蓟州 | 0.0 | 0.0 | 0.0 | 0.0 | 1 | 0.0 | 0.0 | 0.0 | 5.0 | 1 | 0.0 | 1 | 0.0 |
| | | 宝坻 | 0.3 | 0.0 | 0.0 | 0.0 | 1 | 0.0 | 1.0 | 0.0 | 1.0 | 1 | 1.0 | 1 | 0.0 |
| | | 作物所 | 0.1 | 0.0 | 0.0 | 0.0 | 1 | 17.6 | | 0.0 | 5.0 | 1 | 0.1 | 1 | 0.1 |
| | | 保农仓 | | | | | | | | | | | | | |
| | | 玉米场 | 0.0 | 0.0 | 0.0 | 0.0 | 1 | 0.0 | 0.0 | 0.0 | | 1 | 0.0 | 1 | 0.0 |
| | | 金世神农 | 0.0 | 0.0 | 0.0 | 0.0 | 1 | 0.0 | | 0.0 | 1.0 | 1 | 0.0 | 1 | 0.0 |
| | | 中天大地 | 0.0 | 0.0 | 0.0 | 0.0 | 1 | 0.0 | | 0.0 | | 1 | 1.0 | 1 | 0.0 |
| | | 平均 | | | | | | | | | | | | | |

附表11-6  2023年天津市普通玉米品种生产试验产量性状汇总（夏玉米）

| 序号 | 品种名称 | 试点名称 | 实收株数 | 小区产量（千克） | 亩产（千克） | 临标小区平均亩产（千克） | 比临标增减（%） | 位次 | 穗长（厘米） | 穗粗（厘米） | 穗行数 | 秃尖长（厘米） | 单穗粒重（干重）（克） | 百粒重（克） | 穗型 | 轴色 | 粒型 | 粒色 |
|---|---|---|---|---|---|---|---|---|---|---|---|---|---|---|---|---|---|---|
| 1 | 京单58（CK） | 蓟州 | 2 025 | 254.68 | 566.0 | 599.4 | -5.6 | 2 | 16.7 | 4.7 | 13.2 | 0.9 | 146.6 | 44.9 | 短筒型 | 白 | 半马齿 | 黄 |
|  |  | 宝坻 | 2 025 | 259.71 | 577.1 |  |  |  | 19.0 | 5.0 | 14.0 | 0.3 | 131.3 | 41.3 | 锥型 | 白 | 半马齿 | 黄 |
|  |  | 作物所 | 2 023 | 222.73 | 495.0 | 222.7 | — | 2 | 16.9 | 4.5 | 14.6 | 1.6 | 110.0 | 30.2 |  | 白 | 半马齿 | 黄 |
|  |  | 保农仓 |  |  |  |  |  |  |  |  |  |  |  |  |  |  |  |  |
|  |  | 玉米场 | 2 015 | 319.43 | 709.9 |  | — | 2 | 18.0 | 5.0 | 13.4 | 0.6 | 181.6 | 38.7 |  | 白 | 硬粒 | 黄 |
|  |  | 金世神农 | 2 025 | 276.41 | 614.3 |  |  | 2 | 18.9 | 5.5 | 14.2 | 0.2 | 204.0 | 47.5 |  | 白 | 硬粒 | 黄 |
|  |  | 中天大地 | 1 960 | 201.43 | 447.6 |  |  | 2 | 20.5 | 5.1 | 14.0 | 0.1 | 102.8 | 35.7 |  | 白 | 马齿 | 黄 |
|  |  | 平均 |  |  | 568.3 |  |  |  |  |  |  |  |  |  |  |  |  |  |
| 2 | 先玉2163 | 蓟州 | 2 025 | 284.74 | 632.8 | 599.4 | 5.6 | 1 | 21.2 | 4.8 | 15.8 | 1.3 | 229.0 | 37.5 | 长筒型 | 红 | 硬粒 | 黄 |
|  |  | 宝坻 | 2 025 | 286.92 | 637.6 | 577.6 | 10.4 | 1 | 18.9 | 4.6 | 14.2 | 1.1 | 142.1 | 32.6 | 筒型 | 红 | 半马齿 | 黄 |
|  |  | 作物所 | 2 022 | 233.43 | 518.7 | 222.7 | 4.8 | 1 | 17.4 | 4.4 | 16.0 | 1.0 | 115.3 | 26.2 |  | 红 | 硬粒 | 黄 |
|  |  | 保农仓 |  |  |  |  |  |  |  |  |  |  |  |  |  |  |  |  |
|  |  | 玉米场 | 2 021 | 351.75 | 781.7 |  | 10.1 | 1 | 20.4 | 4.8 | 14.0 | 1.3 | 199.2 | 36.4 |  | 红 | 马齿 | 黄 |
|  |  | 金世神农 | 2 025 | 291.60 | 648.0 |  | 5.5 | 1 | 16.5 | 5.1 | 14.6 | 0.8 | 181.0 | 39.9 |  | 红 | 硬粒 | 橙红 |
|  |  | 中天大地 | 1 915 | 207.98 | 462.2 | 447.6 | 3.3 | 1 | 23.9 | 5.0 | 16.0 | 0.2 | 108.6 | 32.1 | 筒型 | 红 | 半马齿 | 黄 |
|  |  | 平均 |  | 276.10 | 613.5 | 461.8 | 6.6 |  | 19.7 | 4.8 | 15.1 | 1.0 | 162.5 | 34.1 |  |  |  |  |

# 第十二章 2023年天津市鲜食玉米品种区域试验总结

## 一、试验目的

为加快鲜食玉米品种在天津市的推广，满足农村种植业结构调整的需要，筛选适合天津市种植的新品种，为品种审定推广利用提供科学依据。

## 二、参试品种和供种单位

参试品种见表12-1、表12-2、表12-3。

表12-1 2023年天津市鲜食玉米品种区域试验参试品种（糯玉米A组）

| 序号 | 品种名称 | 参试年次 | 供种单位 |
| --- | --- | --- | --- |
| 1 | 乾坤银糯（CK） | — | |
| 2 | 津白糯2号 | 2 | 天津市农业科学院 |
| 3 | 景糯398 | 2 | 邵景坡 |
| 4 | 润糯988 | 2 | 天津中天润农科技有限公司 |
| 5 | 润黑甜糯966 | 2 | 天津农学院、天津中天润农科技有限公司 |
| 6 | 津甜糯480 | 2 | 天津市农业科学院 |
| 7 | 密甜糯21号 | 2 | 北京中农斯达农业科技开发有限公司 |
| 8 | 优彩甜糯8122 | 1 | 天津市农业科学院 |
| 9 | 斯达糯71 | 1 | 北京中农斯达农业科技开发有限公司 |
| 10 | 香彩糯103 | 1 | 酒泉市金辉农业开发有限公司 |
| 11 | 丰美玉18 | 1 | 奉美佳（沈阳）农业科技发展有限责任公司 |
| 12 | 珍彩甜糯608 | 1 | 广西先迪农业科技有限公司 |

表12-2 2023年天津市鲜食玉米品种区域试验参试品种（糯玉米B组）

| 序号 | 品种名称 | 参试年次 | 供种单位 |
| --- | --- | --- | --- |
| 1 | 乾坤银糯（CK） | — | |
| 2 | 迪彩甜糯676 | 1 | 广西先迪农业科技有限公司 |
| 3 | 津鲜糯388 | 1 | 天津市农业科学院 |
| 4 | 天塔甜糯22 | 1 | 天津中天大地科技有限公司 |
| 5 | 津白糯3号 | 1 | 天津市农业科学院 |
| 6 | 嘉业银早 | 1 | 天津市南澳种子有限公司 |
| 7 | 嘉业80A | 1 | 天津市南澳种子有限公司 |
| 8 | 普糯188 | 1 | 依安县东方种业有限公司 |
| 9 | 佳农636 | 1 | 天津佳尔农农业科技发展有限公司 |
| 10 | 美玉早2号 | 1 | 海南绿川种苗有限公司、绿川鲜食玉米研究院（海南）有限公司 |
| 11 | 景黄糯425 | 1 | 邵景坡 |
| 12 | 津糯107 | 1 | 天津中天润农科技有限公司 |
| 13 | 津糯302 | 1 | 天津德润佳禾科技有限公司 |

表 12-3  2023 年天津市鲜食玉米品种区域试验参试品种（甜玉米组）

| 序号 | 品种名称 | 参试年次 | 供种单位 |
| --- | --- | --- | --- |
| 1 | 万甜 2000（CK） | — | |
| 2 | 富甜 301 | 2 | 镇江富华农业科技有限公司 |
| 3 | 玉农金甜 669 | 2 | 江西省玉丰种业有限公司 |
| 4 | 圳康健甜 3 号 | 1 | 深圳市康健种业有限责任公司、天津立而合农业科技有限公司 |
| 5 | 斯达甜 244 | 1 | 北京中农斯达农业科技开发有限公司 |
| 6 | 甜 618 | 1 | 内蒙古种星种业有限公司 |
| 7 | 创甜 20 | 1 | 武清区东马圈镇惠丰种子行、创世纪种业有限公司 |
| 8 | 碧莹 801 | 1 | 北京四海种业有限责任公司 |
| 9 | 白靓甜 1 号 | 1 | 奉美佳（沈阳）农业科技发展有限责任公司 |
| 10 | 津白甜 1 号 | 1 | 天津市农业科学院 |
| 11 | 白玉 101 | 1 | 河南农业大学、北京宝丰种子有限公司 |

## 三、试验设计

采用随机区组排列，不设重复，小区面积 24 平方米，6 行区，实收中间 4 行计产。糯玉米试验密度 3 500 株/亩，甜玉米试验密度 3 000 株/亩，两边设保护行。为防止花粉影响籽粒品质，每品种在计产行以外应套袋 5 穗，套袋隔离直至采摘，以备品尝。最佳采收期各试点根据实际情况确定。

## 四、试验执行情况

区域试验设 8 个试点（表 12-4）。各试点均能严格按照实验方案执行，管理到位，记载项目规范齐全，试验数据可靠。试验中天津中天润农科技有限公司试点处于泄洪区，受洪涝灾害的影响严重，各品种未能成熟，做报废处理。

表 12-4  2023 年天津市鲜食玉米品种区域试验承试单位

| 序号 | 承试单位 | 地址 |
| --- | --- | --- |
| 1 | 天津蓟县康恩伟泰种子有限公司（蓟州） | 天津市蓟州区别山镇大官场村南 |
| 2 | 天津宝坻区农业发展服务中心（宝坻） | 天津市宝坻区新安镇 |
| 3 | 天津保农仓农业科技有限公司（保农仓） | 天津市武清区南蔡村镇张辛庄村北 |
| 4 | 天津市农业科学院（作物所） | 天津市武清区农业科学院创新基地 |
| 5 | 天津中天润农科技有限公司（中天润农） | 天津市西青区水高庄 |
| 6 | 天津市中天大地科技有限公司（中天大地） | 天津市静海区十里堡路静海良种场 |
| 7 | 天津市优质农产品开发示范中心（玉米场） | 天津市宁河区东棘坨镇张老仁村南 |
| 8 | 天津科益农农业技术有限公司（品尝试验） | 天津市武清区大碱厂 |

## 五、气象情况

前期低温、少雨，光照充足，长势良好；中期气温偏高，降雨较多，各品种生长发育正常；6 月底至 7 月初，各点相继遭遇短时降雨伴随大风，试验田出现短时积水，造成倒伏，个别品种出现倒折，后期影响产量。

## 六、试验结果与分析

（一）产量、生育期、抗倒伏结果分析

《天津市玉米品种审定标准》规定，每年试验鲜果穗平均产量比对照品种不减产；审定品种生育期比对照品种早熟≥5 天，每年试验鲜果穗平均产量比对照品种减产≤10%；品种生育期比对照品种早熟≥10 天，每年试验鲜果穗平均产量比对照品种减产≤20%，2023 年试验结果（表 12-5 至表 12-7）如下。

表 12-5　2023 年天津市鲜食玉米品种区域试验参试品种产量、生育期、抗性结果分析（糯玉米 A 组）

| 品种名称 | 出苗至采收期（天） | 比对照增减（天） | 折合亩产（千克） | 比对照增减（%） | 增产点比率（%） | 倒伏倒折率（%） |
| --- | --- | --- | --- | --- | --- | --- |
| 乾坤银糯（CK） | 83.5 | — | 963.2 | — | — | 15.2 |
| 津白糯 2 号 | 78.5 | -5.0 | 986.5 | 2.4 | 83.3 | 0.0 |
| 景糯 398 | 73.7 | -9.8 | 932.9 | -3.1 | 66.7 | 0.0 |
| 润糯 988 | 80.8 | -2.7 | 1 077.5 | 11.9 | 100.0 | 0.0 |
| 润黑甜糯 966 | 76.8 | -6.7 | 972.9 | 1.0 | 66.7 | 0.0 |
| 津甜糯 480 | 77.3 | -6.2 | 1 022.6 | 6.2 | 100.0 | 0.0 |
| 密甜糯 21 号 | 79.8 | -3.7 | 971.2 | 0.8 | 66.7 | 0.4 |
| 优彩甜糯 8122 | 79.0 | -4.5 | 983.9 | 2.1 | 50.0 | 0.3 |
| 斯达糯 71 | 84.2 | 0.7 | 997.8 | 3.6 | 83.3 | 0.0 |
| 香彩糯 103 | 84.2 | 0.7 | 943.4 | -2.1 | 33.3 | 0.0 |
| 丰美玉 18 | 86.0 | 2.5 | 965.7 | 0.3 | 66.7 | 0.0 |
| 珍彩甜糯 608 | 82.2 | -1.3 | 1 046.0 | 8.6 | 100.0 | 0.0 |

表 12-6　2023 年天津市鲜食玉米品种区域试验参试品种产量、生育期、抗性结果分析（糯玉米 B 组）

| 品种名称 | 出苗至采收期（天） | 比对照增减（天） | 折合亩产（千克） | 比对照增减（%） | 增产点比率（%） | 倒伏倒折率（%） |
| --- | --- | --- | --- | --- | --- | --- |
| 乾坤银糯（CK） | 83.5 | — | 946.0 | — | — | 19.2 |
| 迪彩甜糯 676 | 83.3 | -0.2 | 1 019.1 | 7.7 | 83.3 | 0.0 |
| 津鲜糯 388 | 82.7 | -0.8 | 1 058.9 | 11.9 | 83.3 | 0.0 |
| 天塔甜糯 22 | 77.2 | -6.3 | 968.3 | 2.4 | 50.0 | 0.5 |
| 津白糯 3 号 | 76.8 | -6.7 | 989.5 | 4.6 | 83.3 | 0.0 |
| 嘉业银早 | 70.2 | -13.3 | 995.2 | 5.2 | 50.0 | 0.0 |
| 嘉业 80A | 78.5 | -5.0 | 1 041.8 | 10.1 | 100.0 | 3.9 |
| 普糯 188 | 77.5 | -6.0 | 984.0 | 4.0 | 83.3 | 18.3 |
| 佳农 636 | 80.0 | -3.5 | 1 045.7 | 10.5 | 83.3 | 0.0 |
| 美玉早 2 号 | 73.3 | -10.2 | 837.0 | -11.5 | 0.0 | 0.0 |
| 景黄糯 425 | 77.7 | -5.8 | 1 067.4 | 12.8 | 83.3 | 16.9 |
| 津糯 107 | 82.5 | -1.0 | 1 076.6 | 13.8 | 100.0 | 0.0 |
| 津糯 302 | 75.8 | -7.7 | 953.2 | 0.8 | 66.7 | 0.0 |

表 12-7　2023 年天津市鲜食玉米品种区域试验参试品种产量、生育期、抗性结果分析（甜玉米组）

| 品种名称 | 出苗至采收期（天） | 比对照增减（天） | 折合亩产（千克） | 比对照增减（%） | 增产点比率（%） | 倒伏倒折率（%） |
| --- | --- | --- | --- | --- | --- | --- |
| 万甜 2000（CK） | 84.2 | — | 922.9 | — | — | 0.0 |
| 富甜 301 | 91.8 | 7.6 | 806.8 | -12.6 | 33.3 | 0.0 |
| 玉农金甜 669 | 84.0 | -0.2 | 953.5 | 3.3 | 83.3 | 7.6 |

(续表)

| 品种名称 | 出苗至采收期（天） | 比对照增减（天） | 折合亩产（千克） | 比对照增减（%） | 增产点比率（%） | 倒伏倒折率（%） |
|---|---|---|---|---|---|---|
| 圳康健甜3号 | 90.8 | 6.6 | 918.2 | -0.5 | 66.7 | 2.4 |
| 斯达甜244 | 79.5 | -4.7 | 939.5 | 1.8 | 50.0 | 1.0 |
| 甜618 | 75.2 | -9.0 | 894.8 | -3.0 | 50.0 | 1.0 |
| 创甜20 | 89.2 | 5.0 | 967.7 | 4.9 | 66.7 | 0.0 |
| 碧莹801 | 78.5 | -5.7 | 789.7 | -14.4 | 16.7 | 0.0 |
| 白靓甜1号 | 80.7 | -3.5 | 1 010.1 | 9.4 | 100.0 | 0.9 |
| 津白甜1号 | 72.5 | -11.7 | 866.3 | -6.1 | 50.0 | 3.1 |
| 白玉101 | 76.5 | -7.7 | 795.9 | -13.8 | 0.0 | 0.0 |

### （二）抗病性结果分析

《天津市玉米品种审定标准》规定鲜食玉米瘤黑粉病、丝黑穗病、大斑病、矮花叶病、小斑病田间自然发病未达到高感，2023年度试验结果如表12-8所示。

**表12-8　2023年天津市鲜食玉米品种区域试验参试品种田间自然发病结果分析**

| 品种名称 | 大斑病（级） | 丝黑穗病（%） | 瘤黑粉病（%） | 矮花叶病（%） | 小斑病（级） |
|---|---|---|---|---|---|
| 乾坤银糯（CK） | 1 | 0.0 | 0.1 | 0.0 | 1 |
| 津白糯2号 | 1 | 0.0 | 0.0 | 0.0 | 1 |
| 景糯398 | 1 | 0.0 | 0.5 | 0.0 | 1 |
| 润糯988 | 1 | 0.0 | 0.4 | 0.0 | 1 |
| 润黑甜糯966 | 1 | 0.0 | 0.7 | 0.0 | 1 |
| 津甜糯480 | 1 | 0.0 | 0.3 | 0.0 | 1 |
| 密甜糯21号 | 1 | 0.0 | 0.7 | 0.0 | 1 |
| 优彩甜糯8122 | 1 | 0.0 | 0.1 | 0.0 | 1 |
| 斯达糯71 | 1 | 0.0 | 0.4 | 0.0 | 1 |
| 香彩糯103 | 1 | 0.0 | 0.3 | 0.0 | 1 |
| 丰美玉18 | 1 | 0.0 | 0.1 | 0.0 | 1 |
| 珍彩甜糯608 | 1 | 0.0 | 0.1 | 0.0 | 1 |
| 迪彩甜糯676 | 1 | 0.0 | 0.3 | 0.0 | 1 |
| 津鲜糯388 | 1 | 0.0 | 0.5 | 0.0 | 1 |
| 天塔甜糯22 | 1 | 0.0 | 1.1 | 0.0 | 1 |
| 津白糯3号 | 1 | 0.0 | 0.3 | 0.0 | 1 |
| 嘉业银早 | 1 | 0.0 | 0.1 | 0.0 | 1 |
| 嘉业80A | 1 | 0.0 | 0.0 | 0.0 | 1 |
| 普糯188 | 1 | 0.0 | 0.3 | 0.0 | 1 |
| 佳农636 | 1 | 0.0 | 0.5 | 0.0 | 1 |
| 美玉早2号 | 1 | 0.0 | 4.5 | 0.0 | 1 |
| 景黄糯425 | 1 | 0.0 | 0.3 | 0.0 | 1 |

(续表)

| 品种名称 | 大斑病（级） | 丝黑穗病（%） | 瘤黑粉病（%） | 矮花叶病（%） | 小斑病（级） |
|---|---|---|---|---|---|
| 津糯 107 | 1 | 0.0 | 0.3 | 0.0 | 1 |
| 津糯 302 | 1 | 0.0 | 0.0 | 0.0 | 1 |
| 富甜 301 | 1 | 0.0 | 1.8 | 0.0 | 1 |
| 玉农金甜 669 | 1 | 0.0 | 0.2 | 0.0 | 1 |
| 圳康健甜 3 号 | 1 | 0.0 | 0.5 | 0.0 | 1 |
| 斯达甜 244 | 1 | 0.0 | 1.3 | 0.0 | 1 |
| 甜 618 | 1 | 0.0 | 2.1 | 0.0 | 1 |
| 创甜 20 | 1 | 0.0 | 0.8 | 0.0 | 1 |
| 碧莹 801 | 1 | 0.0 | 1.6 | 0.0 | 1 |
| 白靓甜 1 号 | 1 | 0.0 | 1.3 | 0.0 | 1 |
| 津白甜 1 号 | 1 | 0.0 | 1.0 | 0.0 | 1 |
| 白玉 101 | 1 | 0.0 | 0.7 | 0.0 | 1 |

（三）外观品质和蒸煮品质评分

《天津市玉米品种审定标准》规定外观品质和蒸煮品质评分不低于对照（85.0 分），2023 年试验结果如表 12-9 所示。

表 12-9　2023 年天津市鲜食玉米品种区域试验参试品种外观品质和蒸煮品质结果分析

| 品种名称 | 感官品质 21~30 | 蒸煮品质（项目和分值） | | | | | | 总评分 |
|---|---|---|---|---|---|---|---|---|
| | | 气味 4~7 | 色泽 4~7 | 糯性和甜度 10~18 | 柔嫩性 7~10 | 皮薄厚 10~18 | 风味 7~10 | |
| 对照 | 25.0 | 6.0 | 6.0 | 16.0 | 8.0 | 16.0 | 8.0 | 85.0 |
| 津白糯 2 号 | 26.5 | 6.4 | 6.3 | 17.0 | 9.1 | 16.9 | 9.0 | 91.2 |
| 景糯 398 | 23.3 | 6.3 | 5.9 | 17.3 | 8.8 | 16.3 | 8.8 | 86.7 |
| 润糯 988 | 27.2 | 6.4 | 6.5 | 16.6 | 8.6 | 16.5 | 8.5 | 90.3 |
| 斯达糯 71 | 26.3 | 6.4 | 6.5 | 16.6 | 8.6 | 16.6 | 8.8 | 89.8 |
| 香彩糯 103 | 26.5 | 6.5 | 6.5 | 16.9 | 9.0 | 17.0 | 8.8 | 91.1 |
| 津鲜糯 388 | 26.6 | 6.3 | 6.4 | 16.8 | 8.6 | 16.6 | 8.5 | 89.7 |
| 津白糯 3 号 | 27.1 | 6.4 | 6.4 | 16.5 | 8.7 | 17.0 | 8.8 | 90.8 |
| 嘉业银早 | 26.4 | 6.4 | 6.3 | 16.3 | 8.3 | 16.3 | 8.4 | 88.2 |
| 嘉业 80A | 27.3 | 6.4 | 6.4 | 16.8 | 8.9 | 16.6 | 8.5 | 90.8 |
| 普糯 188 | 27.3 | 6.4 | 6.5 | 16.5 | 8.8 | 17.0 | 8.5 | 90.9 |
| 美玉早 2 号 | 26.4 | 6.4 | 6.5 | 16.6 | 8.9 | 16.6 | 8.5 | 90.3 |
| 景黄糯 425 | 27.0 | 6.4 | 6.4 | 16.3 | 8.4 | 16.4 | 8.4 | 89.1 |
| 津糯 107 | 26.4 | 6.4 | 6.4 | 16.8 | 8.8 | 16.8 | 8.6 | 90.2 |
| 津糯 302 | 27.0 | 6.5 | 6.4 | 17.0 | 9.0 | 16.9 | 8.9 | 91.5 |
| 润黑甜糯 966 | 27.8 | 6.4 | 6.3 | 16.8 | 8.9 | 17.0 | 8.7 | 91.7 |
| 津甜糯 480 | 26.1 | 6.5 | 6.4 | 17.1 | 9.2 | 16.9 | 8.8 | 90.9 |

(续表)

| 品种名称 | 感官品质 21~30 | 蒸煮品质（项目和分值） | | | | | | 总评分 |
| --- | --- | --- | --- | --- | --- | --- | --- | --- |
| | | 气味 4~7 | 色泽 4~7 | 糯性和甜度 10~18 | 柔嫩性 7~10 | 皮薄厚 10~18 | 风味 7~10 | |
| 密甜糯21号 | 26.6 | 6.1 | 6.4 | 16.4 | 8.6 | 16.6 | 8.4 | 89.1 |
| 优彩甜糯8122 | 26.4 | 6.1 | 6.0 | 16.1 | 8.1 | 16.0 | 8.1 | 86.9 |
| 丰美玉18 | 26.5 | 6.6 | 6.4 | 16.6 | 8.5 | 16.8 | 8.6 | 90.0 |
| 珍彩甜糯608 | 27.4 | 6.6 | 6.3 | 16.8 | 8.9 | 16.6 | 8.7 | 91.3 |
| 迪彩甜糯676 | 26.9 | 6.5 | 6.3 | 16.8 | 8.8 | 16.7 | 8.6 | 90.4 |
| 天塔甜糯22 | 26.6 | 6.0 | 6.0 | 15.8 | 8.1 | 16.1 | 8.0 | 86.6 |
| 佳农636 | 27.6 | 6.4 | 6.1 | 16.5 | 8.4 | 16.4 | 8.4 | 89.7 |
| 富甜301 | 28.1 | 6.4 | 6.5 | 16.9 | 8.9 | 16.6 | 8.5 | 91.8 |
| 玉农金甜669 | 28.2 | 6.5 | 6.4 | 16.9 | 8.8 | 16.8 | 8.7 | 92.2 |
| 圳康健甜3号 | 27.7 | 6.3 | 6.3 | 16.4 | 8.6 | 16.5 | 8.4 | 90.1 |
| 斯达甜244 | 27.2 | 6.3 | 6.3 | 16.9 | 8.6 | 16.4 | 8.5 | 90.1 |
| 甜618 | 27.8 | 6.3 | 6.3 | 16.8 | 8.6 | 16.5 | 8.4 | 90.6 |
| 创甜20 | 26.8 | 6.4 | 6.4 | 16.8 | 8.6 | 16.8 | 8.3 | 89.9 |
| 碧莹801 | 26.3 | 6.3 | 6.4 | 16.1 | 8.6 | 16.4 | 8.5 | 88.5 |
| 白靓甜1号 | 26.4 | 6.4 | 6.4 | 16.9 | 8.8 | 17.0 | 8.6 | 90.4 |
| 津白甜1号 | 27.0 | 6.5 | 6.4 | 16.8 | 8.9 | 17.0 | 8.6 | 91.1 |
| 白玉101 | 27.0 | 6.4 | 6.4 | 16.8 | 9.1 | 16.9 | 8.8 | 91.3 |

（四）转基因检测结果

对2023年天津市鲜食玉米区域试验第一年参试的品种进行转基因检测，检测结果未发现呈阳性的品种。

（五）DNA指纹鉴定结果

对2023年天津市鲜食玉米区域试验样品进行DNA指纹真实性进行检测，确定其同一性和差异性，结果（表12-10）显示：同一性检测中，32份待测样品共筛出13套同名品种，其中1套同名品种间DNA指纹差异位点数≥2，其余品种间DNA指纹差异点数均＜2；差异性检测中，32份待测样品筛出3套疑似品种，且成套品种间DNA指纹差异位点数＜4。

**表12-10　2023年天津市鲜食玉米品种区域试验DNA指纹鉴定结果分析**

| 序号 | 待测样品 | 对照样品 | | 比较位点数 | 差异位点数 |
| --- | --- | --- | --- | --- | --- |
| | 样品名称 | 样品名称 | 来源 | | |
| 1 | 玉农金甜669 | 玉农金甜669 | 2022年天津鲜食玉米区域试验 | 40 | 2 |
| 2 | 玉农金甜669 | 玉农金甜669 | 2022年南方鲜食玉米（西南）科企联合体 | 40 | 2 |
| 3 | 玉农金甜669 | 玉农金甜669 | 2022年南方（东南）鲜食玉米科企联合体 | 40 | 0 |
| 4 | 津白糯2号 | 津白糯2号 | 2022年天津鲜食玉米区域试验 | 40 | 0 |
| 5 | 景糯398 | 景糯398 | 2022年天津鲜食玉米区域试验 | 40 | 0 |
| 6 | 润糯988 | 润糯988 | 2022年天津鲜食玉米区域试验 | 40 | 0 |

(续表)

| 序号 | 待测样品 | 对照样品 | | 比较位点数 | 差异位点数 |
|---|---|---|---|---|---|
| | 样品名称 | 样品名称 | 来源 | | |
| 7 | 润糯988 | 润糯988 | 2022年海南省鲜食玉米科企联合体 | 40 | 0 |
| 8 | 润黑甜糯966 | 润黑甜糯966 | 2022年天津鲜食玉米区域试验 | 40 | 1 |
| 9 | 润黑甜糯966 | 润黑甜糯966 | 2023年广西鲜食糯玉米区域试验 | 40 | 0 |
| 10 | 津甜糯480 | 津甜糯480 | 2022年天津鲜食玉米区域试验 | 40 | 0 |
| 11 | 密甜糯21号 | 密甜糯21号 | 2022年天津鲜食玉米区域试验 | 40 | 0 |
| 12 | 密甜糯21号 | 密甜糯21号 | 2022年中鲜玉（北京）鲜食玉米联合体 | 40 | 0 |
| 13 | 密甜糯21号 | 密甜糯21号 | 2023年中鲜玉（北京）鲜食玉米联合体 | 40 | 0 |
| 14 | 密甜糯21号 | 密甜糯21号 | 2023年中鲜玉（北京）鲜食玉米联合体 | 40 | 0 |
| 15 | 佳农636 | 佳农636 | 2023年中鲜玉（北京）鲜食玉米联合体 | 40 | 0 |
| 16 | 佳农636 | 佳农636 | 2023年中鲜玉（北京）鲜食玉米联合体 | 40 | 0 |
| 17 | 美玉早2号 | 美玉早2号 | 2023年海南省鲜食玉米科企联合体 | 40 | 0 |
| 18 | 富甜301 | 富甜301 | 2022年江苏省甜玉米区域试验 | 40 | 0 |
| 19 | 富甜301 | 富甜301 | 2023年江苏区试 | 40 | 0 |
| 20 | 富甜301 | 富甜301 | 2022年天津鲜食玉米区域试验 | 40 | 0 |
| 21 | 富甜301 | 富甜301 | 2022年科盛联合体 | 40 | 0 |
| 22 | 富甜301 | 富甜301 | 2023年东南新科联合体 | 40 | 0 |
| 23 | 富甜301 | 富甜301 | 2023年科盛联合体 | 40 | 0 |
| 24 | 碧莹801 | 碧莹801 | 2022年中鲜玉（北京）鲜食玉米联合体 | 40 | 0 |
| 25 | 白靓甜1号 | 白靓甜1号 | 2023年河北省玉米区域试验 | 40 | 0 |
| 26 | 白靓甜1号 | 白靓甜1号 | 2023年东南新科联合体 | 40 | 0 |
| 27 | 白玉101 | 白玉101 | 2022年山西省特用玉米联合体 | 40 | 0 |
| 28 | 优彩甜糯8122 | 津甜糯480 | 2022年天津鲜食玉米区域试验 | 40 | 2 |
| 29 | 优彩甜糯8122 | 津甜糯480 | 2023年天津市鲜食玉米区域试验 | 40 | 2 |
| 30 | 珍彩甜糯608 | 五月花甜 | 2023年申科玉（东南区）鲜食糯玉米品种试验联合体 | 40 | 2 |
| 31 | 珍彩甜糯608 | 五月花甜 | 2023年科盛联合体 | 40 | 2 |
| 32 | 珍彩甜糯608 | 先迪美娜 | 2021年重庆玉米区试 | 40 | 1 |

## 七、品种综述

### （一）糯玉米A组品种综述

参试品种鲜果穗亩产量范围在932.9~1 077.5千克，出苗至采收期天数为73.7~86.0天。各品种较对照增减产幅度为-3.1%~11.9%。对照乾坤银糯鲜果穗亩产963.2千克，出苗至采收期天数为83.5天。

各品种按增产百分比综述如下。

（1）润糯988。第二年参加试验，平均亩产鲜果穗1 095.7千克，较对照增产10.7%，增产点率

100%，居 12 个品种第 1 位。品尝鉴定结果 90.3 分。倒伏倒折率 15.2%。出苗至采收期 73.4 天，比对照短 4.8 天。

（2）珍彩甜糯 608。第一年参加试验，平均亩产鲜果穗 1 066.8 千克，较对照增产 7.8%，增产点率 100%，居 12 个品种第 2 位。品尝鉴定结果 91.3 分。倒伏倒折率 0。出苗至采收期 82.2 天，比对照短 1.3 天。

（3）津甜糯 480。第二年参加试验，平均亩产鲜果穗 1 040.3 千克，较对照增产 5.1%，增产点率 100%，居 12 个品种第 3 位。品尝鉴定结果 90.9 分。倒伏倒折率 0。出苗至采收期 76.8 天，比对照短 6.8 天。

（4）斯达糯 71。第一年参加试验，平均亩产鲜果穗 1 012.1 千克，较对照增产 2.3%，增产点率 83.3%，居 12 个品种第 4 位。品尝鉴定结果 89.8 分。倒伏倒折率 0。出苗至采收期 84.2 天，比对照短 0.8 天。

（5）津白糯 2 号。第二年参加试验，平均亩产鲜果穗 1 008.0 千克，较对照增产 1.9%，增产点 83.3%，居 12 个品种第 5 位。品尝鉴定结果 91.2 分。倒伏倒折率 0。出苗至采收期 78.6 天，比对照短 4.8 天。

（6）润黑甜糯 966。第二年参加试验，平均亩产鲜果穗 1 001.3 千克，较对照增产 1.2%，增产点率 66.7%，居 12 个品种第 6 位。品尝鉴定结果 91.7 分。倒伏倒折率 0。出苗至采收期 76.6 天，比对照短 6.8 天。

（7）优彩甜糯 8122。第一年参加试验，平均亩产鲜果穗 989.1 千克，较对照减产 0.1%，增产点率 50%，居 12 个品种第 8 位。品尝鉴定结果 86.9 分。倒伏倒折率 0.3%。出苗至采收期 79.2 天，比对照短 4.2 天。

（8）密甜糯 21 号。第二年参加试验，平均亩产鲜果穗 984.9 千克，较对照减产 0.5%，增产点率 66.7%，居 12 个品种第 9 位。品尝鉴定结果 89.1 分。倒伏倒折率 0.4%。出苗至采收期 79.4 天，比对照短 4 天。

（9）丰美玉 18。第一年参加试验，平均亩产鲜果穗 965.1 千克，较对照减产 2.5%，增产点率 66.7%，居 12 个品种第 10 位。品尝鉴定结果 90.0 分。倒伏倒折率 0。出苗至采收期 85.8 天，比对照长 2.4 天。

（10）香彩糯 103。第一年参加试验，平均亩产鲜果穗 959.5 千克，较对照减产 3.0%，增产点率 33.3%，居 12 个品种第 11 位。品尝鉴定结果 91.1 分。倒伏倒折率 0。出苗至采收期 83.8 天，比对照长 0.4 天。

（11）景糯 398。第二年参加试验，平均亩产鲜果穗 946.9 千克，较对照减产 4.3%，增产点率 66.7%，居 12 个品种第 12 位。品尝鉴定结果 86.7 分。倒伏倒折率 0。出苗至采收期 73.4 天，比对照短 10 天。

（二）糯玉米 B 组品种综述

13 个品种鲜果穗亩产量范围在 855.5~1099.3 千克，出苗至采收期天数为 70.2~83.2 天。各品种较对照增减产幅度为-12.0%~13.1%。对照乾坤银糯鲜果穗亩产 972.1 千克，居 13 各品种第 11 位，出苗至采收期天数为 83.4 天。

各品种按增产百分比综述如下。

（1）津糯 107。第一年参加试验，平均亩产鲜果穗 1 099.3 千克，较对照增产 13.1%，增产点率 100%，13 个品种第 1 位。品尝鉴定结果 90.2 分。倒伏倒折率 0。出苗至采收期 82.8 天，比对照短 0.6 天。

（2）景黄糯 425。第一年参加试验，平均亩产鲜果穗 1 098.8 千克，较对照增产 13.0%，增产点率 83.3%，居 13 个品种第 2 位。品尝鉴定结果 89.1 分。倒伏倒折 16.9%。出苗至采收期 77.6 天，比对照短 5.8 天。

（3）佳农 636。第一年参加试验，平均亩产鲜果穗 1 088.6 千克，较对照增产 12.0%，增产点率 83.3%，居 13 个品种第 3 位。品尝鉴定结果 89.7 分。倒伏倒折率 0。出苗至采收期 80.4 天，比对照短 3 天。

（4）津鲜糯 388。第一年参加试验，平均亩产鲜果穗 1 082.5 千克，较对照增产 11.4%，增产点率 83.3%，居 13 个品种第 4 位。品尝鉴定结果 89.7 分。倒伏倒折率 0。出苗至采收期 82.8 天，比对照短 0.6 天。

(5)嘉业80A。第一年参加试验,平均亩产鲜果穗1 063.3千克,较对照增产9.4%,增产点100%,居13个品种第5位。品尝鉴定结果90.8分。倒伏倒折率3.9%。出苗至采收期78.6天,比对照短4.8天。

(6)迪彩甜糯676。第一年参加试验,平均亩产鲜果穗1 031.5千克,较对照增产6.1%,增产点率83.3%,居13个品种第6位。品尝鉴定结果90.4分。倒伏倒折率0。出苗至采收期83.2天,比对照短0.2天。

(7)嘉业银早。第一年参加试验,平均亩产鲜果穗1 012.4千克,较对照增产4.1%。增产点率50%,居13个品种第7位。品尝鉴定结果88.2分。倒伏倒折率0。出苗至采收70.2天,比对照短13.2天。

(8)天塔甜糯22。第一年参加试验,平均亩产鲜果穗1 006.7千克,较对照增产3.6%,增产点率50%,居13个品种第8位。品尝鉴定结果86.6分。倒伏倒折率0.5%。出苗至采收期77.2天,比对照短6.2天。

(9)津白糯3号。第一年参加试验,平均亩产鲜果穗999.0千克,较对照增产2.8%,增产点率83.3%,居13个品种第9位。品尝鉴定结果90.8分。倒伏倒折率0。出苗至采收期76.8天,比对照短6.6天。

(10)普糯188。第一年参加试验,平均亩产鲜果穗998.8千克,较对照增产2.7%,增产点率83.3%,居13个品种第10位。品尝鉴定结果90.9分。倒伏倒折率18.3%。出苗至采收期77.4天,比对照短6天。

(11)津糯302。第一年参加试验,平均亩产鲜果穗966.7千克,较对照减产0.6%,增产点率66.7%,居13个品种第12位。品尝鉴定结果91.5分。倒伏倒折率0。出苗至采收期75.6天,比对照短7.8天。

(12)美玉早2号。第一年参加试验,平均亩产鲜果穗855.5千克,较对照减产12%,增产点率0,居13个品种第13位。品尝鉴定结果90.3分。倒伏倒折率0。出苗至采收期72.6天,比对照短10.8天。

(三)甜玉米组品种综述

11个品种鲜果穗亩产量范围在800.3~1025.2千克,出苗至采收期天数为72.4~92.0天。各品种较对照增减产幅度为14.7%~9.3%。对照万甜2000鲜果穗亩产938.1千克,居11各品种第5位,出苗至采收期天数为84.2天。

各品种按增产百分比综述如下。

(1)白靓甜1号。第一年参加试验,平均亩产鲜果穗1 025.20千克,较对照增产9.3%,增产点率100%,居11个品种第1位。品尝鉴定结果90.4分。倒伏倒折率0.9%。出苗至采收期81.2天,比对照长3天。

(2)创甜20。第一年参加试验,平均亩产鲜果穗988.7千克,较对照增产5.4%,增产点率66.7%,居11个品种第2位。品尝鉴定结果89.9分。倒伏倒折率0。出苗至采收期88.8天,比对照长4.6天。

(3)玉农金甜669。第二年参加试验,平均亩产鲜果穗965.3千克,较对照增产2.9%,增产点率83.3%,居11个品种第3位。品尝鉴定结果92.2分。倒伏倒折率7.6%。出苗至采收期84.0天,比对照短0.2天。

(4)斯达甜244。第一年参加试验,平均亩产鲜果953.2千克,较对照增产1.6%,增产点率50%,居11个品种第4位。品尝鉴定结果90.1分。倒伏倒折率1.0%。出苗至采收期79.8天,比对照短4.4天。

(5)甜618。第一年参加试验,平均亩产鲜果穗924.9千克,较对照减产1.4%,增产点率50%,居11个品种第6位。品尝鉴定结果90.6分。倒伏倒折率1.0%。出苗至采收期75.0天,比对照短9.2天。

(6)圳康健甜3号。第一年参加试验,平均亩产鲜果穗921.3千克,较对照减产1.8%,增产点率66.7%,居11个品种第7位。品尝鉴定结果90.1分。倒伏倒折率2.4%。出苗至采收期90.8天,比对照长6.6天。

(7)津白甜1号。第一年参加试验,平均亩产鲜果穗871.7千克,较对照减产7.1%,增产点率50%,居11个品种第8位。品尝鉴定结果91.1分。倒伏倒折3.1%。出苗至采收期90.8天,比对照短

11.8 天。

（8）白玉 101。第一年参加试验，平均亩产鲜果穗 812.6 千克，较对照减产 13.4%，增产点率 0，居 11 个品种第 9 位。品尝鉴定结果 91.3 分。倒伏倒折 0。出苗至采收期 76.2 天，比对照短 8 天。

（9）碧莹 801。第一年参加试验，平均亩产鲜果 811.4 千克，较对照减 13.5%，增产点 16.7%，居 11 个品种第 10 位。品尝鉴定结果 88.5 分。倒伏倒折 0。出苗至采收期 78.8 天，比对照短 5.4 天。

（10）富甜 301。第二年参加试验，平均亩产鲜果 800.3 千克，较对照减 14.7%，增产点 33.3%，居 11 个品种第 11 位。品尝鉴定结果 91.8 分。倒伏倒折 0。出苗至采收期 92.0 天，比对照长 7.8 天。

## 八、各参试品种处理意见

根据参试品种在区试中的综合表现，推荐津白糯 2 号、景糯 398、润糯 988、润黑甜糯 966、玉农金甜 669 参加审定；糯玉米 A 组中斯达糯 71 进入第二年试验，其他品种停止试验；糯玉米 B 组中普糯 188、景黄糯 425 停止试验，其他品种进入第二年试验；甜玉米组中富甜 301、碧莹 801、圳康健甜 3 号、白玉 101 终止试验，其他品种进入第二年试验。

2023 年天津市鲜食玉米品种区域试验数据汇总详见附表 12-1 至附表 12-7。

# 第十二章 2023年天津市鲜食玉米品种区域试验总结

附表12-1 2023年天津市鲜食玉米品种区域试验田间性状汇总（糯玉米A组）

| 序号 | 品种名称 | 试点名称 | 参试年次 | 出苗期（月/日） | 散粉期（月/日） | 吐丝期（月/日） | 果穗采收期（月/日） | 出苗至采收天数（天） | 株高（厘米） | 穗位高（厘米） | 花丝色 | 花药色 | 出苗率（%） | 双穗率（%） | 倒伏率（%） | 倒折率（%） | 大斑病（级） | 丝黑穗病（%） | 瘤黑粉病（%） | 矮花叶病（%） | 小斑病（级） |
|---|---|---|---|---|---|---|---|---|---|---|---|---|---|---|---|---|---|---|---|---|---|
| 1 | 乾坤银糯（CK） | 蓟州 |  | 5/12 | 7/10 | 7/12 | 8/4 | 85.0 | 250 | 111 | 浅紫 | 浅紫 | 98.4 | 0.0 | 11.9 | 0.0 | 1 | 0 | 0 | 0 | 1 |
|  |  | 宝坻 |  | 5/5 | 7/2 | 7/4 | 7/24 | 80.0 | 303 | 162 | 绿 | 浅紫 | 100.0 | 0.0 | 0.0 | 0.0 | 1 | 0 | 0 | 0 | 1 |
|  |  | 保农仓 |  | 5/18 | 7/14 | 7/15 | 8/10 | 84.0 | 242 | 130 | 绿 | 绿 | 100.0 | 0.0 | 0.0 | 0.0 | 1 | 0 | 0 | 0 | 1 |
|  |  | 作物所 |  | 5/6 | 7/10 | 7/13 | 7/26 | 81.0 | 318 | 168 | 绿 | 紫 | 99.2 | 0.0 | 12.0 | 7.2 | 1 | 0 | 0.8 | 0 | 1 |
|  |  | 玉米场 |  | 5/7 | 7/4 | 7/6 | 7/30 | 84.0 | 297 | 156 | 绿 | 浅紫 | 100.0 | 44.0 | 60.0 | 0.0 | 1 | 0 | 0 | 0 | 1 |
|  |  | 中天大地 |  | 5/16 | 7/18 | 7/19 | 8/10 | 87.0 | 275 | 110 | 粉 | 粉 | 100.0 | 0.0 | 0.0 | 0.0 | 1 | 0 | 0 | 0 | 1 |
|  |  | 中天润农 |  |  |  |  |  |  |  |  |  |  |  |  |  |  |  |  |  |  |  |
|  |  | 平均 |  |  |  |  |  | 83.5 | 280.7 | 139.5 |  |  | 99.6 | 7.3 | 14.0 | 1.2 | 1 | 0 | 0.1 | 0 | 1 |
| 2 | 津白糯2号 | 蓟州 | 2 | 5/12 | 7/1 | 7/4 | 8/3 | 84.0 | 202 | 73 | 绿 | 浅紫 | 99.2 | 0.0 | 0.0 | 0.0 | 1 | 0 | 0 | 0 | 1 |
|  |  | 宝坻 |  | 5/5 | 6/25 | 6/27 | 7/18 | 74.0 | 245 | 93 | 绿 | 浅紫 | 100.0 | 0.0 | 0.0 | 0.0 | 1 | 0 | 0 | 0 | 1 |
|  |  | 保农仓 |  | 5/18 | 7/3 | 7/9 | 8/4 | 78.0 | 230 | 105 | 绿 | 绿 | 100.0 | 0.0 | 0.0 | 0.0 | 1 | 0 | 0 | 0 | 1 |
|  |  | 作物所 |  | 5/6 | 6/29 | 6/30 | 7/21 | 76.0 | 237 | 97 | 绿 | 绿 | 99.2 | 2.4 | 0.0 | 0.0 | 1 | 0 | 0 | 0 | 1 |
|  |  | 玉米场 |  | 5/7 | 6/30 | 7/2 | 7/25 | 79.0 | 245 | 95 | 紫 | 紫 | 100.0 | 6.0 | 0.0 | 0.0 | 1 | 0 | 0 | 0 | 1 |
|  |  | 中天大地 |  | 5/16 | 7/9 | 7/11 | 8/3 | 80.0 | 231 | 90 | 紫 | 粉 | 100.0 | 0.0 | 0.0 | 0.0 | 1 | 0 | 0 | 0 | 1 |
|  |  | 中天润农 |  |  |  |  |  |  |  |  |  |  |  |  |  |  |  |  |  |  |  |
|  |  | 平均 |  |  |  |  |  | 78.5 | 231.7 | 92.2 |  |  | 99.9 | 1.4 | 0.0 | 0.0 | 1 | 0 | 0.0 | 0 | 1 |
| 3 | 景糯398 | 蓟州 | 2 | 5/12 | 6/20 | 6/22 | 7/14 | 74.0 | 188 | 63 | 浅紫 | 浅紫 | 99.2 | 0.0 | 0.0 | 0.0 | 1 | 0 | 2.4 | 0 | 1 |
|  |  | 宝坻 |  | 5/5 | 6/30 | 7/6 | 8/1 | 70.0 | 224 | 69 | 绿 | 绿 | 100.0 | 0.0 | 0.0 | 0.0 | 1 | 0 | 0 | 0 | 1 |
|  |  | 保农仓 |  | 5/18 | 6/27 | 6/29 | 7/19 | 75.0 | 199 | 75 | 绿 | 绿 | 99.3 | 1.6 | 0.0 | 0.0 | 1 | 0 | 0.8 | 0 | 1 |
|  |  | 作物所 |  | 5/6 | 6/27 | 6/27 | 7/20 | 74.0 | 200 | 70 | 绿 | 绿 | 98.4 | 3.0 | 0.0 | 0.0 | 1 | 0 | 0 | 0 | 1 |
|  |  | 玉米场 |  | 5/7 | 7/8 | 7/8 | 7/28 | 74.0 | 198 | 71 | 浅紫 | 绿 | 100.0 | 0.0 | 0.0 | 0.0 | 1 | 0 | 0 | 0 | 1 |
|  |  | 中天大地 |  | 5/16 |  |  |  | 75.0 | 212 | 87 | 粉 | 黄 | 100.0 | 0.0 | 0.0 | 0.0 | 1 | 0 | 0 | 0 | 1 |
|  |  | 中天润农 |  |  |  |  |  |  |  |  |  |  |  |  |  |  |  |  |  |  |  |
|  |  | 平均 |  |  |  |  |  | 73.7 | 203.4 | 72.5 |  |  | 99.5 | 0.8 | 0.0 | 0.0 | 1 | 0 | 0.5 | 0 | 1 |

(续表)

| 序号 | 品种名称 | 试点名称 | 参试年次 | 出苗期(月/日) | 散粉期(月/日) | 吐丝期(月/日) | 果穗采收期(月/日) | 出苗至采收天数(天) | 株高(厘米) | 穗位高(厘米) | 花丝色 | 花药色 | 出苗率(%) | 双穗率(%) | 倒伏率(%) | 倒折率(%) | 大斑病(级) | 丝黑穗病(%) | 瘤黑粉病(%) | 粗花叶病(%) | 小斑病(级) |
|---|---|---|---|---|---|---|---|---|---|---|---|---|---|---|---|---|---|---|---|---|---|
| 4 | 润糯988 | 蓟州 | 2 | 5/12 | 7/5 | 7/6 | 8/4 | 85.0 | 199 | 74 | 浅紫 | 浅紫 | 96.8 | 0.0 | 0.0 | 0.0 | 1 | 0 | 2.4 | 0 | 1 |
| | | 宝坻 | | 5/5 | 6/26 | 6/30 | 7/21 | 77.0 | 262 | 97 | 浅紫 | 绿 | 100.0 | 0.0 | 0.0 | 0.0 | 1 | 0 | 0 | 0 | 1 |
| | | 保农仓 | | 5/18 | 7/9 | 7/12 | 8/7 | 81.0 | 229 | 86 | 浅紫 | 浅紫 | 100.0 | 0.0 | 0.0 | 0.0 | 1 | 0 | 0 | 0 | 1 |
| | | 作物所 | | 5/6 | 7/2 | 7/5 | 7/25 | 80.0 | 233 | 85 | 绿 | 紫 | 99.2 | 0.8 | 0.0 | 0.0 | 1 | 0 | 0 | 0 | 1 |
| | | 玉米场 | | 5/7 | 7/3 | 7/5 | 7/28 | 82.0 | 253 | 96 | 浅紫 | 浅紫 | 100.0 | 11.0 | 0.0 | 0.0 | 1 | 0 | 0 | 0 | 1 |
| | | 中天大地 | | 5/16 | 7/11 | 7/12 | 8/3 | 80.0 | 220 | 89 | 粉 | 粉 | 100.0 | 0.0 | 0.0 | 0.0 | 1 | 0 | 0 | 0 | 1 |
| | | 中天润农 | | | | | | | | | | | | | | | | | | | |
| | | 平均 | | | | | | 80.8 | 232.7 | 87.8 | | | 99.3 | 2.0 | 0.0 | 0.0 | 1 | 0 | 0.4 | 0 | 1 |
| 5 | 润黑甜糯966 | 蓟州 | 2 | 5/12 | 6/30 | 7/4 | 7/27 | 77.0 | 172 | 61 | 绿 | 紫 | 97.6 | 0.0 | 0.0 | 0.0 | 1 | 0 | 0 | 0 | 1 |
| | | 宝坻 | | 5/5 | 6/23 | 6/28 | 7/18 | 74.0 | 230 | 82 | 绿 | 紫 | 100.0 | 0.0 | 0.0 | 0.0 | 1 | 0 | 0 | 0 | 1 |
| | | 保农仓 | | 5/18 | 7/4 | 7/10 | 8/4 | 78.0 | 211 | 72 | 紫 | 浅紫 | 97.8 | 0.0 | 0.0 | 0.0 | 1 | 0 | 0 | 0 | 1 |
| | | 作物所 | | 5/6 | 6/28 | 6/30 | 7/21 | 76.0 | 226 | 87 | 绿 | 深紫 | 99.2 | 0.0 | 0.0 | 0.0 | 1 | 0 | 0 | 0 | 1 |
| | | 玉米场 | | 5/7 | 6/27 | 7/1 | 7/24 | 78.0 | 220 | 88 | 绿 | 深紫 | 100.0 | 15.0 | 0.0 | 0.0 | 1 | 0 | 0 | 0 | 1 |
| | | 中天大地 | | 5/16 | 7/8 | 7/9 | 8/1 | 78.0 | 221 | 99 | 青 | 紫 | 100.0 | 0.0 | 0.0 | 0.0 | 1 | 0 | 4 | 0 | 1 |
| | | 中天润农 | | | | | | | | | | | | | | | | | | | |
| | | 平均 | | | | | | 76.8 | 213.3 | 81.5 | | | 99.1 | 2.5 | 0.0 | 0.0 | 1 | 0 | 0.7 | 0 | 1 |
| 6 | 津甜糯480 | 蓟州 | 2 | 5/12 | 7/1 | 7/3 | 7/27 | 77.0 | 175 | 72 | 绿 | 浅紫 | 98.4 | 0.0 | 0.0 | 0.0 | 1 | 0 | 0 | 0 | 1 |
| | | 宝坻 | | 5/5 | 6/24 | 6/26 | 7/17 | 73.0 | 204 | 84 | 绿 | 绿 | 100.0 | 0.0 | 0.0 | 0.0 | 1 | 0 | 0 | 0 | 1 |
| | | 保农仓 | | 5/18 | 7/6 | 7/13 | 8/6 | 80.0 | 205 | 97 | 绿 | 浅紫 | 97.0 | 0.0 | 0.0 | 0.0 | 1 | 0 | 0 | 0 | 1 |
| | | 作物所 | | 5/6 | 7/1 | 7/3 | 7/23 | 78.0 | 196 | 78 | 绿 | 浅紫 | 100.0 | 3.0 | 0.0 | 0.0 | 1 | 0 | 0 | 0 | 1 |
| | | 玉米场 | | 5/7 | 6/28 | 7/1 | 7/24 | 78.0 | 213 | 91 | 绿 | 浅紫 | 100.0 | 0.0 | 0.0 | 0.0 | 1 | 0 | 1.6 | 0 | 1 |
| | | 中天大地 | | 5/16 | 7/8 | 7/9 | 8/1 | 78.0 | 194 | 82 | 青 | 粉 | 100.0 | 0.0 | 0.0 | 0.0 | 1 | 0 | 0 | 0 | 1 |
| | | 中天润农 | | | | | | | | | | | | | | | | | | | |
| | | 平均 | | | | | | 77.3 | 197.8 | 84.0 | | | 99.2 | 0.5 | 0.0 | 0.0 | 1 | 0 | 0.3 | 0 | 1 |

第十二章 2023年天津市鲜食玉米品种区域试验总结

(续表)

| 序号 | 品种名称 | 试点名称 | 参试年次 | 出苗期(月/日) | 散粉期(月/日) | 吐丝期(月/日) | 果穗采收期(月/日) | 出苗至采收天数(天) | 株高(厘米) | 穗位高(厘米) | 花丝色 | 花药色 | 出苗率(%) | 双穗率(%) | 倒伏率(%) | 倒折率(%) | 大斑病(级) | 丝黑穗病(%) | 瘤黑粉病(%) | 矮花叶病(%) | 小斑病(级) |
|---|---|---|---|---|---|---|---|---|---|---|---|---|---|---|---|---|---|---|---|---|---|
| 7 | 密甜糯21号 | 蓟州 | 2 | 5/12 | 7/3 | 7/5 | 8/3 | 84.0 | 225 | 79 | 绿 | 绿 | 98.4 | 0.0 | 0.0 | 0.0 | 1 | 0 | 0 | 0 | 1 |
| | | 宝坻 | | 5/5 | 6/24 | 6/29 | 7/21 | 77.0 | 265 | 98 | 绿 | 绿 | 100.0 | 0.0 | 0.0 | 2.4 | 1 | 0 | 0 | 0 | 1 |
| | | 保农仓 | | 5/18 | 7/7 | 7/14 | 8/8 | 82.0 | 247 | 98 | 绿 | 绿 | 97.0 | 0.0 | 0.0 | 0.0 | 1 | 0 | 0 | 0 | 1 |
| | | 作物所 | | 5/6 | 6/30 | 7/2 | 7/23 | 78.0 | 246 | 105 | 绿 | 绿 | 100.0 | 4.8 | 0.0 | 0.0 | 1 | 0 | 0.8 | 0 | 1 |
| | | 玉米场 | | 5/7 | 6/28 | 7/1 | 7/24 | 78.0 | 259 | 112 | 绿 | 绿 | 100.0 | 33.0 | 0.0 | 0.0 | 1 | 0 | 3.2 | 0 | 1 |
| | | 中天大地 | | 5/16 | 7/9 | 7/12 | 8/3 | 80.0 | 234 | 100 | 青 | 黄 | 100.0 | 0.0 | 0.0 | 0.0 | 1 | 0 | 0 | 0 | 1 |
| | | 中天稻农 | | | | | | | | | | | | | | | | | | | |
| | | 平均 | | | | | | 79.8 | 246.0 | 98.7 | | | 99.2 | 6.3 | 0.0 | 0.4 | 1 | 0 | 0.7 | 0 | 1 |
| 8 | 优彩甜糯8122 | 蓟州 | 1 | 5/12 | 7/2 | 7/6 | 8/4 | 85.0 | 179 | 75 | 绿 | 浅紫 | 97.6 | 0.0 | 0.0 | 0.0 | 1 | 0 | 0 | 0 | 1 |
| | | 宝坻 | | 5/5 | 6/24 | 6/30 | 7/20 | 76.0 | 209 | 96 | 绿 | 绿 | 100.0 | 0.0 | 0.0 | 0.0 | 1 | 0 | 0 | 0 | 1 |
| | | 保农仓 | | 5/19 | 7/6 | 7/11 | 8/4 | 78.0 | 210 | 95 | 绿 | 绿 | 97.8 | 0.0 | 0.0 | 0.0 | 1 | 0 | 0 | 0 | 1 |
| | | 作物所 | | 5/6 | 7/1 | 7/3 | 7/23 | 78.0 | 209 | 90 | 绿 | 绿 | 100.0 | 2.4 | 1.6 | 0.0 | 1 | 0 | 0 | 0 | 1 |
| | | 玉米场 | | 5/7 | 6/29 | 7/1 | 7/24 | 78.0 | 196 | 98 | 绿 | 绿 | 100.0 | 21.0 | 0.0 | 0.0 | 1 | 0 | 0 | 0 | 1 |
| | | 中天大地 | | 5/16 | 7/9 | 7/11 | 8/2 | 79.0 | 192 | 82 | 青 | 黄 | 100.0 | 0.0 | 0.0 | 0.0 | 1 | 0 | 0.8 | 0 | 1 |
| | | 中天稻农 | | | | | | | | | | | | | | | | | | | |
| | | 平均 | | | | | | 79.0 | 199.2 | 89.3 | | | 99.2 | 3.9 | 0.3 | 0.0 | 1 | 0 | 0.1 | 0 | 1 |
| 9 | 斯达糯71 | 蓟州 | 1 | 5/12 | 7/8 | 7/13 | 8/7 | 88.0 | 247 | 79 | 绿 | 紫 | 96.8 | 0.0 | 0.0 | 0.0 | 1 | 0 | 0 | 0 | 1 |
| | | 宝坻 | | 5/5 | 7/1 | 7/5 | 7/25 | 81.0 | 276 | 115 | 绿 | 紫 | 100.0 | 0.0 | 0.0 | 0.0 | 1 | 0 | 0 | 0 | 1 |
| | | 保农仓 | | 5/18 | 7/13 | 7/17 | 8/10 | 84.0 | 272 | 115 | 绿 | 绿 | 100.0 | 0.0 | 0.0 | 0.0 | 1 | 0 | 0 | 0 | 1 |
| | | 作物所 | | 5/6 | 7/4 | 7/8 | 7/29 | 84.0 | 269 | 91 | 绿 | 深紫 | 100.0 | 1.6 | 0.0 | 0.0 | 1 | 0 | 2.4 | 0 | 1 |
| | | 玉米场 | | 5/7 | 7/2 | 7/7 | 7/30 | 84.0 | 274 | 106 | 绿 | 深紫 | 100.0 | 5.0 | 0.0 | 0.0 | 1 | 0 | 0 | 0 | 1 |
| | | 中天大地 | | 5/16 | 7/15 | 7/17 | 8/7 | 84.0 | 274 | 111 | 青 | 紫 | 100.0 | 0.0 | 0.0 | 0.0 | 1 | 0 | 0 | 0 | 1 |
| | | 中天稻农 | | | | | | | | | | | | | | | | | | | |
| | | 平均 | | | | | | 84.2 | 268.7 | 102.8 | | | 99.5 | 1.1 | 0.0 | 0.0 | 1 | 0 | 0.4 | 0 | 1 |

· 139 ·

(续表)

| 序号 | 品种名称 | 试点名称 | 参试年次 | 出苗期(月/日) | 散粉期(月/日) | 吐丝期(月/日) | 果穗采收期(月/日) | 出苗至采收天数(天) | 株高(厘米) | 穗位高(厘米) | 花丝色 | 花药色 | 出苗率(%) | 双穗率(%) | 倒伏率(%) | 倒折率(%) | 大斑病(级) | 丝黑穗病(%) | 瘤黑粉病(%) | 绞花叶病(%) | 小斑病(级) |
|---|---|---|---|---|---|---|---|---|---|---|---|---|---|---|---|---|---|---|---|---|---|
| 10 | 香彩糯103 | 蓟州 | 1 | 5/12 | 7/7 | 7/12 | 8/7 | 88.0 | 199 | 84 | 绿 | 浅紫 | 97.6 | 3.5 | 0.0 | 0.0 | 1 | 0 | 0 | 0 | 1 |
|  |  | 宝坻 |  | 5/5 | 6/30 | 7/5 | 7/25 | 81.0 | 215 | 98 | 绿 | 浅紫 | 100.0 | 0.0 | 0.0 | 0.0 | 1 | 0 | 0 | 0 | 1 |
|  |  | 保农仓 |  | 5/18 | 7/14 | 7/19 | 8/12 | 86.0 | 215 | 99 | 绿 | 紫 | 99.3 | 0.0 | 0.0 | 0.0 | 1 | 0 | 0 | 0 | 1 |
|  |  | 作物所 |  | 5/6 | 7/5 | 7/8 | 7/27 | 82.0 | 223 | 93 | 绿 | 紫 | 100.0 | 0.0 | 0.0 | 0.0 | 1 | 0 | 1.6 | 0 | 1 |
|  |  | 玉米场 |  | 5/7 | 7/3 | 7/6 | 7/30 | 84.0 | 227 | 100 | 绿 | 紫 | 100.0 | 56.0 | 0.0 | 0.0 | 1 | 0 | 0 | 0 | 1 |
|  |  | 中天大地 |  | 5/16 | 7/15 | 7/17 | 8/7 | 84.0 | 211 | 92 | 青 | 粉 | 100.0 | 0.0 | 0.0 | 0.0 | 1 | 0 | 0 | 0 | 1 |
|  |  | 中天消农 |  |  |  |  |  |  |  |  |  |  |  |  |  |  |  |  |  |  |  |
|  |  | 平均 |  |  |  |  |  | 84.2 | 214.9 | 94.3 |  |  | 99.5 | 9.9 | 0.0 | 0.0 | 1 | 0 | 0.3 | 0 | 1 |
| 11 | 丰美玉18 | 蓟州 | 1 | 5/12 | 7/9 | 7/13 | 8/7 | 88.0 | 244 | 104 | 紫 | 紫 | 97.6 | 0.0 | 0.0 | 0.0 | 1 | 0 | 0 | 0 | 1 |
|  |  | 宝坻 |  | 5/5 | 6/30 | 7/1 | 7/27 | 83.0 | 258 | 109 | 绿 | 紫 | 100.0 | 0.0 | 0.0 | 0.0 | 1 | 0 | 0 | 0 | 1 |
|  |  | 保农仓 |  | 5/18 | 7/15 | 7/18 | 8/13 | 87.0 | 241 | 125 | 浅紫 | 紫 | 97.8 | 0.0 | 0.0 | 0.0 | 1 | 0 | 0 | 0 | 1 |
|  |  | 作物所 |  | 5/6 | 7/5 | 7/9 | 7/31 | 86.0 | 257 | 120 | 浅紫 | 深紫 | 100.0 | 0.0 | 0.0 | 0.0 | 1 | 0 | 0 | 0 | 1 |
|  |  | 玉米场 |  | 5/7 | 7/5 | 7/8 | 8/1 | 85.0 | 253 | 121 | 浅紫 | 深紫 | 100.0 | 10.0 | 0.0 | 0.0 | 1 | 0 | 0 | 0 | 1 |
|  |  | 中天大地 |  | 5/16 | 7/18 | 7/20 | 8/10 | 87.0 | 258 | 122 | 粉 | 粉 | 100.0 | 0.0 | 0.0 | 0.0 | 1 | 0 | 0.8 | 0 | 1 |
|  |  | 中天消农 |  |  |  |  |  |  |  |  |  |  |  |  |  |  |  |  |  |  |  |
|  |  | 平均 |  |  |  |  |  | 86.0 | 251.8 | 116.8 |  |  | 99.2 | 1.7 | 0.0 | 0.0 | 1 | 0 | 0.1 | 0 | 1 |
| 12 | 珍彩甜糯608 | 蓟州 | 1 | 5/12 | 7/7 | 7/9 | 8/4 | 85.0 | 235 | 98 | 浅紫 | 浅紫 | 98.4 | 0.0 | 0.0 | 0.0 | 1 | 0 | 0 | 0 | 1 |
|  |  | 宝坻 |  | 5/5 | 6/30 | 7/2 | 7/24 | 80.0 | 248 | 103 | 绿 | 紫 | 100.0 | 0.0 | 0.0 | 0.0 | 1 | 0 | 0 | 0 | 1 |
|  |  | 保农仓 |  | 5/18 | 7/12 | 7/14 | 8/8 | 82.0 | 257 | 112 | 绿 | 紫 | 97.8 | 0.0 | 0.0 | 0.0 | 1 | 0 | 0 | 0 | 1 |
|  |  | 作物所 |  | 5/6 | 7/3 | 7/5 | 7/25 | 80.0 | 263 | 111 | 绿 | 紫 | 98.4 | 0.0 | 0.0 | 0.0 | 1 | 0 | 0.8 | 0 | 1 |
|  |  | 玉米场 |  | 5/7 | 7/3 | 7/5 | 7/28 | 82.0 | 259 | 121 | 绿 | 紫 | 100.0 | 45.0 | 0.0 | 0.0 | 1 | 0 | 0 | 0 | 1 |
|  |  | 中天大地 |  | 5/16 | 7/14 | 7/15 | 8/7 | 84.0 | 262 | 123 | 粉 | 粉 | 100.0 | 0.0 | 0.0 | 0.0 | 1 | 0 | 0 | 0 | 1 |
|  |  | 中天消农 |  |  |  |  |  |  |  |  |  |  |  |  |  |  |  |  |  |  |  |
|  |  | 平均 |  |  |  |  |  | 82.2 | 254.0 | 111.3 |  |  | 99.1 | 7.5 | 0.0 | 0.0 | 1 | 0 | 0.1 | 0 | 1 |

附表12-2 2023年天津市鲜食玉米品种区域试验产量性状汇总（糯玉米A组）

| 序号 | 品种名称 | 试点名称 | 参试年次 | 穗长（厘米） | 穗粗（厘米） | 秃尖长（厘米） | 穗型 | 穗行数 | 行粒数 | 粒色 | 轴色 | 小区产量（千克） | 折合亩产（千克） | 较对照增减（%） | 位次 |
|---|---|---|---|---|---|---|---|---|---|---|---|---|---|---|---|
| 1 | 乾坤银糯 | 蓟州 | | 23.9 | 4.90 | 0.5 | 长锥型 | 13.4 | 48.1 | 白 | 白 | 23.19 | 966.3 | — | 5 |
| | | 宝坻 | | 23.6 | 4.90 | 0.7 | 长锥型 | 24.3 | 46.5 | 白 | 白 | 21.58 | 899.2 | — | 8 |
| | | 保农仓 | | 22.0 | 4.80 | 2.0 | 长锥型 | 13.2 | 40.8 | 白 | 白 | 19.95 | 831.2 | — | 20 |
| | | 作物所 | | 23.5 | 4.70 | 0.7 | 锥型 | 14.0 | 45.0 | 白 | 白 | 23.87 | 994.5 | — | 12 |
| | | 玉米场 | | 24.2 | 5.40 | 0.5 | 锥型 | 14.0 | 50.4 | 白 | 白 | 26.79 | 1 116.4 | — | 8 |
| | | 中天大地 | | 26.7 | 5.20 | 1.1 | 锥型 | 14.0 | 47.0 | 白 | 白 | 23.32 | 971.7 | — | 10 |
| | | 中天润农 | | | | | | | | | | | | | |
| | | 平均 | | 24.0 | 5.00 | 0.9 | | 15.5 | 46.3 | | | 23.10 | 963.2 | | |
| 2 | 津白糯2号 | 蓟州 | 2 | 20.1 | 5.00 | 1.5 | 长锥型 | 13.2 | 34.1 | 白 | 白 | 22.53 | 938.8 | -2.85 | 6 |
| | | 宝坻 | | 21.9 | 4.70 | 0.5 | 锥型 | 13.8 | 37.8 | 白 | 白 | 21.70 | 904.2 | 0.56 | 6 |
| | | 保农仓 | | 22.2 | 4.80 | 0.4 | 长锥型 | 14.8 | 37.0 | 白 | 白 | 21.09 | 878.8 | 5.70 | 17 |
| | | 作物所 | | 21.2 | 4.66 | 0.3 | 锥型 | 15.4 | 40.0 | 白 | 白 | 22.93 | 1 012.4 | 1.80 | 11 |
| | | 玉米场 | | 23.0 | 5.30 | 0.3 | 锥型 | 14.0 | 40.0 | 白 | 白 | 28.21 | 1 175.6 | 5.30 | 3 |
| | | 中天大地 | | 22.2 | 4.30 | 2.1 | 锥型 | 14.0 | 32.0 | 白 | 白 | 24.22 | 1 009.2 | 3.90 | 6 |
| | | 中天润农 | | | | | | | | | | | | | |
| | | 平均 | | 21.8 | 4.80 | 0.9 | | 14.2 | 36.8 | | | 23.40 | 986.5 | | |
| 3 | 景糯398 | 蓟州 | 2 | 19.9 | 5.10 | 2.3 | 长筒型 | 16.0 | 33.4 | 白 | 白 | 19.37 | 807.1 | -16.47 | 12 |
| | | 宝坻 | | 22.4 | 5.10 | 1.8 | 长筒型 | 17.0 | 39.0 | 白、黄 | 白 | 21.84 | 910.0 | 1.20 | 5 |
| | | 保农仓 | | 20.4 | 5.20 | 0.4 | 长筒型 | 15.2 | 37.2 | 白 | 白 | 20.71 | 862.9 | 3.80 | 18 |
| | | 作物所 | | 22.6 | 5.12 | 2.0 | 筒型 | 16.0 | 41.0 | 白 | 白 | 25.63 | 1 067.8 | 7.40 | 7 |
| | | 玉米场 | | 20.6 | 4.80 | 0.2 | 锥型 | 13.2 | 37.2 | 白 | 白 | 23.24 | 968.3 | -13.27 | 12 |
| | | 中天大地 | | 20.2 | 4.90 | 0.4 | 筒型 | 16.0 | 36.0 | 白 | 白 | 23.55 | 981.3 | 1.00 | 8 |
| | | 中天润农 | | | | | | | | | | | | | |
| | | 平均 | | 21.0 | 5.00 | 1.2 | | 15.6 | 37.3 | | | 22.4 | 932.9 | | |

（续表）

| 序号 | 品种名称 | 试点名称 | 参试年次 | 穗长（厘米） | 穗粗（厘米） | 秃尖长（厘米） | 穗型 | 穗行数 | 行粒数 | 粒色 | 轴色 | 小区产量（千克） | 折合亩产（千克） | 较对照增减（%） | 位次 |
|---|---|---|---|---|---|---|---|---|---|---|---|---|---|---|---|
| 4 | 润糯988 | 蓟州 | 2 | 20.3 | 5.40 | 0.8 | 长锥型 | 13.4 | 33.3 | 白 | 白 | 23.91 | 996.25 | 3.10 | 3 |
|  |  | 宝坻 |  | 22.1 | 5.20 | 0.0 | 长锥型 | 14.8 | 38.2 | 白 | 白 | 23.22 | 967.5 | 7.60 | 1 |
|  |  | 保农仓 |  | 21.8 | 5.10 | 0.4 | 长锥型 | 14.4 | 37.0 | 白 | 白 | 23.68 | 986.7 | 18.70 | 1 |
|  |  | 作物所 |  | 22.6 | 5.44 | 0.0 | 锥型 | 15.4 | 39.0 | 白 | 白 | 28.61 | 1 192.2 | 19.90 | 1 |
|  |  | 玉米场 |  | 23.2 | 5.60 | 0.2 | 锥型 | 16.4 | 38.6 | 白 | 白 | 29.11 | 1 213.1 | 8.66 | 1 |
|  |  | 中天大地 |  | 22.8 | 4.70 | 0.1 | 锥型 | 14.0 | 37.0 | 白 | 白 | 26.62 | 1 109.2 | 14.20 | 1 |
|  |  | 中天润农 |  |  |  |  |  |  |  |  |  |  |  |  |  |
|  |  | 平均 |  | 22.1 | 5.20 | 0.3 |  | 14.7 | 37.2 |  |  | 25.90 | 1 077.5 |  |  |
| 5 | 润黑甜糯966 | 蓟州 | 2 | 19.5 | 5.30 | 0.3 | 长筒型 | 15.4 | 34.7 | 紫 | 紫 | 21.47 | 894.6 | −7.42 | 10 |
|  |  | 宝坻 |  | 19.9 | 5.20 | 0.0 | 长筒型 | 16.6 | 37.4 | 紫、白 | 白 | 21.96 | 915.0 | 1.76 | 4 |
|  |  | 保农仓 |  | 20.7 | 5.00 | 0.8 | 长筒型 | 15.6 | 34.0 | 紫（鲜食） | 紫 | 19.95 | 831.3 | 0.00 | 20 |
|  |  | 作物所 |  | 20.6 | 5.13 | 0.2 | 筒型 | 16.0 | 39.0 | 黑紫 | 深紫 | 24.87 | 1 036.4 | 4.20 | 9 |
|  |  | 玉米场 |  | 22.4 | 5.40 | 0.0 | 锥型 | 16.4 | 39.6 | 紫 | 紫 | 26.60 | 1 108.6 | −0.70 | 9 |
|  |  | 中天大地 |  | 19.2 | 5.10 | 0.2 | 锥型 | 14.0 | 34.0 | 黑 | 黑 | 25.24 | 1 051.7 | 8.20 | 3 |
|  |  | 中天润农 |  |  |  |  |  |  |  |  |  |  |  |  |  |
|  |  | 平均 |  | 20.4 | 5.20 | 0.3 |  | 15.7 | 36.5 |  |  | 23.30 | 972.9 |  |  |
| 6 | 津甜糯480 | 蓟州 | 2 | 22.3 | 5.10 | 1.4 | 长筒型 | 15.8 | 38.6 | 白 | 白 | 23.93 | 997.1 | 3.19 | 2 |
|  |  | 宝坻 |  | 20.5 | 5.00 | 1.2 | 长锥型 | 16.6 | 37.6 | 白 | 白 | 21.63 | 901.3 | 0.23 | 7 |
|  |  | 保农仓 |  | 19.8 | 5.20 | 2.0 | 长筒型 | 15.6 | 35.6 | 白 | 白 | 22.42 | 934.2 | 12.40 | 9 |
|  |  | 作物所 |  | 21.5 | 4.97 | 0.5 | 筒型 | 15.4 | 42.0 | 白 | 白 | 27.02 | 1 126.0 | 13.20 | 4 |
|  |  | 玉米场 |  | 21.9 | 5.50 | 2.9 | 锥型 | 16.8 | 38.4 | 白 | 白 | 26.90 | 1 121.1 | 0.42 | 7 |
|  |  | 中天大地 |  | 21.5 | 5.50 | 0.6 | 筒型 | 18.0 | 40.0 | 白 | 白 | 25.34 | 1 055.8 | 8.70 | 2 |
|  |  | 中天润农 |  |  |  |  |  |  |  |  |  |  |  |  |  |
|  |  | 平均 |  | 21.3 | 5.20 | 1.4 |  | 16.4 | 38.7 |  |  | 24.50 | 1 022.6 |  |  |

(续表)

| 序号 | 品种名称 | 试点名称 | 参试年次 | 穗长(厘米) | 穗粗(厘米) | 秃尖长(厘米) | 穗型 | 穗行数 | 行粒数 | 粒色 | 轴色 | 小区产量(千克) | 折合亩产(千克) | 较对照增减(%) | 位次 |
|---|---|---|---|---|---|---|---|---|---|---|---|---|---|---|---|
| 7 | 密甜糯21号 | 蓟州 | 2 | 20.1 | 5.10 | 0.4 | 长锥型 | 16.8 | 40.2 | 黄 | 白 | 21.35 | 889.6 | -7.93 | 11 |
| | | 宝坻 | | 21.1 | 5.10 | 0.4 | 长锥型 | 17.4 | 43.0 | 白 | 白 | 22.70 | 945.8 | 5.19 | 2 |
| | | 保农仓 | | 22.4 | 5.10 | 1.6 | 长锥型 | 15.6 | 42.6 | 白 | 白 | 21.66 | 902.5 | 8.60 | 15 |
| | | 作物所 | | 21.0 | 4.93 | 0.2 | 锥型 | 16.6 | 45.0 | 白 | 白 | 24.39 | 1 016.2 | 2.20 | 10 |
| | | 玉米场 | | 21.6 | 5.50 | 0.7 | 锥型 | 16.4 | 45.6 | 白 | 白 | 28.29 | 1 178.9 | 5.60 | 2 |
| | | 中天大地 | | 22.3 | 4.60 | 0.1 | 锥型 | 16.0 | 45.0 | 白 | 白 | 21.46 | 894.2 | -8.00 | 12 |
| | | 平均 | | 21.4 | 5.10 | 0.6 | | 16.5 | 43.6 | | | 23.30 | 971.2 | | |
| 8 | 优彩甜糯8122 | 蓟州 | 1 | 22.3 | 5.10 | 0.9 | 长筒型 | 16.6 | 39.6 | 花色 | 白 | 22.48 | 936.7 | -3.06 | 7 |
| | | 宝坻 | | 22.5 | 5.00 | 1.5 | 长锥型 | 14.2 | 42.2 | 紫、黄、白 | 白 | 19.23 | 801.3 | -10.89 | 11 |
| | | 保农仓 | | 22.2 | 5.00 | 0.8 | 长锥型 | 13.6 | 39.6 | 花色(鲜食) | 白 | 22.99 | 958.0 | 15.20 | 4 |
| | | 作物所 | | 22.3 | 5.02 | 1.8 | 锥型 | 16.0 | 42.0 | 彩 | 白 | 27.45 | 1 143.8 | 15.00 | 3 |
| | | 玉米场 | | 22.6 | 5.00 | 3.5 | 锥型 | 14.8 | 40.6 | 彩 | 白 | 24.39 | 1 016.1 | -8.98 | 11 |
| | | 中天大地 | | 19.9 | 4.80 | 0.1 | 筒型 | 14.0 | 39.0 | 彩 | 白 | 25.14 | 1 047.5 | 7.80 | 5 |
| | | 平均 | | 22.0 | 5.00 | 1.4 | | 14.9 | 40.5 | | | 23.60 | 983.9 | | |
| 9 | 斯达糯71 | 蓟州 | 1 | 23.7 | 5.00 | 1.1 | 长锥型 | 15.6 | 48.6 | 白 | 白 | 23.86 | 994.2 | 2.89 | 4 |
| | | 宝坻 | | 23.5 | 5.10 | 2.7 | 长锥型 | 16.6 | 45.5 | 白 | 白 | 20.11 | 837.9 | -6.81 | 10 |
| | | 保农仓 | | 22.2 | 4.90 | 5.0 | 长筒型 | 15.2 | 35.8 | 白 | 白 | 22.23 | 926.3 | 11.40 | 11 |
| | | 作物所 | | 23.8 | 5.01 | 2.3 | 筒型 | 15.4 | 45.0 | 白 | 白 | 26.52 | 1 105.1 | 11.10 | 6 |
| | | 玉米场 | | 24.0 | 5.40 | 3.5 | 锥型 | 16.0 | 49.8 | 白 | 白 | 27.14 | 1 130.9 | 1.30 | 6 |
| | | 中天大地 | | 21.9 | 4.60 | 2.5 | 锥型 | 14.0 | 40.0 | 白 | 白 | 23.82 | 992.5 | 2.10 | 7 |
| | | 中天润农 | | | | | | | | | | | | | |
| | | 平均 | | 23.2 | 5.00 | 2.9 | | 15.5 | 44.1 | | | 23.9 | 997.8 | | |

(续表)

| 序号 | 品种名称 | 试点名称 | 参试年次 | 穗长（厘米） | 穗粗（厘米） | 秃尖长（厘米） | 穗型 | 穗行数 | 行粒数 | 粒色 | 轴色 | 小区产量（千克） | 折合亩产（千克） | 较对照增减（%） | 位次 |
|---|---|---|---|---|---|---|---|---|---|---|---|---|---|---|---|
| 10 | 香彩糯103 | 蓟州 | 1 | 21.5 | 5.20 | 1.1 | 长锥型 | 15.8 | 37.2 | 花色 | 白 | 21.90 | 912.5 | -5.56 | 9 |
|  |  | 宝坻 |  | 23.0 | 5.20 | 3.8 | 长锥型 | 16.2 | 36.0 | 白、紫 | 白 | 20.21 | 842.1 | -6.35 | 9 |
|  |  | 保农仓 |  | 20.6 | 5.40 | 5.6 | 长筒型 | 15.6 | 29.6 | 花色（鲜食） | 白 | 20.71 | 862.9 | 3.80 | 18 |
|  |  | 作物所 |  | 21.2 | 5.01 | 1.0 | 锥型 | 16.6 | 38.0 | 彩 | 白 | 25.50 | 1 062.6 | 6.80 | 8 |
|  |  | 玉米场 |  | 22.8 | 5.40 | 1.7 | 锥型 | 15.6 | 39.0 | 彩 | 白 | 25.26 | 1 052.7 | -5.71 | 10 |
|  |  | 中天大地 |  | 21.2 | 4.90 | 2.2 | 锥型 | 16.0 | 36.0 | 彩 | 白 | 22.26 | 927.5 | -4.50 | 11 |
|  |  | 中天润农 |  |  |  |  |  |  |  |  |  |  |  |  |  |
|  |  | 平均 |  | 21.7 | 5.20 | 2.6 |  | 16.0 | 36.0 |  |  | 22.60 | 943.4 |  |  |
| 11 | 丰美玉18 | 蓟州 | 1 | 22.4 | 5.20 | 0.3 | 长锥型 | 16.0 | 42.5 | 花色 | 白 | 22.12 | 921.7 | -4.61 | 8 |
|  |  | 宝坻 |  | 20.5 | 4.70 | 1.4 | 长锥型 | 15.4 | 32.7 | 白、紫 | 白 | 14.30 | 595.8 | -33.73 | 12 |
|  |  | 保农仓 |  | 23.8 | 5.20 | 2.8 | 长筒型 | 15.2 | 38.4 | 花色（鲜食） | 白 | 23.25 | 968.8 | 16.50 | 2 |
|  |  | 作物所 |  | 22.8 | 4.94 | 1.5 | 筒型 | 16.0 | 40.0 | 彩 | 白 | 28.11 | 1 171.2 | 17.80 | 2 |
|  |  | 玉米场 |  | 24.6 | 5.00 | 0.7 | 锥型 | 16.8 | 47.0 | 白 | 白 | 27.75 | 1 156.1 | 3.56 | 5 |
|  |  | 中天大地 |  | 23.6 | 5.10 | 0.1 | 筒型 | 16.0 | 45.0 | 彩 | 白 | 23.54 | 980.8 | 0.90 | 9 |
|  |  | 中天润农 |  |  |  |  |  |  |  |  |  |  |  |  |  |
|  |  | 平均 |  | 23.0 | 5.00 | 1.1 |  | 15.9 | 40.9 |  |  | 23.20 | 965.7 |  |  |
| 12 | 珍彩甜糯608 | 蓟州 | 1 | 24.1 | 5.20 | 0.9 | 长筒型 | 15.2 | 45.0 | 花色 | 白 | 25.06 | 1 044.2 | 8.06 | 1 |
|  |  | 宝坻 |  | 22.4 | 4.90 | 0.6 | 长锥型 | 14.4 | 41.6 | 白、紫 | 白 | 22.55 | 939.6 | 4.49 | 3 |
|  |  | 保农仓 |  | 22.6 | 4.80 | 1.0 | 长锥型 | 15.2 | 40.8 | 花色（鲜食） | 白 | 22.61 | 942.1 | 13.30 | 6 |
|  |  | 作物所 |  | 23.2 | 4.70 | 0.2 | 筒型 | 15.6 | 44.0 | 彩 | 白 | 26.99 | 1 124.7 | 13.10 | 5 |
|  |  | 玉米场 |  | 24.8 | 5.10 | 0.7 | 锥型 | 14.4 | 46.4 | 彩 | 白 | 28.19 | 1 174.6 | 5.21 | 4 |
|  |  | 中天大地 |  | 21.8 | 5.30 | 0.1 | 锥型 | 14.0 | 42.0 | 彩 | 白 | 25.22 | 1 050.8 | 8.10 | 4 |
|  |  | 中天润农 |  |  |  |  |  |  |  |  |  |  |  |  |  |
|  |  | 平均 |  | 23.2 | 5.00 | 0.6 |  | 14.8 | 43.3 |  |  | 25.10 | 1 046.0 |  |  |

附表12-3  2023年天津市鲜食玉米品种区域试验田间性状汇总（糯玉米B组）

| 序号 | 品种名称 | 试点名称 | 参试年次 | 出苗期(月/日) | 散粉期(月/日) | 吐丝期(月/日) | 果穗采收期(月/日) | 出苗至采收天数(天) | 株高(厘米) | 穗位高(厘米) | 花丝色 | 花药色 | 出苗率(%) | 双穗率(%) | 倒伏率(%) | 倒折率(%) | 大斑病(级) | 丝黑穗病(%) | 瘤黑粉病(%) | 矮花叶病(%) | 小斑病(级) |
|---|---|---|---|---|---|---|---|---|---|---|---|---|---|---|---|---|---|---|---|---|---|
| 1 | 乾坤银糯（CK） | 蓟州 | | 5/12 | 7/10 | 7/12 | 8/4 | 85.0 | 246.0 | 108.0 | 浅紫 | 浅紫 | 99.2 | 0.0 | 19.8 | 0.0 | 1 | 0.0 | 0.0 | 0.0 | 1 |
| | | 宝坻 | | 5/5 | 7/2 | 7/4 | 7/24 | 80.0 | 302.0 | 163.0 | 绿 | 浅紫 | 100.0 | 2.4 | 0.0 | 0.0 | 1 | 0.0 | 0.0 | 0.0 | 1 |
| | | 保农仓 | | 5/18 | 7/11 | 7/16 | 8/10 | 84.0 | 251.0 | 112.0 | 绿 | 浅紫 | 100.0 | 0.0 | 69.6 | 0.0 | 1 | 0.0 | 0.0 | 0.0 | 1 |
| | | 作物所 | | 5/6 | 7/5 | 7/7 | 7/26 | 81.0 | 278.0 | 139.0 | 绿 | 紫 | 99.2 | 0.8 | 16.0 | 9.6 | 1 | 0.0 | 0.0 | 0.0 | 1 |
| | | 玉米场 | | 5/7 | 7/4 | 7/6 | 7/30 | 84.0 | 297.0 | 156.0 | 粉 | 粉 | 100.0 | 47.0 | 0.0 | 0.0 | 1 | 0.0 | 0.0 | 0.0 | 1 |
| | | 中天大地 | | 5/16 | 7/18 | 7/19 | 8/10 | 87.0 | 275.0 | 110.0 | | | 100.0 | 0.0 | 0.0 | 0.0 | | | | | |
| | | 中天润农 | | | | | | | | | | | | | | | | | | | |
| | | 平均 | | | | | | 83.5 | 274.7 | 131.3 | | | 99.7 | 8.4 | 17.6 | 1.6 | 1 | 0.0 | 0.0 | 0.0 | 1 |
| 2 | 迪彩甜糯676 | 蓟州 | 1 | 5/12 | 7/7 | 7/9 | 8/4 | 85.0 | 230.0 | 109.0 | 浅紫 | 紫 | 99.2 | 0.0 | 0.0 | 0.0 | 1 | 0.0 | 0.0 | 0.0 | 1 |
| | | 宝坻 | | 5/5 | 6/29 | 7/3 | 7/24 | 80.0 | 278.0 | 124.0 | 绿 | 紫 | 100.0 | 0.0 | 0.0 | 0.0 | 1 | 0.0 | 0.0 | 0.0 | 1 |
| | | 保农仓 | | 5/18 | 7/12 | 7/15 | 8/10 | 84.0 | 244.0 | 117.0 | 紫 | 紫 | 98.5 | 3.0 | 0.0 | 0.0 | 1 | 0.0 | 0.0 | 0.0 | 1 |
| | | 作物所 | | 5/6 | 7/3 | 7/5 | 7/25 | 80.0 | 258.0 | 108.0 | 绿 | 深紫 | 100.0 | 73.0 | 0.0 | 0.0 | 1 | 0.0 | 1.6 | 0.0 | 1 |
| | | 玉米场 | | 5/7 | 7/3 | 7/6 | 7/30 | 84.0 | 251.0 | 116.0 | 浅紫 | 深紫 | 100.0 | 0.0 | 0.0 | 0.0 | | | | | |
| | | 中天大地 | | 5/16 | 7/20 | 7/21 | 8/10 | 87.0 | 265.0 | 125.0 | 粉 | 粉 | 100.0 | 0.0 | 0.0 | 0.0 | | | | | |
| | | 中天润农 | | | | | | | | | | | | | | | | | | | |
| | | 平均 | | | | | | 83.3 | 254.3 | 116.5 | | | 99.6 | 12.7 | 0.0 | 0.0 | 1 | 0.0 | 0.3 | 0.0 | 1 |
| 3 | 津鲜糯388 | 蓟州 | 1 | 5/12 | 7/5 | 7/10 | 8/4 | 85.0 | 220.0 | 81.0 | 绿 | 绿 | 99.2 | 0.0 | 0.0 | 0.0 | 1 | 0.0 | 0.0 | 0.0 | 1 |
| | | 宝坻 | | 5/5 | 6/30 | 7/4 | 7/23 | 79.0 | 267.0 | 115.0 | 绿 | 绿 | 100.0 | 1.5 | 0.0 | 0.0 | 1 | 0.0 | 0.0 | 0.0 | 1 |
| | | 保农仓 | | 5/18 | 7/10 | 7/13 | 8/8 | 82.0 | 249.0 | 115.0 | 绿 | 绿 | 97.0 | 0.0 | 0.0 | 0.0 | 1 | 0.0 | 2.4 | 0.0 | 1 |
| | | 作物所 | | 5/6 | 7/4 | 7/6 | 7/27 | 82.0 | 243.0 | 103.0 | 绿 | 浅紫 | 100.0 | 0.0 | 0.0 | 0.0 | 1 | 0.0 | 0.8 | 0.0 | 1 |
| | | 玉米场 | | 5/7 | 7/3 | 7/6 | 7/30 | 84.0 | 246.0 | 109.0 | 青 | 黄 | 100.0 | 45.0 | 0.0 | 0.0 | | | | | |
| | | 中天大地 | | 5/16 | 7/12 | 7/14 | 8/7 | 84.0 | 239.0 | 100.0 | | | 100.0 | 0.0 | 0.0 | 0.0 | | | | | |
| | | 中天润农 | | | | | | | | | | | | | | | | | | | |
| | | 平均 | | | | | | 82.7 | 243.9 | 103.7 | | | 99.4 | 7.8 | 0.0 | 0.0 | 1 | 0.0 | 0.5 | 0.0 | 1 |

(续表)

| 序号 | 品种名称 | 试点名称 | 参试年次 | 出苗期(月/日) | 散粉期(月/日) | 吐丝期(月/日) | 果穗采收期(月/日) | 出苗至采收天数(天) | 株高(厘米) | 穗位高(厘米) | 花丝色 | 花药色 | 出苗率(%) | 双穗率(%) | 倒伏率(%) | 倒折率(%) | 大斑病(级) | 丝黑穗病(%) | 瘤黑粉病(%) | 矮花叶病(%) | 小斑病(级) |
|---|---|---|---|---|---|---|---|---|---|---|---|---|---|---|---|---|---|---|---|---|---|
| 4 | 天塔甜糯22 | 蓟州 | 1 | 5/12 | 7/1 | 7/4 | 8/3 | 84.0 | 192.0 | 72.0 | 浅紫 | 浅紫 | 98.4 | 0.0 | 0.0 | 0.0 | 1 | 0.0 | 1.6 | 0.0 | 1 |
|  |  | 宝坻 |  | 5/5 | 6/25 | 6/27 | 7/18 | 74.0 | 225.0 | 98.0 | 绿 | 绿 | 100.0 | 2.2 | 0.0 | 0.0 | 1 | 0.0 | 0.0 | 0.0 | 1 |
|  |  | 保农仓 |  | 5/18 | 7/4 | 7/8 | 8/3 | 77.0 | 217.0 | 110.0 | 浅紫 | 绿 | 99.3 | 0.0 | 0.0 | 0.0 | 1 | 0.0 | 0.0 | 0.0 | 1 |
|  |  | 作物所 |  | 5/6 | 6/28 | 6/30 | 7/21 | 76.0 | 226.0 | 96.0 | 浅紫 | 绿 | 100.0 | 0.0 | 0.0 | 3.2 | 1 | 0.0 | 2.4 | 0.0 | 1 |
|  |  | 玉米场 |  | 5/7 | 6/27 | 6/30 | 7/23 | 77.0 | 225.0 | 98.0 | 浅紫 | 浅紫 | 100.0 | 55.0 | 0.0 | 0.0 | 1 | 0.0 | 0.0 | 0.0 | 1 |
|  |  | 中天大地 |  | 5/16 | 7/7 | 7/7 | 7/28 | 75.0 | 216.0 | 92.0 | 粉 | 黄 | 100.0 | 4.0 | 0.0 | 0.0 | 1 | 0.0 | 2.4 | 0.0 | 1 |
|  |  | 中天消农 |  |  |  |  |  |  |  |  |  |  |  |  |  |  |  |  |  |  |  |
|  |  | 平均 |  |  |  |  |  | 77.2 | 216.8 | 94.3 |  |  | 99.6 | 10.2 | 0.0 | 0.5 | 1 | 0.0 | 1.1 | 0.0 | 1 |
| 5 | 津白糯3号 | 蓟州 | 1 | 5/12 | 7/2 | 7/2 | 7/27 | 77.0 | 188.0 | 73.0 | 紫 | 紫 | 99.2 | 0.0 | 0.0 | 0.0 | 1 | 0.0 | 0.0 | 0.0 | 1 |
|  |  | 宝坻 |  | 5/5 | 6/25 | 6/27 | 7/18 | 74.0 | 226.0 | 102.0 | 绿 | 紫 | 100.0 | 0.0 | 0.0 | 0.0 | 1 | 0.0 | 0.8 | 0.0 | 1 |
|  |  | 保农仓 |  | 5/18 | 7/7 | 7/8 | 8/3 | 77.0 | 206.0 | 75.0 | 紫 | 浅紫 | 97.0 | 0.0 | 0.0 | 0.0 | 1 | 0.0 | 0.0 | 0.0 | 1 |
|  |  | 作物所 |  | 5/6 | 6/28 | 6/29 | 7/23 | 78.0 | 224.0 | 88.0 | 浅紫 | 深紫 | 100.0 | 0.0 | 0.0 | 0.0 | 1 | 0.0 | 0.8 | 0.0 | 1 |
|  |  | 玉米场 |  | 5/7 | 6/30 | 7/1 | 7/23 | 77.0 | 220.0 | 91.0 | 浅紫 | 深紫 | 100.0 | 62.0 | 0.0 | 0.0 | 1 | 0.0 | 0.0 | 0.0 | 1 |
|  |  | 中天大地 |  | 5/16 | 7/9 | 7/9 | 8/1 | 78.0 | 203.0 | 80.0 | 紫 | 紫 | 100.0 | 0.0 | 0.0 | 0.0 | 1 | 0.0 | 0.0 | 0.0 | 1 |
|  |  | 中天消农 |  |  |  |  |  |  |  |  |  |  |  |  |  |  |  |  |  |  |  |
|  |  | 平均 |  |  |  |  |  | 76.8 | 211.1 | 84.7 |  |  | 99.4 | 10.3 | 0.0 | 0.0 | 1 | 0.0 | 0.3 | 0.0 | 1 |
| 6 | 嘉业银早 | 蓟州 | 1 | 5/12 | 6/26 | 6/28 | 7/16 | 67.0 | 150.0 | 58.0 | 浅紫 | 浅紫 | 100.0 | 0.0 | 0.0 | 0.0 | 1 | 0.0 | 0.0 | 0.0 | 1 |
|  |  | 宝坻 |  | 5/5 | 6/19 | 6/22 | 7/14 | 70.0 | 214.0 | 70.0 | 绿 | 浅紫 | 100.0 | 0.0 | 0.0 | 0.0 | 1 | 0.0 | 0.0 | 0.0 | 1 |
|  |  | 保农仓 |  | 5/18 | 6/30 | 7/2 | 7/27 | 70.0 | 182.0 | 72.0 | 绿 | 浅紫 | 100.0 | 0.0 | 0.0 | 0.0 | 1 | 0.0 | 0.8 | 0.0 | 1 |
|  |  | 作物所 |  | 5/6 | 6/24 | 6/26 | 7/16 | 71.0 | 191.0 | 77.0 | 绿 | 紫 | 100.0 | 0.0 | 0.0 | 0.0 | 1 | 0.0 | 0.0 | 0.0 | 1 |
|  |  | 玉米场 |  | 5/7 | 6/23 | 6/25 | 7/18 | 72.0 | 199.0 | 74.0 | 浅紫 | 粉 | 100.0 | 1.0 | 0.0 | 0.0 | 1 | 0.0 | 0.0 | 0.0 | 1 |
|  |  | 中天大地 |  | 5/16 | 6/30 | 7/1 | 7/24 | 71.0 | 183.0 | 72.0 | 青 |  | 100.0 | 0.0 | 0.0 | 0.0 | 1 | 0.0 | 0.0 | 0.0 | 1 |
|  |  | 中天消农 |  |  |  |  |  |  |  |  |  |  |  |  |  |  |  |  |  |  |  |
|  |  | 平均 |  |  |  |  |  | 70.2 | 186.4 | 70.4 |  |  | 100.0 | 0.2 | 0.0 | 0.0 | 1 | 0.0 | 0.1 | 0.0 | 1 |

# 第十二章 2023年天津市鲜食玉米品种区域试验总结

（续表）

| 序号 | 品种名称 | 试点名称 | 参试年次 | 出苗期（月/日） | 散粉期（月/日） | 吐丝期（月/日） | 果穗采收期（月/日） | 出苗至采收天数（天） | 株高（厘米） | 穗位高（厘米） | 花丝色 | 花药色 | 出苗率（%） | 双穗率（%） | 倒伏率（%） | 倒折率（%） | 大斑病（级） | 丝黑穗病（%） | 瘤黑粉病（%） | 矮花叶病（%） | 小斑病（级） |
|---|---|---|---|---|---|---|---|---|---|---|---|---|---|---|---|---|---|---|---|---|---|
| 7 | 嘉业80A | 蓟州 | 1 | 5/12 | 7/5 | 7/7 | 7/28 | 78.0 | 216.0 | 82.0 | 浅紫 | 浅紫 | 96.8 | 0.0 | 0.0 | 0.0 | 1 | 0.0 | 0.0 | 0.0 | 1 |
|  |  | 宝坻 |  | 5/5 | 6/27 | 6/30 | 7/21 | 77.0 | 245.0 | 105.0 | 绿 | 绿 | 100.0 | 0.0 | 0.0 | 0.0 | 1 | 0.0 | 0.0 | 0.0 | 1 |
|  |  | 保农仓 |  | 5/18 | 7/6 | 7/11 | 8/4 | 78.0 | 225.0 | 83.0 | 浅紫 | 浅紫 | 97.0 | 0.0 | 19.8 | 0.0 | 1 | 0.0 | 0.0 | 0.0 | 1 |
|  |  | 作物所 |  | 5/6 | 7/1 | 7/3 | 7/23 | 78.0 | 239.0 | 92.0 | 绿 | 紫 | 100.0 | 0.0 | 1.6 | 1.6 | 1 | 0.0 | 0.0 | 0.0 | 1 |
|  |  | 玉米场 |  | 5/7 | 7/1 | 7/3 | 7/26 | 80.0 | 239.0 | 118.0 | 浅紫 | 浅紫 | 100.0 | 25.0 | 0.0 | 0.0 | 1 | 0.0 | 0.0 | 0.0 | 1 |
|  |  | 中天大地 |  | 5/16 | 7/10 | 7/13 | 8/3 | 80.0 | 223.0 | 92.0 | 青 | 粉 | 100.0 | 0.0 | 0.0 | 0.0 | 1 | 0.0 | 0.0 | 0.0 | 1 |
|  |  | 中天润农 |  |  |  |  |  |  |  |  |  |  |  |  |  |  |  |  |  |  |  |
|  |  | 平均 |  |  |  |  |  | 78.5 | 231.2 | 95.3 |  |  | 99.0 | 4.2 | 3.6 | 0.3 | 1 | 0.0 | 0.0 | 0.0 | 1 |
| 8 | 普糯188 | 蓟州 | 1 | 5/12 | 7/2 | 7/3 | 7/27 | 77.0 | 214.0 | 87.0 | 紫 | 绿 | 96.0 | 0.0 | 60.0 | 0.0 | 1 | 0.0 | 0.0 | 0.0 | 1 |
|  |  | 宝坻 |  | 5/5 | 6/27 | 6/28 | 7/17 | 73.0 | 252.0 | 119.0 | 浅紫 | 绿 | 100.0 | 0.0 | 0.0 | 32.8 | 1 | 0.0 | 1.6 | 0.0 | 1 |
|  |  | 保农仓 |  | 5/18 | 7/8 | 7/9 | 8/4 | 78.0 | 238.0 | 106.0 | 浅紫 | 绿 | 99.3 | 0.0 | 0.0 | 16.7 | 1 | 0.0 | 0.0 | 0.0 | 1 |
|  |  | 作物所 |  | 5/6 | 7/1 | 7/3 | 7/23 | 78.0 | 266.0 | 112.0 | 浅紫 | 绿 | 100.0 | 0.0 | 0.0 | 0.0 | 1 | 0.0 | 0.0 | 0.0 | 1 |
|  |  | 玉米场 |  | 5/7 | 7/1 | 7/3 | 7/26 | 80.0 | 254.0 | 118.0 | 浅紫 | 绿 | 100.0 | 60.0 | 0.0 | 0.0 | 1 | 0.0 | 0.0 | 0.0 | 1 |
|  |  | 中天大地 |  | 5/16 | 7/10 | 7/10 | 8/2 | 79.0 | 223.0 | 98.0 | 粉 | 黄 | 100.0 | 0.0 | 0.0 | 0.0 | 1 | 0.0 | 0.0 | 0.0 | 1 |
|  |  | 中天润农 |  |  |  |  |  |  |  |  |  |  |  |  |  |  |  |  |  |  |  |
|  |  | 平均 |  |  |  |  |  | 77.5 | 241.1 | 106.5 |  |  | 99.2 | 10.0 | 10.0 | 8.3 | 1 | 0.0 | 0.3 | 0.0 | 1 |
| 9 | 佳农636 | 蓟州 | 1 | 5/12 | 7/3 | 7/5 | 8/3 | 84.0 | 223.0 | 85.0 | 紫 | 浅紫 | 97.6 | 0.0 | 0.0 | 0.0 | 1 | 0.0 | 0.0 | 0.0 | 1 |
|  |  | 宝坻 |  | 5/5 | 6/28 | 6/29 | 7/21 | 77.0 | 258.0 | 118.0 | 绿 | 绿 | 100.0 | 0.0 | 0.0 | 0.0 | 1 | 0.0 | 0.0 | 0.0 | 1 |
|  |  | 保农仓 |  | 5/18 | 7/7 | 7/11 | 8/4 | 78.0 | 242.0 | 99.0 | 浅紫 | 绿 | 98.5 | 0.0 | 0.0 | 0.0 | 1 | 0.0 | 0.0 | 0.0 | 1 |
|  |  | 作物所 |  | 5/6 | 7/2 | 7/4 | 7/22 | 77.0 | 243.0 | 101.0 | 浅紫 | 绿 | 100.0 | 0.0 | 0.0 | 0.0 | 1 | 0.0 | 0.0 | 0.0 | 1 |
|  |  | 玉米场 |  | 5/7 | 6/30 | 7/2 | 7/26 | 80.0 | 248.0 | 106.0 | 浅紫 | 浅紫 | 100.0 | 27.0 | 0.0 | 0.0 | 1 | 0.0 | 0.8 | 0.0 | 1 |
|  |  | 中天大地 |  | 5/16 | 7/11 | 7/14 | 8/7 | 84.0 | 247.0 | 99.0 | 粉 | 粉 | 100.0 | 0.0 | 0.0 | 0.0 | 1 | 0.0 | 2.4 | 0.0 | 1 |
|  |  | 中天润农 |  |  |  |  |  |  |  |  |  |  |  |  |  |  |  |  |  |  |  |
|  |  | 平均 |  |  |  |  |  | 80.0 | 243.4 | 101.3 |  |  | 99.4 | 4.5 | 0.0 | 0.0 | 1 | 0.0 | 0.5 | 0.0 | 1 |

(续表)

| 序号 | 品种名称 | 试点名称 | 参试年次 | 出苗期(月/日) | 散粉期(月/日) | 吐丝期(月/日) | 果穗采收期(月/日) | 出苗至采收天数(天) | 株高(厘米) | 穗位高(厘米) | 花丝色 | 花药色 | 出苗率(%) | 双穗率(%) | 倒伏率(%) | 倒折率(%) | 大斑病(级) | 丝黑穗病(%) | 瘤黑粉病(%) | 矮花叶病(%) | 小斑病(级) |
|---|---|---|---|---|---|---|---|---|---|---|---|---|---|---|---|---|---|---|---|---|---|
| 10 | 美玉早2号 | 蓟州 | 1 | 5/12 | 6/27 | 7/1 | 7/24 | 74.0 | 190.0 | 72.0 | 紫 | 浅紫 | 97.6 | 0.0 | 0.0 | 0.0 | 1 | 0.0 | 13.5 | 0.0 | 1 |
| | | 宝坻 | | 5/5 | 6/22 | 6/22 | 7/14 | 70.0 | 237.0 | 95.0 | 绿 | 浅紫 | 100.0 | 0.0 | 0.0 | 0.0 | 1 | 0.0 | 1.2 | 0.0 | 1 |
| | | 保农仓 | | 5/18 | 7/1 | 7/8 | 8/3 | 77.0 | 215.0 | 90.0 | 绿 | 浅紫 | 98.5 | 0.0 | 0.0 | 0.0 | 1 | 0.0 | 0.0 | 0.0 | 1 |
| | | 作物所 | | 5/6 | 6/27 | 6/28 | 7/18 | 73.0 | 220.0 | 81.0 | 紫 | 紫 | 100.0 | 6.0 | 0.0 | 0.0 | 1 | 0.0 | 0.0 | 0.0 | 1 |
| | | 玉米场 | | 5/7 | 6/24 | 6/26 | 7/17 | 71.0 | 198.0 | 93.0 | 紫 | 浅紫 | 100.0 | 0.0 | 0.0 | 0.0 | 1 | 0.0 | 0.0 | 0.0 | 1 |
| | | 中天大地 | | 5/16 | 7/5 | 7/10 | 7/28 | 75.0 | 201.0 | 74.0 | 紫 | 粉 | 100.0 | | | | | | 12.0 | | |
| | | 中天消农 | | | | | | | | | | | | | | | | | | | |
| | | 平均 | | | | | | 73.3 | 210.2 | 84.1 | | | 99.4 | 1.0 | 0.0 | 0.0 | 1 | 0.0 | 4.5 | 0.0 | 1 |
| 11 | 景黄糯425 | 蓟州 | 1 | 5/12 | 7/5 | 7/5 | 7/28 | 78.0 | 229.0 | 83.0 | 浅紫 | 浅紫 | 97.6 | 4.8 | 0.0 | 0.0 | 1 | 0.0 | 0.0 | 0.0 | 1 |
| | | 宝坻 | | 5/5 | 6/27 | 6/28 | 7/20 | 76.0 | 230.0 | 97.0 | 绿 | 绿 | 100.0 | 0.0 | 80.0 | 0.0 | 1 | 0.0 | 0.0 | 0.0 | 1 |
| | | 保农仓 | | 5/18 | 7/10 | 7/10 | 8/4 | 78.0 | 240.0 | 97.0 | 绿 | 绿 | 100.0 | 0.0 | 11.1 | 10.4 | 1 | 0.0 | 1.6 | 0.0 | 1 |
| | | 作物所 | | 5/6 | 6/29 | 7/1 | 7/22 | 77.0 | 231.0 | 94.0 | 绿 | 浅紫 | 100.0 | 5.0 | 0.0 | 0.0 | 1 | 0.0 | 0.0 | 0.0 | 1 |
| | | 玉米场 | | 5/7 | 6/29 | 7/1 | 7/24 | 78.0 | 239.0 | 96.0 | 浅紫 | 浅紫 | 100.0 | 0.0 | 0.0 | 0.0 | 1 | 0.0 | 1.6 | 0.0 | 1 |
| | | 中天大地 | | 5/16 | 7/10 | 7/11 | 8/2 | 79.0 | 226.0 | 107.0 | 粉 | 黄 | 100.0 | | | | | | | | |
| | | 中天消农 | | | | | | | | | | | | | | | | | | | |
| | | 平均 | | | | | | 77.7 | 232.5 | 95.5 | | | 99.6 | 1.6 | 15.2 | 1.7 | 1 | 0.0 | 0.3 | 0.0 | 1 |
| 12 | 津糯107 | 蓟州 | 1 | 5/12 | 7/7 | 7/10 | 8/4 | 85.0 | 210.0 | 77.0 | 浅紫 | 浅紫 | 97.6 | 0.0 | 0.0 | 0.0 | 1 | 0.0 | 0.0 | 0.0 | 1 |
| | | 宝坻 | | 5/5 | 7/2 | 7/4 | 7/24 | 80.0 | 238.0 | 108.0 | 绿 | 绿 | 100.0 | 0.0 | 0.0 | 0.0 | 1 | 0.0 | 0.0 | 0.0 | 1 |
| | | 保农仓 | | 5/18 | 7/11 | 7/14 | 8/7 | 81.0 | 214.0 | 93.0 | 绿 | 绿 | 97.0 | 0.0 | 0.0 | 0.0 | 1 | 0.0 | 0.0 | 0.0 | 1 |
| | | 作物所 | | 5/6 | 7/3 | 7/5 | 7/27 | 82.0 | 228.0 | 97.0 | 浅紫 | 浅紫 | 98.4 | 0.0 | 0.0 | 0.0 | 1 | 0.0 | 1.6 | 0.0 | 1 |
| | | 玉米场 | | 5/7 | 7/3 | 7/6 | 7/29 | 83.0 | 210.0 | 92.0 | 绿 | 浅紫 | 100.0 | 71.0 | 0.0 | 0.0 | 1 | 0.0 | 0.0 | 0.0 | 1 |
| | | 中天大地 | | 5/16 | 7/14 | 7/16 | 8/7 | 84.0 | 229.0 | 90.0 | 紫 | 粉 | 100.0 | | | | | | | | |
| | | 中天消农 | | | | | | | | | | | | | | | | | | | |
| | | 平均 | | | | | | 82.5 | 221.4 | 92.8 | | | 98.8 | 11.8 | 0.0 | 0.0 | 1 | 0.0 | 0.3 | 0.0 | 1 |

(续表)

| 序号 | 品种名称 | 试点名称 | 参试年次 | 出苗期(月/日) | 散粉期(月/日) | 吐丝期(月/日) | 果穗采收期(月/日) | 出苗至采收天数(天) | 株高(厘米) | 穗位高(厘米) | 花丝色 | 花药色 | 出苗率(%) | 双穗率(%) | 倒伏率(%) | 倒折率(%) | 大斑病(级) | 丝黑穗病(%) | 瘤黑粉病(%) | 矮花叶病(%) | 小斑病(级) |
|---|---|---|---|---|---|---|---|---|---|---|---|---|---|---|---|---|---|---|---|---|---|
| 13 | 津糯302 | 蓟州 | 1 | 5/12 | 6/30 | 7/2 | 7/24 | 74.0 | 210.0 | 75.0 | 浅紫 | 浅紫 | 97.6 | 0.0 | 0.0 | 0.0 | 1 | 0.0 | 0.0 | 0.0 | 1 |
| | | 宝坻 | | 5/5 | 6/24 | 6/26 | 7/17 | 73.0 | 248.0 | 111.0 | 绿 | 绿 | 100.0 | 0.0 | 0.0 | 0.0 | 1 | 0.0 | 0.0 | 0.0 | 1 |
| | | 保农仓 | | 5/18 | 7/3 | 7/8 | 8/3 | 77.0 | 227.0 | 90.0 | 浅紫 | 绿 | 98.5 | 0.0 | 0.0 | 0.0 | 1 | 0.0 | 0.0 | 0.0 | 1 |
| | | 作物所 | | 5/6 | 6/28 | 6/30 | 7/20 | 75.0 | 247.0 | 95.0 | 绿 | 绿 | 99.2 | 23.0 | 0.0 | 0.0 | 1 | 0.0 | 0.0 | 0.0 | 1 |
| | | 玉米场 | | 5/7 | 6/27 | 6/30 | 7/23 | 77.0 | 220.0 | 93.0 | 浅紫 | 深紫 | 100.0 | 0.0 | 0.0 | 0.0 | 1 | 0.0 | 0.0 | 0.0 | 1 |
| | | 中天大地 | | 5/16 | 7/9 | 7/11 | 8/2 | 79.0 | 231.0 | 94.0 | 粉 | 黄 | 100.0 | 3.8 | 0.0 | 0.0 | 1 | 0.0 | 0.0 | 0.0 | |
| | | 中天润农 | | | | | | | | | | | | | | | | | | | |
| | | 平均 | | | | | | 75.8 | 230.4 | 92.9 | | | 99.2 | | | | | | | | 1 |

附表12-4 2023年天津市鲜食玉米品种区域试验产量性状汇总（糯玉米B组）

| 序号 | 品种名称 | 试点名称 | 参试年次 | 穗长（厘米） | 穗粗（厘米） | 秃尖长（厘米） | 穗型 | 穗行数 | 行粒数 | 粒色 | 轴色 | 小区产量（千克） | 折合亩产（千克） | 较对照增减（%） | 位次 |
|---|---|---|---|---|---|---|---|---|---|---|---|---|---|---|---|
| 1 | 乾坤银糯（CK） | 蓟州 | | 22.7 | 4.90 | 2.2 | 长锥型 | 13.6 | 44.0 | 白 | 白 | 22.01 | 917.1 | — | 7 |
| | | 宝坻 | | 23.7 | 4.90 | 1.0 | 长锥型 | 14.0 | 47.9 | 白 | 白 | 21.31 | 887.9 | 0.00 | 10 |
| | | 保农仓 | | 21.6 | 5.00 | 1.8 | 长锥型 | 12.8 | 39.2 | 白 | 白 | 19.57 | 815.4 | -1.90 | 23 |
| | | 作物所 | | 23.5 | 4.69 | 0.7 | 锥型 | 14.0 | 45.0 | 白 | 白 | 22.99 | 957.9 | — | 11 |
| | | 玉米场 | | 24.2 | 5.40 | 0.5 | 锥型 | 14.0 | 50.4 | 白 | 白 | 26.79 | 1 116.4 | 0.00 | 9 |
| | | 中天大地 | | 26.7 | 5.20 | 1.1 | 锥型 | 14.0 | 47.0 | 白 | 白 | 23.55 | 981.3 | 0.00 | 10 |
| | | 中天润农 | | | | | | | | | | | | | |
| | | 平均 | | 23.7 | 5.00 | 1.2 | | 13.7 | 45.6 | | | 22.70 | 946.0 | | |
| 2 | 迪彩甜糯676 | 蓟州 | 1 | 22.7 | 5.00 | 0.1 | 长锥型 | 14.8 | 43.3 | 花色 | 白 | 23.66 | 985.8 | 7.50 | 5 |
| | | 宝坻 | | 22.7 | 4.90 | 0.0 | 长锥型 | 15.4 | 42.6 | 白、紫 | | 21.53 | 897.1 | 1.03 | 9 |
| | | 保农仓 | | 22.0 | 5.00 | 0.8 | 长锥型 | 14.0 | 37.4 | 花色（鲜食） | | 22.96 | 956.7 | 15.10 | 5 |
| | | 作物所 | | 23.5 | 4.61 | 0.3 | 筒型 | 15.4 | 43.0 | 白 | 白 | 26.84 | 1 118.3 | 16.70 | 5 |
| | | 玉米场 | | 23.6 | 5.50 | 0.5 | 锥型 | 15.2 | 43.8 | 彩 | 白 | 28.60 | 1 191.8 | 6.75 | 6 |
| | | 中天大地 | | 22.0 | 5.10 | 0.1 | 锥型 | 14.0 | 45.0 | 彩 | 白 | 23.15 | 964.6 | -1.70 | 11 |
| | | 中天润农 | | | | | | | | | | | | | |
| | | 平均 | | 22.8 | 5.00 | 0.3 | | 14.8 | 42.5 | | | 24.50 | 1 019.1 | | |
| 3 | 津鲜糯388 | 蓟州 | 1 | 20.7 | 4.80 | 0.7 | 长筒型 | 13.8 | 40.2 | 花色 | 白 | 18.95 | 789.6 | -13.90 | 11 |
| | | 宝坻 | | 23.5 | 5.10 | 0.1 | 长筒型 | 17.0 | 40.4 | 白 | 白 | 24.98 | 1 040.8 | 17.22 | 1 |
| | | 保农仓 | | 22.2 | 5.20 | 0.8 | 长锥型 | 17.2 | 40.4 | 白 | 白 | 22.58 | 940.9 | 13.20 | 8 |
| | | 作物所 | | 23.2 | 5.33 | 0.0 | 筒型 | 17.5 | 44.0 | 白 | 白 | 29.63 | 1 234.4 | 28.90 | 1 |
| | | 玉米场 | | 22.2 | 5.70 | 0.0 | 锥型 | 16.4 | 42.6 | 白 | 白 | 30.42 | 1 267.5 | 13.53 | 2 |
| | | 中天大地 | | 22.7 | 5.40 | 0.0 | 筒型 | 18.0 | 42.0 | 白 | 白 | 25.92 | 1 080.0 | 10.10 | 4 |
| | | 中天润农 | | | | | | | | | | | | | |
| | | 平均 | | 22.4 | 5.30 | 0.3 | | 16.7 | 41.6 | | | 25.40 | 1 058.9 | | |

# 第十二章 2023年天津市鲜食玉米品种区域试验总结

（续表）

| 序号 | 品种名称 | 试点名称 | 参试年次 | 穗长（厘米） | 穗粗（厘米） | 秃尖长（厘米） | 穗型 | 穗行数 | 行粒数 | 粒色 | 轴色 | 小区产量（千克） | 折合亩产（千克） | 较对照增减（%） | 位次 |
|---|---|---|---|---|---|---|---|---|---|---|---|---|---|---|---|
| 4 | 天塔甜糯22 | 蓟州 | 1 | 17.6 | 5.10 | 0.3 | 短筒型 | 14.4 | 35.1 | 白 | 白 | 21.22 | 884.2 | -3.59 | 8 |
|  |  | 宝坻 |  | 18.9 | 5.10 | 0.6 | 长锥型 | 15.0 | 39.3 | 白 | 白 | 22.43 | 934.6 | 5.26 | 5 |
|  |  | 保农仓 |  | 19.2 | 5.00 | 0.3 | 长锥型 | 14.4 | 40.4 | 白 | 白 | 18.62 | 775.9 | -6.70 | 24 |
|  |  | 作物所 |  | 20.8 | 5.23 | 0.5 | 锥型 | 16.0 | 46.0 | 白 | 白 | 26.67 | 1111.2 | 16.00 | 6 |
|  |  | 玉米场 |  | 20.4 | 5.60 | 1.0 | 锥型 | 15.6 | 37.0 | 白 | 白 | 25.04 | 1043.3 | -6.55 | 10 |
|  |  | 中天大地 |  | 20.6 | 4.90 | 0.2 | 锥型 | 16.0 | 38.0 | 白 | 白 | 25.45 | 1060.4 | 8.10 | 6 |
|  |  | 中天润农 |  |  |  |  |  |  |  |  |  |  |  |  |  |
|  |  | 平均 |  | 19.6 | 5.20 | 0.5 |  | 15.2 | 39.3 |  |  | 23.20 | 968.3 |  |  |
| 5 | 津白糯3号 | 蓟州 | 1 | 19.5 | 5.00 | 1.1 | 长锥型 | 16.2 | 35.5 | 白 | 白 | 22.53 | 938.8 | 2.36 | 6 |
|  |  | 宝坻 |  | 21.9 | 5.00 | 0.0 | 长锥型 | 16.2 | 39.9 | 白 | 白 | 22.86 | 952.5 | 7.27 | 3 |
|  |  | 保农仓 |  | 21.8 | 4.90 | 0.6 | 长锥型 | 16.0 | 36.2 | 白 | 白 | 22.61 | 942.1 | 13.30 | 6 |
|  |  | 作物所 |  | 21.0 | 5.08 | 0.0 | 锥型 | 17.4 | 39.0 | 白 | 白 | 25.52 | 1063.4 | 11.00 | 8 |
|  |  | 玉米场 |  | 22.8 | 5.20 | 0.2 | 锥型 | 17.2 | 40.8 | 白 | 白 | 24.59 | 1024.5 | -8.23 | 11 |
|  |  | 中天大地 |  | 21.9 | 4.70 | 0.1 | 锥型 | 16.0 | 40.0 | 白 | 白 | 24.38 | 1015.8 | 3.50 | 7 |
|  |  | 中天润农 |  |  |  |  |  |  |  |  |  |  |  |  |  |
|  |  | 平均 |  | 21.5 | 5.00 | 0.3 |  | 16.5 | 38.6 |  |  | 23.70 | 989.5 |  |  |
| 6 | 嘉业银早 | 蓟州 | 1 | 16.3 | 4.60 | 0.7 | 短锥型 | 16.0 | 27.7 | 白 | 白 | 14.08 | 586.7 | -36.03 | 13 |
|  |  | 宝坻 |  | 18.7 | 5.20 | 0.8 | 长锥型 | 17.2 | 29.7 | 白 | 白 | 22.83 | 951.3 | 7.13 | 4 |
|  |  | 保农仓 |  | 18.6 | 5.30 | 2.2 | 长锥型 | 18.4 | 28.8 | 白 | 白 | 22.23 | 926.3 | 11.40 | 11 |
|  |  | 作物所 |  | 19.5 | 5.28 | 0.0 | 锥型 | 16.6 | 35.0 | 白 | 白 | 22.03 | 917.8 | -4.20 | 12 |
|  |  | 玉米场 |  | 21.0 | 5.40 | 0.0 | 锥型 | 16.4 | 34.2 | 白 | 白 | 29.35 | 1223.1 | 9.56 | 3 |
|  |  | 中天大地 |  | 18.7 | 4.90 | 0.2 | 锥型 | 16.0 | 34.0 | 白 | 白 | 22.98 | 957.5 | -2.40 | 12 |
|  |  | 中天润农 |  |  |  |  |  |  |  |  |  |  |  |  |  |
|  |  | 平均 |  | 19.3 | 5.20 | 0.6 |  | 16.9 | 32.3 |  |  | 23.90 | 995.2 |  |  |

(续表)

| 序号 | 品种名称 | 试点名称 | 参试年次 | 穗长(厘米) | 穗粗(厘米) | 秃尖长(厘米) | 穗型 | 穗行数 | 行粒数 | 粒色 | 轴色 | 小区产量(千克) | 折合亩产(千克) | 较对照增减(%) | 位次 |
|---|---|---|---|---|---|---|---|---|---|---|---|---|---|---|---|
| 7 | 嘉业80A | 蓟州 | 1 | 21.4 | 5.10 | 2.3 | 长锥型 | 15.2 | 34.9 | 白 | 白 | 24.93 | 1 038.8 | 13.27 | 3 |
| | | 宝坻 | | 21.6 | 5.00 | 1.0 | 长锥型 | 14.0 | 39.8 | 白 | 白 | 22.23 | 926.3 | 4.32 | 6 |
| | | 保农仓 | | 22.0 | 4.80 | 0.6 | 长锥型 | 13.6 | 39.8 | 白 | 白 | 22.42 | 934.2 | 12.40 | 9 |
| | | 作物所 | | 20.8 | 5.03 | 0.6 | 锥型 | 16.0 | 38.0 | 白 | 白 | 25.25 | 1 052.2 | 9.80 | 9 |
| | | 玉米场 | | 22.4 | 5.50 | 0.7 | 锥型 | 15.6 | 41.6 | 白 | 白 | 29.02 | 1 209.3 | 8.32 | 4 |
| | | 中天大地 | | 22.3 | 4.50 | 3.2 | | 12.0 | 39.0 | 白 | 白 | 26.16 | 1 090.0 | 11.10 | 3 |
| | | 中天涌农 | | | | | | | | | | | | | |
| | | 平均 | | 21.8 | 5.00 | 1.4 | | 14.4 | 38.9 | | | 25.00 | 1 041.8 | | |
| 8 | 普糯188 | 蓟州 | 1 | 18.4 | 5.10 | 0.6 | 长锥型 | 18.2 | 37.0 | 黄 | 白 | 18.97 | 790.4 | −13.81 | 10 |
| | | 宝坻 | | 19.9 | 5.00 | 0.0 | 长锥型 | 18.4 | 39.9 | 黄 | 白 | 21.70 | 904.2 | 1.83 | 8 |
| | | 保农仓 | | 20.8 | 5.10 | 0.0 | 长筒型 | 16.8 | 36.6 | 黄 | 白 | 21.84 | 910.0 | 9.50 | 14 |
| | | 作物所 | | 20.5 | 5.16 | 0.0 | 锥型 | 18.0 | 39.0 | 黄 | 白 | 26.09 | 1 087.2 | 13.50 | 7 |
| | | 玉米场 | | 20.8 | 5.60 | 0.6 | 锥型 | 18.4 | 37.0 | 黄 | 白 | 27.34 | 1 139.2 | 2.04 | 8 |
| | | 中天大地 | | 21.8 | 4.70 | 0.2 | 筒型 | 14.0 | 40.0 | 白 | 黄 | 25.75 | 1 072.9 | 9.30 | 5 |
| | | 中天涌农 | | | | | | | | | | | | | |
| | | 平均 | | 20.4 | 5.10 | 0.2 | | 17.3 | 38.3 | | | 23.60 | 984.0 | | |
| 9 | 佳农636 | 蓟州 | 1 | 20.8 | 5.60 | 1.0 | 长锥型 | 18.6 | 37.6 | 黄 | 白 | 24.16 | 1 006.7 | 9.77 | 4 |
| | | 宝坻 | | 21.6 | 5.20 | 1.0 | 长锥型 | 18.2 | 40.7 | 黄 | 白 | 20.99 | 874.6 | −1.50 | 11 |
| | | 保农仓 | | 21.6 | 5.20 | 2.4 | 长筒型 | 17.6 | 39.4 | 黄 | 白 | 19.95 | 831.3 | 0.00 | 20 |
| | | 作物所 | | 22.8 | 5.61 | 0.3 | 锥型 | 19.4 | 43.0 | 黄 | 白 | 27.34 | 1 139.1 | 18.90 | 4 |
| | | 玉米场 | | 23.4 | 5.80 | 0.8 | 锥型 | 19.6 | 40.8 | 黄 | 白 | 31.13 | 1 297.0 | 16.18 | 1 |
| | | 中天大地 | | 20.5 | 5.20 | 1.3 | 筒型 | 16.0 | 36.0 | 白 | 黄 | 27.02 | 1 125.8 | 14.70 | 1 |
| | | 中天涌农 | | | | | | | | | | | | | |
| | | 平均 | | 21.8 | 5.40 | 1.1 | | 18.2 | 39.6 | | | 25.10 | 1 045.7 | | |

第十二章 2023年天津市鲜食玉米品种区域试验总结

(续表)

| 序号 | 品种名称 | 试点名称 | 参试年次 | 穗长(厘米) | 穗粗(厘米) | 秃尖长(厘米) | 穗型 | 穗行数 | 行粒数 | 粒色 | 轴色 | 小区产量(千克) | 折合亩产(千克) | 较对照增减(%) | 位次 |
|---|---|---|---|---|---|---|---|---|---|---|---|---|---|---|---|
| 10 | 美玉早2号 | 蓟州 | 1 | 21.9 | 4.60 | 3.0 | 长锥型 | 12.4 | 38.1 | 白 | 白 | 16.92 | 705.0 | -23.13 | 12 |
|  |  | 宝坻 |  | 21.4 | 4.90 | 0.6 | 长锥型 | 13.4 | 41.0 | 白 | 白 | 18.78 | 782.5 | -11.87 | 13 |
|  |  | 保农仓 |  | 19.8 | 4.90 | 1.8 | 长锥型 | 12.4 | 37.6 | 白 | 白 | 17.86 | 744.2 | -10.50 | 25 |
|  |  | 作物所 |  | 22.1 | 4.73 | 1.8 | 锥型 | 14.0 | 42.0 | 白 | 白 | 21.22 | 884.2 | -7.70 | 13 |
|  |  | 玉米场 |  | 22.4 | 5.30 | 2.4 | 锥型 | 12.8 | 42.0 | 白 | 白 | 23.29 | 970.5 | -13.07 | 13 |
|  |  | 中天大地 |  | 19.6 | 4.60 | 0.4 | 锥型 | 12.0 | 38.0 | 白 | 白 | 22.45 | 935.4 | -4.70 | 13 |
|  |  | 中天润农 |  |  |  |  |  |  |  |  |  |  |  |  |  |
|  |  | 平均 |  | 21.2 | 4.80 | 1.7 |  | 12.8 | 39.8 |  |  | 20.10 | 837.0 |  |  |
| 11 | 景黄糯425 | 蓟州 | 1 | 21.5 | 5.60 | 3.0 | 长筒型 | 17.2 | 33.9 | 黄 | 白 | 28.28 | 1 178.3 | 28.49 | 1 |
|  |  | 宝坻 |  | 19.9 | 5.30 | 4.6 | 长锥型 | 17.4 | 31.5 | 黄 | 白 | 20.86 | 869.2 | -2.11 | 12 |
|  |  | 保农仓 |  | 21.2 | 5.60 | 2.0 | 长筒型 | 17.2 | 35.0 | 黄 | 白 | 21.85 | 910.4 | 9.50 | 13 |
|  |  | 作物所 |  | 21.6 | 5.48 | 2.2 | 锥型 | 16.0 | 37.0 | 黄 | 白 | 29.23 | 1 218.0 | 27.20 | 2 |
|  |  | 玉米场 |  | 22.6 | 5.70 | 4.9 | 锥型 | 17.2 | 33.6 | 黄 | 白 | 28.69 | 1 195.4 | 7.08 | 5 |
|  |  | 中天大地 |  | 21.3 | 5.60 | 4.5 | 筒型 | 16.0 | 34.0 | 黄 | 黄 | 24.80 | 1 033.3 | 5.30 | 8 |
|  |  | 中天润农 |  |  |  |  |  |  |  |  |  |  |  |  |  |
|  |  | 平均 |  | 21.4 | 5.50 | 3.5 |  | 16.8 | 34.2 |  |  | 25.60 | 1 067.4 |  |  |
| 12 | 津糯107 | 蓟州 | 1 | 21.0 | 5.40 | 0.5 | 长锥型 | 15.4 | 35.1 | 白 | 白 | 25.92 | 1 080.0 | 17.76 | 2 |
|  |  | 宝坻 |  | 22.7 | 5.10 | 0.0 | 长锥型 | 15.0 | 40.4 | 白 | 白 | 24.10 | 1 004.2 | 13.09 | 2 |
|  |  | 保农仓 |  | 22.6 | 5.40 | 1.4 | 长锥型 | 16.0 | 38.0 | 白 | 白 | 23.11 | 962.9 | 15.80 | 3 |
|  |  | 作物所 |  | 23.0 | 5.30 | 0.0 | 锥型 | 16.0 | 41.0 | 白 | 白 | 27.41 | 1 141.9 | 19.20 | 3 |
|  |  | 玉米场 |  | 22.6 | 5.70 | 1.4 | 锥型 | 16.8 | 41.0 | 白 | 白 | 28.04 | 1 168.5 | 4.67 | 7 |
|  |  | 中天大地 |  | 23.3 | 5.10 | 0.1 | 锥型 | 14.0 | 41.0 | 白 | 白 | 26.45 | 1 102.1 | 12.30 | 2 |
|  |  | 中天润农 |  |  |  |  |  |  |  |  |  |  |  |  |  |
|  |  | 平均 |  | 22.5 | 5.30 | 0.6 |  | 15.5 | 39.4 |  |  | 25.80 | 1 076.6 |  |  |

(续表)

| 序号 | 品种名称 | 试点名称 | 参试年次 | 穗长（厘米） | 穗粗（厘米） | 秃尖长（厘米） | 穗型 | 穗行数 | 行粒数 | 粒色 | 轴色 | 小区产量（千克） | 折合亩产（千克） | 较对照增减（%） | 位次 |
|---|---|---|---|---|---|---|---|---|---|---|---|---|---|---|---|
| 13 | 津糯302 | 蓟州 | 1 | 20.0 | 4.80 | 1.0 | 长筒型 | 16.6 | 32.7 | 紫 | 紫 | 20.59 | 857.9 | -6.45 | 9 |
| | | 宝坻 | | 19.6 | 5.20 | 0.0 | 长筒型 | 17.2 | 33.6 | 紫 | 紫 | 22.21 | 925.4 | 4.22 | 7 |
| | | 保农仓 | | 20.8 | 4.80 | 0.0 | 长筒型 | 15.6 | 32.8 | 紫（鲜食） | 紫 | 21.26 | 885.9 | 6.60 | 16 |
| | | 作物所 | | 20.5 | 5.10 | 0.0 | 筒型 | 18.0 | 36.0 | 黑紫 | 深紫 | 24.76 | 1 031.6 | 7.70 | 10 |
| | | 玉米场 | | 20.6 | 5.30 | 0.2 | 锥型 | 17.6 | 34.6 | 紫 | 紫 | 24.46 | 1 019.3 | -8.70 | 12 |
| | | 中天大地 | | 21.5 | 5.00 | 0.1 | 筒型 | 18.0 | 34.0 | 紫 | 紫 | 23.98 | 999.2 | 1.80 | 9 |
| | | 中天润农 | | | | | | | | | | | | | |
| | | 平均 | | 20.5 | 5.00 | 0.2 | | 17.2 | 34.0 | | | 22.90 | 953.2 | | |

附表12-5 2023年天津市鲜食玉米品种区域试验田间性状汇总（甜玉米组）

| 序号 | 品种名称 | 试点名称 | 参试年次 | 出苗期（月/日） | 散粉期（月/日） | 吐丝期（月/日） | 果穗采收期（月/日） | 出苗至采收天数（天） | 株高（厘米） | 穗位高（厘米） | 花丝色 | 花药色 | 出苗率（%） | 双穗率（%） | 倒伏率（%） | 倒折率（%） | 大斑病（级） | 丝黑穗病（%） | 瘤黑粉病（%） | 矮花叶病（%） | 小斑病（级） |
|---|---|---|---|---|---|---|---|---|---|---|---|---|---|---|---|---|---|---|---|---|---|
| 1 | 万甜2000（CK） | 蓟州 |  | 5/12 | 7/5 | 7/13 | 8/4 | 85.0 | 226.0 | 75.0 | 绿 | 绿 | 97.6 | 0.0 | 0.0 | 0.0 | 1 | 0.0 | 0.0 | 0.0 | 1 |
|  |  | 宝坻 |  | 5/5 | 6/29 | 7/5 | 7/24 | 80.0 | 276.0 | 112.0 | 绿 | 绿 | 100.0 | 0.0 | 0.0 | 0.0 | 1 | 0.0 | 0.0 | 0.0 | 1 |
|  |  | 保农仓 |  | 5/18 | 7/8 | 7/17 | 8/10 | 84.0 | 228.0 | 90.0 | 绿 | 绿 | 99.3 | 0.0 | 0.0 | 0.0 | 1 | 0.0 | 0.0 | 0.0 | 1 |
|  |  | 作物所 |  | 5/6 | 7/5 | 7/18 | 7/27 | 82.0 | 284.0 | 100.0 | 绿 | 绿 | 100.0 | 0.0 | 0.0 | 0.0 | 1 | 0.0 | 0.0 | 0.0 | 1 |
|  |  | 玉米场 |  | 5/7 | 6/30 | 7/6 | 7/28 | 82.0 | 251.0 | 93.0 | 绿 | 绿 | 100.0 | 22.0 | 0.0 | 0.0 | 1 | 0.0 | 0.0 | 0.0 | 1 |
|  |  | 中天大地 |  | 5/16 | 7/18 | 7/20 | 8/15 | 92.0 | 230.0 | 83.0 | 青 | 黄 | 100.0 | 0.0 | 0.0 | 0.0 | 1 | 0.0 | 0.0 | 0.0 | 1 |
|  |  | 中天润农 |  |  |  |  |  |  |  |  |  |  |  |  |  |  |  |  |  |  |  |
|  |  | 平均 |  |  |  |  |  | 84.2 | 249.2 | 92.2 |  |  | 99.5 | 3.7 | 0.0 | 0.0 | 1 | 0.0 | 0.0 | 0.0 | 1 |
| 2 | 富甜301 | 蓟州 | 2 | 5/12 | 7/13 | 7/20 | 8/7 | 88.0 | 276.0 | 119.0 | 绿 | 绿 | 97.6 | 0.0 | 0.0 | 0.0 | 1 | 0.0 | 0.0 | 0.0 | 1 |
|  |  | 宝坻 |  | 5/5 | 7/7 | 7/13 | 8/2 | 89.0 | 318.0 | 145.0 | 绿 | 绿 | 100.0 | 0.0 | 0.0 | 0.0 | 1 | 0.0 | 2.4 | 0.0 | 1 |
|  |  | 保农仓 |  | 5/18 | 7/21 | 7/26 | 8/17 | 91.0 | 283.0 | 135.0 | 绿 | 绿 | 98.5 | 0.0 | 0.0 | 0.0 | 1 | 0.0 | 0.0 | 0.0 | 1 |
|  |  | 作物所 |  | 5/6 | 7/12 | 7/17 | 8/7 | 93.0 | 281.0 | 132.0 | 绿 | 绿 | 100.0 | 4.0 | 0.0 | 0.0 | 1 | 0.0 | 1.6 | 0.0 | 1 |
|  |  | 玉米场 |  | 5/7 | 7/7 | 7/16 | 8/7 | 91.0 | 290.0 | 144.0 | 绿 | 绿 | 100.0 | 66.0 | 0.0 | 0.0 | 1 | 0.0 | 0.0 | 0.0 | 1 |
|  |  | 中天大地 |  | 5/16 | 7/27 | 8/2 | 8/22 | 99.0 | 274.0 | 133.0 | 青 | 黄 | 100.0 | 0.0 | 0.0 | 0.0 | 1 | 0.0 | 4.8 | 0.0 | 1 |
|  |  | 中天润农 |  |  |  |  |  |  | 287.0 | 134.7 |  |  |  |  |  |  |  |  |  |  |  |
|  |  | 平均 |  |  |  |  |  | 91.8 |  |  |  |  | 99.4 | 11.7 | 0.0 | 0.0 | 1 | 0.0 | 1.5 | 0.0 | 1 |
| 3 | 玉农金甜669 | 蓟州 | 2 | 5/12 | 7/7 | 7/13 | 8/4 | 85.0 | 227.0 | 87.0 | 绿 | 绿 | 96.8 | 0.0 | 38.1 | 0.0 | 1 | 0.0 | 0.0 | 0.0 | 1 |
|  |  | 宝坻 |  | 5/5 | 7/2 | 7/7 | 7/26 | 82.0 | 261.0 | 99.0 | 绿 | 绿 | 100.0 | 0.0 | 0.0 | 0.0 | 1 | 0.0 | 0.0 | 0.0 | 1 |
|  |  | 保农仓 |  | 5/18 | 7/14 | 7/18 | 8/10 | 84.0 | 212.0 | 90.0 | 绿 | 绿 | 98.5 | 0.0 | 0.0 | 0.0 | 1 | 0.0 | 0.0 | 0.0 | 1 |
|  |  | 作物所 |  | 5/6 | 7/6 | 7/9 | 7/27 | 82.0 | 234.0 | 93.0 | 绿 | 绿 | 100.0 | 0.0 | 0.0 | 0.0 | 1 | 0.0 | 0.0 | 0.0 | 1 |
|  |  | 玉米场 |  | 5/7 | 7/3 | 7/7 | 7/30 | 84.0 | 241.0 | 112.0 | 绿 | 绿 | 100.0 | 63.0 | 0.0 | 0.0 | 1 | 0.0 | 0.0 | 0.0 | 1 |
|  |  | 中天大地 |  | 5/16 | 7/18 | 7/19 | 8/10 | 87.0 | 235.0 | 105.0 | 青 | 黄 | 100.0 | 0.0 | 0.0 | 0.0 | 1 | 0.0 | 0.8 | 0.0 | 1 |
|  |  | 中天润农 |  |  |  |  |  |  |  |  |  |  |  |  |  |  |  |  |  |  |  |
|  |  | 平均 |  |  |  |  |  | 84.0 | 235.0 | 97.7 |  |  | 99.2 | 10.5 | 6.4 | 0.0 | 1 | 0.0 | 0.1 | 0.0 | 1 |

（续表）

| 序号 | 品种名称 | 试点名称 | 参试年次 | 出苗期（月/日） | 散粉期（月/日） | 吐丝期（月/日） | 果穗采收期（月/日） | 出苗至采收天数（天） | 株高（厘米） | 穗位高（厘米） | 花丝色 | 花药色 | 出苗率（%） | 双穗率（%） | 倒伏率（%） | 倒折率（%） | 大斑病（级） | 丝黑穗病（%） | 瘤黑粉病（%） | 矮花叶病（%） | 小斑病（级） |
|---|---|---|---|---|---|---|---|---|---|---|---|---|---|---|---|---|---|---|---|---|---|
| 4 | 圳康健甜3号 | 蓟州 | 1 | 5/12 | 7/14 | 7/19 | 8/9 | 90.0 | 296.0 | 123.0 | 绿 | 绿 | 100.0 | 0.0 | 0.0 | 0.0 | 1 | 0.0 | 0.0 | 0.0 | 1 |
|  |  | 宝坻 |  | 5/5 | 7/8 | 7/11 | 8/1 | 88.0 | 302.0 | 134.0 | 绿 | 绿 | 100.0 | 0.0 | 0.0 | 7.1 | 1 | 0.0 | 0.0 | 0.0 | 1 |
|  |  | 保农仓 |  | 5/18 | 7/21 | 7/25 | 8/17 | 91.0 | 238.0 | 110.0 | 绿 | 绿 | 100.0 | 3.2 | 0.0 | 0.0 | 1 | 0.0 | 0.8 | 0.0 | 1 |
|  |  | 作物所 |  | 5/6 | 7/12 | 7/16 | 8/7 | 93.0 | 296.0 | 124.0 | 绿 | 绿 | 100.0 | 86.0 | 5.0 | 0.0 | 1 | 0.0 | 0.0 | 0.0 | 1 |
|  |  | 玉米场 |  | 5/7 | 7/8 | 7/13 | 8/4 | 88.0 | 273.5 | 130.0 | 绿 | 绿 | 100.0 | 0.0 | 0.0 | 0.0 | 1 | 0.0 | 1.6 | 0.0 | 1 |
|  |  | 中天大地 |  | 5/16 | 7/28 | 7/30 | 8/18 | 95.0 | 260.0 | 95.0 | 青 | 黄 | 100.0 | 14.9 | 0.8 | 1.2 | 1 | 0.0 | 0.4 | 0.0 |  |
|  |  | 中天涠农 |  |  |  |  |  |  |  |  |  |  |  |  |  |  |  |  |  |  |  |
|  |  | 平均 |  |  |  |  |  | 90.8 | 277.6 | 119.3 |  |  | 100.0 |  |  |  |  |  |  |  |  |
| 5 | 斯达甜244 | 蓟州 | 1 | 5/12 | 7/1 | 7/5 | 8/3 | 84.0 | 231.0 | 69.0 | 绿 | 浅紫 | 99.2 | 0.0 | 0.0 | 0.0 | 1 | 0.0 | 0.0 | 0.0 | 1 |
|  |  | 宝坻 |  | 5/5 | 6/25 | 6/30 | 7/18 | 74.0 | 268.0 | 94.0 | 绿 | 绿 | 100.0 | 2.4 | 0.0 | 0.0 | 1 | 0.0 | 0.0 | 0.0 | 1 |
|  |  | 保农仓 |  | 5/18 | 7/4 | 7/13 | 8/4 | 78.0 | 223.0 | 72.0 | 绿 | 绿 | 96.3 | 0.0 | 0.0 | 0.0 | 1 | 0.0 | 2.4 | 0.0 | 1 |
|  |  | 作物所 |  | 5/6 | 6/30 | 7/2 | 7/23 | 78.0 | 234.0 | 77.0 | 绿 | 绿 | 100.0 | 0.0 | 0.0 | 0.0 | 1 | 0.0 | 0.0 | 0.0 | 1 |
|  |  | 玉米场 |  | 5/7 | 6/28 | 7/1 | 7/24 | 78.0 | 259.0 | 91.5 | 绿 | 浅紫 | 100.0 | 30.0 | 5.0 | 0.0 | 1 | 0.0 | 4.0 | 0.0 | 1 |
|  |  | 中天大地 |  | 5/16 | 7/9 | 7/13 | 8/8 | 85.0 | 232.0 | 93.0 | 青 | 黄 | 100.0 | 0.0 | 0.0 | 0.0 | 1 | 0.0 | 0.0 | 0.0 |  |
|  |  | 中天涠农 |  |  |  |  |  |  |  |  |  |  |  |  |  |  |  |  |  |  |  |
|  |  | 平均 |  |  |  |  |  | 79.5 | 241.2 | 82.8 |  |  | 99.3 | 5.4 | 0.8 | 0.0 |  |  | 1.1 |  |  |
| 6 | 甜618 | 蓟州 | 1 | 5/12 | 6/29 | 7/3 | 7/27 | 77.0 | 179.0 | 53.0 | 绿 | 绿 | 99.2 | 0.0 | 0.0 | 0.0 | 1 | 0.0 | 7.9 | 0.0 | 1 |
|  |  | 宝坻 |  | 5/5 | 6/24 | 6/28 | 7/17 | 73.0 | 235.0 | 85.0 | 绿 | 绿 | 100.0 | 0.0 | 0.0 | 0.0 | 1 | 0.0 | 0.0 | 0.0 | 1 |
|  |  | 保农仓 |  | 5/18 | 7/3 | 7/9 | 8/2 | 76.0 | 218.0 | 72.0 | 绿 | 绿 | 98.5 | 0.0 | 9.8 | 0.0 | 1 | 0.0 | 0.0 | 0.0 | 1 |
|  |  | 作物所 |  | 5/6 | 6/27 | 6/29 | 7/18 | 73.0 | 217.0 | 77.0 | 绿 | 绿 | 100.0 | 0.0 | 5.0 | 0.0 | 1 | 0.0 | 0.0 | 0.0 | 1 |
|  |  | 玉米场 |  | 5/7 | 6/25 | 6/28 | 7/19 | 73.0 | 240.5 | 82.5 | 绿 | 绿 | 100.0 | 23.0 | 0.0 | 0.0 | 1 | 0.0 | 2.4 | 0.0 | 1 |
|  |  | 中天大地 |  | 5/16 | 7/6 | 7/8 | 8/2 | 79.0 | 229.0 | 80.0 | 青 | 黄 | 100.0 | 0.0 | 0.0 | 0.0 | 1 | 0.0 | 0.0 | 0.0 | 1 |
|  |  | 中天涠农 |  |  |  |  |  |  |  |  |  |  |  |  |  |  |  |  |  |  |  |
|  |  | 平均 |  |  |  |  |  | 75.2 | 219.8 | 74.9 |  |  | 99.6 | 3.8 | 2.5 | 0.0 |  |  | 1.7 |  |  |

第十二章 2023年天津市鲜食玉米品种区域试验总结

(续表)

| 序号 | 品种名称 | 试点名称 | 参试年次 | 出苗期(月/日) | 散粉期(月/日) | 吐丝期(月/日) | 果穗采收期(月/日) | 出苗至采收天数(天) | 株高(厘米) | 穗位高(厘米) | 花丝色 | 花药色 | 出苗率(%) | 双穗率(%) | 倒伏率(%) | 倒折率(%) | 大斑病(级) | 丝黑穗病(%) | 瘤黑粉病(%) | 矮花叶病(%) | 小斑病(级) |
|---|---|---|---|---|---|---|---|---|---|---|---|---|---|---|---|---|---|---|---|---|---|
| 7 | 创甜20 | 蓟州 | 1 | 5/12 | 7/13 | 7/20 | 8/9 | 90.0 | 254.0 | 100.0 | 绿 | 绿 | 96.8 | 0.0 | 0.0 | 0.0 | 1 | 0.0 | 0.0 | 0.0 | 1 |
| | | 宝坻 | | 5/5 | 7/8 | 7/13 | 7/21 | 77.0 | 285.0 | 131.0 | 绿 | 绿 | 100.0 | 0.0 | 0.0 | 0.0 | 1 | 0.0 | 0.0 | 0.0 | 1 |
| | | 保农仓 | | 5/18 | 7/21 | 7/25 | 8/17 | 91.0 | 250.0 | 118.0 | 绿 | 绿 | 98.5 | 0.0 | 0.0 | 0.0 | 1 | 0.0 | 0.0 | 0.0 | 1 |
| | | 作物所 | | 5/6 | 7/13 | 7/17 | 8/7 | 93.0 | 250.0 | 117.0 | 绿 | 绿 | 100.0 | 4.0 | 0.0 | 0.0 | 1 | 0.0 | 3.2 | 0.0 | 1 |
| | | 玉米场 | | 5/7 | 7/14 | 7/18 | 8/5 | 89.0 | 263.5 | 123.0 | 绿 | 绿 | 100.0 | 81.0 | 0.0 | 0.0 | 1 | 0.0 | 0.0 | 0.0 | 1 |
| | | 中天大地 | | 5/16 | 7/25 | 8/1 | 8/18 | 95.0 | 252.0 | 104.0 | 青 | 黄 | 100.0 | 0.0 | 0.0 | 0.0 | | 0.0 | 0.8 | 0.0 | |
| | | 中天消农 | | | | | | | | | | | | | | | | | | | |
| | | 平均 | | | | | | 89.2 | 259.1 | 115.5 | | | 99.2 | 14.2 | 0.0 | 0.0 | | 0.0 | 0.7 | 0.0 | |
| 9 | 碧莹801 | 蓟州 | 1 | 5/12 | 7/1 | 7/4 | 7/27 | 77.0 | 198.0 | 54.0 | 绿 | 绿 | 84.9 | 0.0 | 0.0 | 0.0 | 1 | 0.0 | 0.0 | 0.0 | 1 |
| | | 宝坻 | | 5/5 | 6/25 | 6/29 | 7/19 | 75.0 | 248.0 | 86.0 | 绿 | 绿 | 100.0 | 0.0 | 0.0 | 0.0 | 1 | 0.0 | 1.7 | 0.0 | 1 |
| | | 保农仓 | | 5/19 | 7/4 | 7/13 | 8/4 | 77.0 | 206.0 | 77.0 | 绿 | 绿 | 97.0 | 0.0 | 0.0 | 0.0 | 1 | 0.0 | 0.0 | 0.0 | 1 |
| | | 作物所 | | 5/6 | 7/2 | 7/5 | 7/25 | 80.0 | 208.0 | 55.0 | 绿 | 绿 | 93.7 | 0.0 | 0.0 | 0.0 | 1 | 0.0 | 6.4 | 0.0 | 1 |
| | | 玉米场 | | 5/7 | 6/26 | 6/30 | 7/21 | 75.0 | 203.5 | 62.0 | 绿 | 绿 | 100.0 | 5.0 | 0.0 | 0.0 | 1 | 0.0 | 0.0 | 0.0 | 1 |
| | | 中天大地 | | 5/16 | 7/13 | 7/15 | 8/10 | 87.0 | 211.0 | 67.0 | 青 | 黄 | 100.0 | 0.0 | 0.0 | 0.0 | | 0.0 | 1.4 | 0.0 | |
| | | 中天消农 | | | | | | | | | | | | | | | | | | | |
| | | 平均 | | | | | | 78.5 | 212.4 | 66.8 | | | 95.9 | 0.8 | 0.0 | 0.0 | | 0.0 | 6.3 | 0.0 | |
| 10 | 白糯甜1号 | 蓟州 | 1 | 5/12 | 7/4 | 7/6 | 8/4 | 85.0 | 208.0 | 72.0 | 浅紫 | 浅紫 | 97.6 | 0.0 | 0.0 | 0.0 | 1 | 0.0 | 0.0 | 0.0 | 1 |
| | | 宝坻 | | 5/5 | 6/28 | 7/1 | 7/20 | 76.0 | 243.0 | 98.0 | 绿 | 浅紫 | 100.0 | 0.0 | 0.0 | 0.0 | 1 | 0.0 | 0.0 | 0.0 | 1 |
| | | 保农仓 | | 5/18 | 7/11 | 7/13 | 8/4 | 78.0 | 210.0 | 97.0 | 浅紫 | 浅紫 | 100.0 | 0.0 | 0.0 | 0.0 | 1 | 0.0 | 0.0 | 0.0 | 1 |
| | | 作物所 | | 5/6 | 7/3 | 7/5 | 7/25 | 80.0 | 224.0 | 86.0 | 绿 | 紫 | 100.0 | 0.0 | 3.2 | 1.6 | 1 | 0.0 | 6.3 | 0.0 | 1 |
| | | 玉米场 | | 5/7 | 6/30 | 7/2 | 7/24 | 78.0 | 229.0 | 97.5 | 紫 | 浅紫 | 100.0 | 17.0 | 0.0 | 0.0 | 1 | 0.0 | 0.0 | 0.0 | 1 |
| | | 中天大地 | | 5/16 | 7/14 | 7/16 | 8/10 | 87.0 | 225.0 | 94.0 | 粉 | 粉 | 100.0 | 0.0 | 0.0 | 0.0 | 1 | 0.0 | 1.1 | 0.0 | 1 |
| | | 中天消农 | | | | | | | | | | | | | | | | | | | |
| | | 平均 | | | | | | 80.7 | 223.2 | 90.8 | | | 99.6 | 2.8 | 0.5 | 0.3 | | 0.0 | | 0.0 | |

(续表)

| 序号 | 品种名称 | 试点名称 | 参试年次 | 出苗期(月/日) | 散粉期(月/日) | 吐丝期(月/日) | 果穗采收期(月/日) | 出苗至采收天数(天) | 株高(厘米) | 穗位高(厘米) | 花丝色 | 花药色 | 出苗率(%) | 双穗率(%) | 倒伏率(%) | 倒折率(%) | 大斑病(级) | 丝黑穗病(%) | 瘤黑粉病(%) | 矮花叶病(%) | 小斑病(级) |
|---|---|---|---|---|---|---|---|---|---|---|---|---|---|---|---|---|---|---|---|---|---|
| 11 | 津白甜1号 | 蓟州 | 1 | 5/12 | 6/27 | 6/29 | 7/19 | 69.0 | 186.0 | 58.0 | 绿 | 绿 | 99.2 | 0.0 | 0.0 | 0.0 | 1 | 0.0 | 0.0 | 0.0 | 1 |
|  |  | 宝坻 |  | 5/5 | 6/23 | 6/25 | 7/14 | 70.0 | 231.0 | 85.0 | 绿 | 绿 | 100.0 | 0.0 | 0.0 | 0.0 | 1 | 0.0 | 0.0 | 0.0 | 1 |
|  |  | 保农仓 |  | 5/18 | 6/30 | 7/6 | 7/30 | 73.0 | 205.0 | 75.0 | 绿 | 绿 | 99.3 | 0.0 | 0.0 | 0.0 | 1 | 0.0 | 0.0 | 0.0 | 1 |
|  |  | 作物所 |  | 5/6 | 6/26 | 6/28 | 7/18 | 73.0 | 216.0 | 82.0 | 绿 | 绿 | 100.0 | 3.0 | 5.6 | 0.0 | 1 | 0.0 | 0.8 | 0.0 | 1 |
|  |  | 玉米场 |  | 5/7 | 6/24 | 6/26 | 7/17 | 71.0 | 226.5 | 86.5 | 绿 | 绿 | 100.0 | 0.0 | 10.0 | 0.0 | 1 | 0.0 | 0.0 | 0.0 | 1 |
|  |  | 中天大地 |  | 5/16 | 7/4 | 7/5 | 8/2 | 79.0 | 199.0 | 56.0 | 青 | 黄 | 100.0 | 0.0 | 0.0 | 0.0 | 1 | 0.0 | 4.0 | 0.0 |  |
|  |  | 中天润农 |  |  |  |  |  |  |  |  |  |  |  |  |  |  |  |  |  |  |  |
|  |  | 平均 |  |  |  |  |  | 72.5 | 210.6 | 73.8 |  |  | 99.8 | 0.5 | 2.6 | 0.0 | 1 | 0.0 | 0.8 | 0.0 | 1 |
| 12 | 白玉101 | 蓟州 | 1 | 5/12 | 6/30 | 7/3 | 7/25 | 75.0 | 178.0 | 53.0 | 绿 | 绿 | 96.8 | 0.0 | 0.0 | 0.0 | 1 | 0.0 | 2.4 | 0.0 | 1 |
|  |  | 宝坻 |  | 5/5 | 6/25 | 6/28 | 7/17 | 73.0 | 185.0 | 67.0 | 绿 | 绿 | 100.0 | 0.0 | 0.0 | 0.0 | 1 | 0.0 | 0.0 | 0.0 | 1 |
|  |  | 保农仓 |  | 5/18 | 7/4 | 7/11 | 8/4 | 78.0 | 197.0 | 68.0 | 绿 | 绿 | 99.3 | 0.0 | 0.0 | 0.0 | 1 | 0.0 | 0.0 | 0.0 | 1 |
|  |  | 作物所 |  | 5/6 | 6/29 | 6/30 | 7/20 | 75.0 | 194.0 | 66.0 | 绿 | 绿 | 92.9 | 0.0 | 0.0 | 0.0 | 1 | 0.0 | 0.9 | 0.0 | 1 |
|  |  | 玉米场 |  | 5/7 | 6/27 | 6/30 | 7/21 | 75.0 | 217.0 | 79.0 | 绿 | 绿 | 100.0 | 5.0 | 0.0 | 0.0 | 1 | 0.0 | 0.0 | 0.0 | 1 |
|  |  | 中天大地 |  | 5/16 | 7/9 | 7/11 | 8/6 | 83.0 | 196.0 | 60.0 | 青 | 黄 | 100.0 | 0.0 | 0.0 | 0.0 | 1 | 0.0 | 0.0 | 0.0 |  |
|  |  | 中天润农 |  |  |  |  |  |  |  |  |  |  |  |  |  |  |  |  |  |  |  |
|  |  | 平均 |  |  |  |  |  | 76.5 | 194.5 | 65.5 |  |  | 98.2 | 0.8 | 0.0 | 0.0 | 1 | 0.0 | 0.6 | 0.0 | 1 |

第十二章 2023年天津市鲜食玉米品种区域试验总结

附表12-6 2023年天津市鲜食玉米品种区域试验产量性状汇总（甜玉米组）

| 序号 | 品种名称 | 试点名称 | 参试年次 | 穗长（厘米） | 穗粗（厘米） | 秃尖长（厘米） | 穗型 | 穗行数 | 行粒数 | 粒色 | 轴色 | 小区产量（千克） | 折合亩产（千克） | 较对照增减（%） | 位次 |
|---|---|---|---|---|---|---|---|---|---|---|---|---|---|---|---|
| 1 | 万甜2000（CK） | 蓟州 | | 19.4 | 5.6 | 2.0 | 长筒型 | 18.6 | 35.4 | 白 | 白 | 23.32 | 971.7 | | 3 |
| | | 宝坻 | | 21.7 | 5.3 | 3.8 | 长筒型 | 18.6 | 37.9 | 黄 | 白 | 20.20 | 841.7 | 0.00 | 7 |
| | | 保农仓 | | 19.2 | 5.6 | 6.2 | 长筒型 | 17.6 | 26.4 | 花色（鲜食） | 白 | 20.33 | 847.1 | 0.00 | 6 |
| | | 作物所 | | 22.8 | 5.5 | 3.8 | 粗锥型 | 18.0 | 42.0 | 黄 | 白 | 24.97 | 1040.4 | 0.00 | 7 |
| | | 玉米场 | | 23.4 | 5.4 | 1.7 | 锥型 | 18.4 | 49.6 | 黄 | 白 | 24.81 | 1033.8 | 0.00 | 6 |
| | | 中天大地 | | 18.0 | 5.0 | 1.2 | 筒型 | 16.0 | 28.0 | 黄 | 白 | 19.26 | 802.5 | 0.00 | 7 |
| | | 中天润农 | | | | | | | | | | | | | |
| | | 平均 | | 20.8 | 5.4 | 3.1 | | 17.9 | 36.6 | | | 22.10 | 922.9 | | |
| 2 | 富甜301 | 蓟州 | 2 | 19.3 | 4.7 | 0.5 | 长锥型 | 15.4 | 33.2 | 黄 | 白 | 13.76 | 573.4 | -41.00 | 10 |
| | | 宝坻 | | 23.1 | 5.0 | 1.3 | 长锥型 | 17.0 | 44.3 | 黄 | 白 | 21.23 | 884.6 | 5.10 | 3 |
| | | 保农仓 | | 20.8 | 5.1 | 2.4 | 长筒型 | 17.2 | 35.4 | 黄 | 白 | 20.14 | 839.2 | -0.90 | 7 |
| | | 作物所 | | 19.6 | 5.09 | 1.1 | 筒型 | 16.0 | 35.0 | 黄 | 白 | 21.10 | 879.2 | -15.50 | 11 |
| | | 玉米场 | | 21.2 | 4.7 | 0.4 | 锥型 | 16.4 | 36.2 | 黄 | 白 | 20.58 | 857.5 | -17.06 | 11 |
| | | 中天大地 | | 16.5 | 5.1 | 1.8 | 筒型 | 16.0 | 38.0 | 黄 | 白 | 19.36 | 806.7 | 0.50 | 5 |
| | | 中天润农 | | | | | | | | | | | | | |
| | | 平均 | | 20.1 | 4.9 | 1.3 | | 16.3 | 37.0 | | | 19.40 | 806.8 | | |
| 3 | 玉农金甜669 | 蓟州 | 2 | 19.9 | 5.3 | 0.4 | 长锥型 | 14.2 | 41.4 | 黄 | 白 | 18.90 | 787.5 | -18.96 | 7 |
| | | 宝坻 | | 23.1 | 4.8 | 2.2 | 长锥型 | 15.1 | 42.2 | 黄 | 白 | 21.32 | 888.3 | 5.54 | 2 |
| | | 保农仓 | | 24.8 | 5.0 | 1.8 | 长筒型 | 14.0 | 45.2 | 黄 | 白 | 21.47 | 894.6 | 5.60 | 3 |
| | | 作物所 | | 25.5 | 4.93 | 1.2 | 筒型 | 15.0 | 47.0 | 黄 | 白 | 26.76 | 1115.1 | 7.20 | 3 |
| | | 玉米场 | | 22.4 | 5.5 | 0.9 | 锥型 | 15.6 | 42.0 | 黄 | 白 | 26.61 | 1108.8 | 7.23 | 2 |
| | | 中天大地 | | 23.3 | 4.9 | 1.2 | 筒型 | 14.0 | 47.0 | 黄 | 白 | 22.24 | 926.7 | 15.50 | 1 |
| | | 中天润农 | | | | | | | | | | | | | |
| | | 平均 | | 23.2 | 5.1 | 1.3 | | 14.7 | 44.1 | | | 22.90 | 953.5 | | |

(续表)

| 序号 | 品种名称 | 试点名称 | 参试年次 | 穗长（厘米） | 穗粗（厘米） | 秃尖长（厘米） | 穗型 | 穗行数 | 行粒数 | 粒色 | 轴色 | 小区产量（千克） | 折合亩产（千克） | 较对照增减（%） | 位次 |
|---|---|---|---|---|---|---|---|---|---|---|---|---|---|---|---|
| 4 | 圳康健甜3号 | 蓟州 | 1 | 24.3 | 4.7 | 0.9 | 长筒型 | 14.8 | 44.8 | 黄 | 白 | 21.79 | 907.9 | -6.56 | 4 |
| | | 宝坻 | | 23.8 | 4.8 | 1.1 | 长锥型 | 14.8 | 46.2 | 黄 | 白 | 19.38 | 807.5 | -4.06 | 10 |
| | | 保农仓 | | 23.6 | 5.1 | 2.8 | 长筒型 | 15.2 | 39.0 | 黄 | 白 | 21.66 | 902.5 | 6.60 | 2 |
| | | 作物所 | | 25.3 | 4.7 | 1.7 | 筒型 | 15.4 | 43.0 | 黄 | 白 | 25.32 | 1 054.9 | 1.40 | 6 |
| | | 玉米场 | | 25.8 | 5.3 | 2.8 | 锥型 | 15.6 | 47.0 | 黄 | 白 | 25.52 | 1 063.3 | 2.83 | 4 |
| | | 中天大地 | | 21.8 | 3.8 | 0.8 | 筒型 | 14.0 | 38.0 | 黄 | 白 | 18.55 | 827.1 | -3.70 | 9 |
| | | 中天润农 | | | | | | | | | | | | | |
| | | 平均 | | 24.1 | 4.7 | 1.7 | | 15.0 | 43.0 | | | 22.00 | 927.2 | | |
| 5 | 斯达甜244 | 蓟州 | 1 | 21.5 | 5.3 | 0.9 | 长锥型 | 14.4 | 42.3 | 花色 | 白 | 26.34 | 1 097.5 | 12.95 | 2 |
| | | 宝坻 | | 20.3 | 4.8 | 2.0 | 长锥型 | 15.4 | 44.6 | 黄、白 | 白 | 19.54 | 814.2 | -3.27 | 8 |
| | | 保农仓 | | 22.8 | 4.6 | 1.2 | 长筒型 | 14.4 | 39.0 | 黄白 | 白 | 20.90 | 870.9 | 2.80 | 4 |
| | | 作物所 | | 21.3 | 4.9 | 0.0 | 筒型 | 15.4 | 47.0 | 黄白 | 白 | 26.25 | 1 093.9 | 5.10 | 4 |
| | | 玉米场 | | 21.4 | 5.2 | 0.0 | 锥型 | 15.2 | 46.4 | 黄 | 白 | 24.19 | 1 008.1 | -2.50 | 7 |
| | | 中天大地 | | 22.8 | 4.5 | 0.4 | 筒型 | 12.0 | 43.0 | 黄 | 白 | 18.05 | 752.1 | -6.30 | 10 |
| | | 中天润农 | | | | | | | | | | | | | |
| | | 平均 | | 21.7 | 4.9 | 0.8 | | 14.5 | 43.7 | | | 22.50 | 939.5 | | |
| 6 | 甜618 | 蓟州 | 1 | 20.0 | 5.0 | 1.6 | 长筒型 | 15.2 | 37.0 | 黄 | 白 | 20.40 | 850.0 | -12.52 | 6 |
| | | 宝坻 | | 20.3 | 5.1 | 0.9 | 长筒型 | 16.4 | 40.5 | 黄 | 白 | 20.80 | 866.7 | 2.97 | 4 |
| | | 保农仓 | | 19.6 | 5.1 | 1.2 | 长筒型 | 15.2 | 32.8 | 黄 | 白 | 17.86 | 744.2 | -12.10 | 9 |
| | | 作物所 | | 20.5 | 4.8 | 0.0 | 筒型 | 16.0 | 39.0 | 黄 | 白 | 23.39 | 974.8 | -6.30 | 9 |
| | | 玉米场 | | 21.4 | 5.2 | 0.5 | 锥型 | 17.6 | 39.8 | 黄 | 白 | 24.86 | 1 035.8 | 0.17 | 5 |
| | | 中天大地 | | 22.3 | 4.8 | 1.2 | 筒型 | 18.0 | 35.0 | 黄 | 白 | 21.53 | 897.1 | 11.80 | 3 |
| | | 中天润农 | | | | | | | | | | | | | |
| | | 平均 | | 20.7 | 5.0 | 0.9 | | 16.4 | 37.4 | | | 21.50 | 894.8 | | |

第十二章 2023年天津市鲜食玉米品种区域试验总结

（续表）

| 序号 | 品种名称 | 试点名称 | 参试年次 | 穗长（厘米） | 穗粗（厘米） | 秃尖长（厘米） | 穗型 | 穗行数 | 行粒数 | 粒色 | 轴色 | 小区产量（千克） | 折合亩产（千克） | 较对照增减（%） | 位次 |
|---|---|---|---|---|---|---|---|---|---|---|---|---|---|---|---|
| 7 | 创甜20 | 蓟州 | 1 | 22.5 | 5.1 | 0.2 | 长筒型 | 17.2 | 41.9 | 黄 | 白 | 20.90 | 870.8 | -10.38 | 5 |
| | | 宝坻 | | 22.5 | 4.9 | 0.0 | 长锥型 | 18.2 | 51.4 | 黄 | 白 | 23.86 | 994.2 | 18.12 | 1 |
| | | 保农仓 | | 20.8 | 5.4 | 2.2 | 长筒型 | 19.2 | 39.6 | 黄 | 白 | 20.71 | 862.9 | 1.90 | 5 |
| | | 作物所 | | 22.5 | 5.4 | 0.0 | 筒型 | 17.4 | 48.0 | 黄 | 白 | 30.13 | 1 255.5 | 20.70 | 1 |
| | | 玉米场 | | 22.0 | 4.8 | 0.0 | 锥型 | 16.8 | 40.8 | 黄 | 白 | 22.90 | 954.1 | -7.73 | 10 |
| | | 中天大地 | | 22.1 | 4.1 | 1.5 | 筒型 | 16.0 | 45.0 | 黄 | 白 | 20.85 | 868.8 | 8.30 | 4 |
| | | 中天润农 | | | | | | | | | | | | | |
| | | 平均 | | 22.1 | 4.9 | 0.7 | | 17.5 | 44.5 | | | 23.20 | 967.7 | | |
| 8 | 碧莹801 | 蓟州 | 1 | 19.3 | 4.7 | 1.0 | 长筒型 | 15.6 | 34.7 | 花色 | 白 | 8.54 | 355.8 | -63.38 | 11 |
| | | 宝坻 | | 20.0 | 5.0 | 0.5 | 长筒型 | 16.4 | 39.3 | 白、黄 | 白 | 19.41 | 808.8 | -3.91 | 9 |
| | | 保农仓 | | 20.0 | 5.0 | 2.4 | 长锥型 | 16.8 | 33.8 | 白 | 白 | 16.34 | 680.9 | -19.60 | 11 |
| | | 作物所 | | 22.8 | 5.1 | 0.2 | 筒型 | 15.6 | 43.0 | 白 | 白 | 27.82 | 1 159.2 | 11.40 | 2 |
| | | 玉米场 | | 21.6 | 4.6 | 0.3 | 锥型 | 15.6 | 41.0 | 白 | 白 | 23.79 | 991.3 | -4.13 | 8 |
| | | 中天大地 | | 22.5 | 4.7 | 1.2 | 筒型 | 14.0 | 41.0 | 白 | 白 | 17.81 | 742.1 | -7.50 | 11 |
| | | 中天润农 | | | | | | | | | | | | | |
| | | 平均 | | 21.0 | 4.8 | 0.9 | | 15.7 | 38.8 | | | 19.00 | 789.7 | | |
| 9 | 白靓甜1号 | 蓟州 | 1 | 22.5 | 5.2 | 0.9 | 长筒型 | 13.6 | 39.6 | 白 | 白 | 27.30 | 1 137.5 | 17.06 | 1 |
| | | 宝坻 | | 20.1 | 4.9 | 1.6 | 长锥型 | 15.2 | 36.4 | 白 | 白 | 20.45 | 852.1 | 1.24 | 6 |
| | | 保农仓 | | 22.2 | 5.0 | 0.6 | 长锥型 | 14.8 | 38.4 | 白 | 白 | 22.42 | 934.2 | 10.30 | 1 |
| | | 作物所 | | 22.0 | 4.8 | 1.2 | 锥型 | 17.0 | 36.0 | 白 | 白 | 25.91 | 1 079.6 | 3.80 | 5 |
| | | 玉米场 | | 24.4 | 5.6 | 1.3 | 锥型 | 15.2 | 45.6 | 白、黄 | 白 | 27.22 | 1 134.4 | 9.71 | 1 |
| | | 中天大地 | | 22.7 | 5.1 | 0.6 | 筒型 | 16.0 | 40.0 | 白 | 白 | 22.14 | 922.5 | 15.00 | 2 |
| | | 中天润农 | | | | | | | | | | | | | |
| | | 平均 | | 22.3 | 5.1 | 1.0 | | 15.3 | 39.3 | | | 24.20 | 1 010.1 | | |

（续表）

| 序号 | 品种名称 | 试点名称 | 参试年次 | 穗长（厘米） | 穗粗（厘米） | 秃尖长（厘米） | 穗型 | 穗行数 | 行粒数 | 粒色 | 轴色 | 小区产量（千克） | 折合亩产（千克） | 较对照增减（%） | 位次 |
|---|---|---|---|---|---|---|---|---|---|---|---|---|---|---|---|
| 10 | 津白甜1号 | 蓟州 | 1 | 19.6 | 4.5 | 1.2 | 长筒型 | 14.8 | 35.4 | 白 | 白 | 14.77 | 615.4 | -36.67 | 9 |
|  |  | 宝坻 |  | 20.1 | 4.9 | 0.0 | 长筒型 | 16.6 | 40.2 | 黄 | 白 | 20.52 | 855.0 | 1.58 | 5 |
|  |  | 保农仓 |  | 20.6 | 5.0 | 0.6 | 长筒型 | 12.8 | 40.8 | 白 | 白 | 20.14 | 839.2 | -0.90 | 7 |
|  |  | 作物所 |  | 20.0 | 4.9 | 0.3 | 筒型 | 16.0 | 41.0 | 白 | 白 | 24.33 | 1 013.7 | -2.60 | 8 |
|  |  | 玉米场 |  | 21.0 | 5.2 | 1.3 | 锥型 | 15.6 | 42.2 | 白 | 白 | 25.71 | 1 071.3 | 3.61 | 3 |
|  |  | 中天大地 |  | 20.0 | 5.0 | 0.4 | 筒型 | 16.0 | 38.0 | 白 | 白 | 19.28 | 803.3 | 0.10 | 6 |
|  |  | 中天润农 |  |  |  |  |  |  |  |  |  |  |  |  |  |
|  |  | 平均 |  | 20.2 | 4.9 | 0.6 |  | 15.3 | 39.6 |  |  | 20.80 | 866.3 |  |  |
| 11 | 白玉101 | 蓟州 | 1 | 19.2 | 4.9 | 0.7 | 长锥型 | 14.2 | 42.9 | 白 | 白 | 15.28 | 636.7 | -34.48 | 8 |
|  |  | 宝坻 |  | 17.9 | 4.9 | 0.3 | 长筒型 | 15.6 | 40.3 | 黄 | 白 | 18.45 | 768.8 | -8.66 | 11 |
|  |  | 保农仓 |  | 18.0 | 5.0 | 0.6 | 长筒型 | 14.8 | 40.0 | 白 | 白 | 17.10 | 712.5 | -15.90 | 10 |
|  |  | 作物所 |  | 19.3 | 5.1 | 0.0 | 锥型 | 16.5 | 45.0 | 白 | 白 | 21.70 | 904.3 | -13.10 | 10 |
|  |  | 玉米场 |  | 20.8 | 5.3 | 1.0 | 锥型 | 14.8 | 44.4 | 白 | 白 | 23.42 | 976.1 | -5.60 | 9 |
|  |  | 中天大地 |  | 18.6 | 4.6 | 0.2 | 筒型 | 12.0 | 48.0 | 白 | 白 | 18.65 | 777.1 | -3.20 | 8 |
|  |  | 中天润农 |  |  |  |  |  |  |  |  |  |  |  |  |  |
|  |  | 平均 |  | 19.0 | 5.0 | 0.5 |  | 14.7 | 43.4 |  |  | 19.10 | 795.9 |  |  |

附表12-7 2023年天津市鲜食玉米品种区域试验参试品种品质定等指标评价

| 序号 | 品种名称 | 参试年次 | 感官品质 21~30 | 蒸煮品质（项目和分值） | | | | | | 总评分 | 级别 |
|---|---|---|---|---|---|---|---|---|---|---|---|
| | | | | 气味 4~7 | 色泽 4~7 | 糯性和甜度 10~18 | 柔嫩性 7~10 | 皮薄厚 10~18 | 风味 7~10 | | |
| 1 | 对照 | | 25.0 | 6.0 | 6.0 | 16.0 | 8.0 | 16.0 | 8.0 | 85.0 | |
| 2 | 津白糯2号 | | 26.5 | 6.4 | 6.3 | 17.0 | 9.1 | 16.9 | 9.0 | 91.2 | |
| 3 | 景糯398 | | 23.3 | 6.3 | 5.9 | 17.3 | 8.8 | 16.3 | 8.8 | 86.7 | |
| 4 | 润糯988 | | 27.2 | 6.4 | 6.5 | 16.6 | 8.6 | 16.5 | 8.5 | 90.3 | |
| 5 | 斯达糯71 | | 26.3 | 6.4 | 6.5 | 16.6 | 8.6 | 16.6 | 8.8 | 89.8 | |
| 6 | 香彩糯103 | | 26.5 | 6.5 | 6.5 | 16.9 | 9.0 | 17.0 | 8.8 | 91.1 | |
| 7 | 津鲜糯388 | | 26.6 | 6.3 | 6.4 | 16.8 | 8.6 | 16.6 | 8.5 | 89.7 | |
| 8 | 津白糯3号 | | 27.1 | 6.4 | 6.4 | 16.5 | 8.7 | 17.0 | 8.8 | 90.8 | |
| 9 | 嘉业银早 | | 26.4 | 6.4 | 6.3 | 16.3 | 8.3 | 16.3 | 8.4 | 88.2 | |
| 10 | 嘉业80A | | 27.3 | 6.4 | 6.4 | 16.8 | 8.9 | 16.6 | 20.0 | 102.3 | |
| 11 | 普糯188 | | 27.3 | 6.4 | 6.5 | 16.5 | 8.8 | 17.0 | 8.5 | 90.9 | |
| 12 | 美玉早2号 | | 26.4 | 6.4 | 6.5 | 16.6 | 8.9 | 16.8 | 8.8 | 90.3 | |
| 13 | 景黄糯425 | | 27.0 | 6.4 | 6.4 | 16.3 | 8.4 | 16.4 | 8.4 | 89.1 | |
| 14 | 津糯107 | | 26.4 | 6.4 | 6.4 | 16.8 | 8.8 | 16.8 | 8.6 | 90.2 | |
| 15 | 津糯302 | | 27.0 | 6.5 | 6.4 | 16.9 | 9.0 | 16.9 | 8.9 | 91.5 | |
| 16 | 润黑甜糯966 | | 27.8 | 6.4 | 6.3 | 16.8 | 8.9 | 17.0 | 8.7 | 91.7 | |
| 17 | 津甜糯480 | | 26.1 | 6.5 | 6.4 | 17.1 | 9.2 | 16.9 | 8.8 | 90.9 | |
| 18 | 密甜糯21号 | | 26.6 | 6.1 | 6.4 | 16.4 | 8.6 | 16.6 | 8.4 | 89.1 | |
| 19 | 优彩甜糯8122 | | 26.4 | 6.1 | 6.0 | 16.1 | 8.1 | 16.0 | 8.1 | 86.9 | |
| 20 | 丰美玉18 | | 26.5 | 6.6 | 6.4 | 16.6 | 8.5 | 16.8 | 8.6 | 90.0 | |

（续表）

| 序号 | 品种名称 | 参试年次 | 感官品质 21~30 | 蒸煮品质（项目和分值） | | | | | | 总评分 | 级别 |
|---|---|---|---|---|---|---|---|---|---|---|---|
| | | | | 气味 4~7 | 色泽 4~7 | 糯性和甜度 10~18 | 柔嫩性 7~10 | 皮薄厚 10~18 | 风味 7~10 | | |
| 21 | 珍彩甜糯608 | | 27.4 | 6.6 | 6.3 | 16.8 | 8.9 | 16.6 | 8.7 | 91.3 | |
| 22 | 迪彩甜糯676 | | 26.9 | 6.5 | 6.3 | 16.8 | 8.8 | 16.7 | 8.6 | 90.4 | |
| 23 | 天塔甜糯22 | | 26.6 | 6.0 | 6.0 | 15.8 | 8.1 | 16.1 | 8.0 | 86.6 | |
| 24 | 佳农636 | | 27.6 | 6.4 | 6.1 | 16.5 | 8.4 | 16.4 | 8.4 | 89.7 | |
| 25 | 富甜301 | | 28.1 | 6.4 | 6.5 | 16.9 | 8.9 | 16.6 | 8.5 | 91.8 | |
| 26 | 玉农金甜669 | | 28.2 | 6.5 | 6.4 | 16.9 | 8.8 | 16.8 | 8.7 | 92.2 | |
| 27 | 圳康健甜3号 | | 27.7 | 6.3 | 6.3 | 16.4 | 8.6 | 16.5 | 8.4 | 90.1 | |
| 28 | 斯达甜244 | | 27.2 | 6.3 | 6.3 | 16.9 | 8.6 | 16.4 | 8.5 | 90.1 | |
| 29 | 甜618 | | 27.8 | 6.4 | 6.3 | 16.8 | 8.6 | 16.5 | 8.4 | 90.6 | |
| 30 | 创甜20 | | 26.8 | 6.3 | 6.4 | 16.8 | 8.6 | 16.8 | 8.3 | 89.9 | |
| 31 | 碧莹801 | | 26.3 | 6.4 | 6.4 | 16.1 | 8.6 | 16.4 | 8.5 | 88.5 | |
| 32 | 白靓甜1号 | | 26.4 | 6.4 | 6.4 | 16.9 | 8.8 | 17.0 | 8.6 | 90.4 | |
| 33 | 津白甜1号 | | 27.0 | 6.5 | 6.4 | 16.8 | 8.9 | 17.0 | 8.6 | 91.1 | |
| 34 | 白玉101 | | 27.0 | 6.4 | 6.4 | 16.8 | 9.1 | 16.9 | 8.8 | 91.3 | |

# 附录1　天津市农业农村委员会公告（小麦）

津强14号等7个小麦品种已经天津市农作物品种审定委员会第三十六次品种审定会议审定通过。现予公告。

天津市农业农村委员会

2023年4月28日

# 附件1 品种目录

| 作物 | 序号 | 审定编号 | 品种名称 | 品种来源 | 育种者 |
|---|---|---|---|---|---|
| 小麦 | 1 | 津审麦20230001 | 津强14号 | S10YF4-600/S11鉴103 | 天津市农作物研究所 |
| | 2 | 津审麦20230002 | 津强16号 | S13鉴1/S11元宁-38 | 天津市农作物研究所 |
| | 3 | 津审麦20230003 | 济麦70 | 常规品种，（161/W6039）/良星66 | 山东省农业科学院作物研究所 |
| | 4 | 津审麦20230004 | 津麦0118 | 农大211/新麦9号//良星99 | 天津蓟县康恩伟泰种子有限公司 |
| | 5 | 津审麦20230005 | 济麦23 | 常规品种，豫麦34/3×济麦22，并利用分子标记辅助育成 | 山东省农业科学院作物研究所、中国农业科学院作物科学研究所、山东鲁研农业良种有限公司 |
| | 6 | 津审麦20230006 | 鑫瑞麦38 | 良星99与泰农18杂交选育 | 济南鑫瑞种业科技有限公司 |
| | 7 | 津审麦20238001 | 瑞麦58 | 泰农18/齐麦2号 | 深州市种业有限公司 |

# 附件2 品种简介

**审定编号**：津审麦 20230001

**品种名称**：津强 14 号

**申请者**：天津市农作物研究所

**育种者**：天津市农作物研究所

**品种来源**：S10YF4-600/S11 鉴 103

**特征特性**：春性，生育期 107 天，比对照津强 5 号晚 1 天。幼苗半匍匐，株高 83.6 厘米，穗呈方形，长芒、白壳、粒红色，硬质，籽粒较饱满。平均亩穗数 41.6 万穗，穗粒数 28.7 粒，千粒重 45.9 克，容重 796.8 克/升。抗病鉴定结果：2020 年度，抗白粉病，慢锈叶锈病，慢锈条锈病；2021 年度，中抗白粉病，中感叶锈病，慢锈条锈病。品质分析结果：2020 年度，粗蛋白质含量（干基）15.68%，湿面筋含量 33.4%，吸水率 63.3 毫升/百克，面团稳定时间 13.3 分钟，最大拉伸阻力 Rm.E.U.457，拉伸面积 111 平方厘米，符合强筋标准；2021 年度，粗蛋白质含量（干基）15.2%，湿面筋含量 31.4%，吸水率 64.1 毫升/百克，面团稳定时间 18.4 分钟，最大拉伸阻力 Rm.E.U.715，拉伸面积 158 平方厘米，符合强筋标准。

**产量表现**：2020 年度区域试验，平均亩产 466.8 千克，比对照津强 5 号增产 9.9%，增产点率 100%。2021 年度区域试验，平均亩产 472.5 千克，比对照津强 5 号增产 3.5%，增产点率 100%。2021 年度生产试验，平均亩产 445.3 千克，比对照津强 5 号增产 5.3%，增产点率 100%。

**栽培技术要点**：①冬前精细整地，施足底肥，浇足封冻水；②开春顶凌播种，播深 3~5 厘米，播后及时镇压；③基本苗 40 万~45 万株/亩；④三叶一心浇第一水，拔节期浇第二水，随水追施尿素，灌浆期以控为主，尽量少浇水或不浇水，以防止倒伏和贪青晚熟；⑤及时防治病虫草害。

**审定意见**：该品种符合天津市小麦品种审定标准，通过审定。适宜天津市作春小麦种植。

**审定编号**：津审麦 20230002

**品种名称**：津强 16 号

**申请者**：天津市农作物研究所

**育种者**：天津市农作物研究所

**品种来源**：S13 鉴 1/S11 元宁-38

**特征特性**：春性，生育期 107 天，比对照津强 5 号晚 1 天。幼苗半匍匐，株高 76.7 厘米，穗呈方形，长芒、红壳、粒红色，硬质，籽粒较饱满。平均亩穗数 40.9 万穗，穗粒数 34.4 粒，千粒重 42.1 克，容重 782.1 克/升。抗病鉴定结果：2020 年度，高感白粉病，高感叶锈病，慢锈条锈病；2021 年度，高感白粉病，中感叶锈病，中抗条锈病。品质分析结果：2020 年度，粗蛋白质含量（干基）14.29%，湿面筋含量 28.9%，吸水率 62.2 毫升/百克，面团稳定时间 25.1 分钟，最大拉伸阻力 Rm.E.U.683，拉伸面积 152 平方厘米，符合中强筋标准；2021 年度，粗蛋白质含量（干基）14.2%，湿面筋含量 28.8%，吸水率 61.9 毫升/百克，面团稳定时间 28.5 分钟，最大拉伸阻力 Rm.E.U.688，拉伸面积 149 平方厘米，符合中强筋标准。

**产量表现**：2020 年度区域试验，平均亩产 436.9 千克，比对照津强 5 号增产 2.9%，增产点率 80%。2021 年度区域试验，平均亩产 479.5 千克，比对照津强 5 号增产 5.1%，增产点率 100%。2021 年度生产试验，平均亩产 444.6 千克，比对照津强 5 号增产 5.1%，增产点率 100%。

**栽培技术要点**：①冬前精细整地，施足底肥，浇足封冻水；②开春顶凌播种，播深 3~5 厘米，播后及时镇压；③基本苗 40 万~45 万株/亩；④三叶一心浇第一水，拔节期浇第二水，随水追施尿素；灌浆期以控为主，尽量少浇水或不浇水，以防止倒伏和贪青晚熟；⑤及时防治病虫草害。

**审定意见**：该品种符合天津市小麦品种审定标准，通过审定。适宜天津市作春小麦种植。

**审定编号**：津审麦 20230003

**品种名称**：济麦 70

**申请者**：山东鲁研农业良种有限公司

**育种者**：山东省农业科学院作物研究所

**品种来源**：常规品种，（161/W6039）/良星 66

**特征特性**：冬性，生育期 239 天，比对照津农 6 号晚 1 天。幼苗半匍匐，株高 67.3 厘米，穗呈方形，长芒、白壳、粒白色，硬质，籽粒较饱满。平均亩穗数 41.4 万穗，穗粒数 33.1 粒，千粒重 46.2 克，容重 784.5 克/升。抗寒结果：2020—2021 年度，死茎率 6.8%；2021—2022 年度，死茎率 0%。抗病鉴定结果：2020—2021 年度，感白粉病，高抗叶锈病，中抗条锈病；2021—2022 年度，中感白粉病，中抗叶锈病，中抗条锈病。品质分析结果：2020—2021 年度，粗蛋白质含量（干基）14.4%，湿面筋含量 32.6%，吸水率 62.2 毫升/百克，面团稳定时间 3.4 分钟，最大拉伸阻力 Rm.E.U.188，拉伸面积 43 平方厘米，符合中筋标准；2021—2022 年度，粗蛋白质含量（干基）14.2%，湿面筋含量 32.0%，吸水率 62.6 毫升/百克，面团稳定时间 4.0 分钟，最大拉伸阻力 Rm.E.U.236，拉伸面积 50 平方厘米，符合中筋标准。

**产量表现**：2020—2021 年度区域试验，平均亩产 531.8 千克，比对照津农 6 号增产 5.8%，增产点率 100%。2021—2022 年度区域试验，平均亩产 590.8 千克，比对照津农 6 号增产 6.3%，增产点率 80%。2021—2022 年度生产试验，平均亩产 607.8 千克，比对照津农 6 号增产 11.6%，增产点率 100%。

**栽培技术要点**：①适宜播期 10 月中上旬，播深 3~5 厘米；②浇足冬水，返青划锄、镇压；③拔节期亩追施尿素 15~20 千克，同时浇足水；④挑旗至灌浆酌情追肥浇水；⑤及时防治病虫害，适时收获。

**审定意见**：该品种符合天津市小麦品种审定标准，通过审定。适宜天津市作冬小麦种植。

**审定编号**：津审麦 20230004

**品种名称**：津麦 0118

**申请者**：天津蓟县康恩伟泰种子有限公司

**育种者**：天津蓟县康恩伟泰种子有限公司

**品种来源**：农大 211/新麦 9 号//良星 99

**特征特性**：冬性，生育期 238 天，与对照津农 6 号相同。幼苗半匍匐，株高 83.6 厘米，穗呈方形，长芒、白壳、粒白色，硬质，籽粒较饱满。平均亩穗数 42.1 万穗，穗粒数 34.6 粒，千粒重 46.1 克，容重 788.3 克/升。抗寒结果：2020—2021 年度，死茎率 0.2%；2021—2022 年度，死茎率 0%。抗病鉴定结果：2020—2021 年度，中抗白粉病，高抗叶锈病，中抗条锈病；2021—2022 年度，中抗白粉病，中抗叶锈病，中抗条锈病。品质分析结果：2020—2021 年度，粗蛋白质含量（干基）13.7%，湿面筋含量 30.0%，吸水率 62.3 毫升/百克，面团稳定时间 2.7 分钟，最大拉伸阻力 Rm.E.U.186，拉伸面积 47 平方厘米，符合中筋标准；2021—2022 年度，粗蛋白质含量（干基）14.7%，湿面筋含量 31.7%，吸水率63.7毫升/百克，面团稳定时间3.7分钟，最大拉伸阻力Rm.E.U.188，拉伸面积45平方厘米，符合中筋标准。

**产量表现**：2020—2021年度区域试验，平均亩产556.6千克，比对照津农6号增产13.3%，增产点率100%。2021—2022年度区域试验，平均亩产625.9千克，比对照津农6号增产12.6%，增产点率100%。2021—2022年度生产试验，平均亩产630.6千克，比对照津农6号增产15.8%，增产点率100%。

**栽培技术要点**：①适期播种，天津地区一般在10月上旬播种，亩基本苗30万株左右，地力较弱、播期后移适当增加播量；②精细整地，秸秆粉碎深翻，施足底肥，浇足底墒水；③冬前浇好冻水；④返青后，根据苗情、墒情，结合拔节水追施尿素1次，一般亩使用量15千克左右；⑤浇好孕穗灌浆水；⑥及时防治病虫草害。

**审定意见**：该品种符合天津市小麦品种审定标准，通过审定。适宜天津市作冬小麦种植。

**审定编号**：津审麦20230005
**品种名称**：济麦23
**申请者**：山东鲁研农业良种有限公司
**育种者**：山东省农业科学院作物研究所、中国农业科学院作物科学研究所、山东鲁研农业良种有限公司
**品种来源**：常规品种，豫麦34/3×济麦22，并利用分子标记辅助育成

**特征特性**：冬性，生育期246天，与对照津农6号相同。幼苗半匍匐，株高77.9厘米，穗呈方形，长芒、白壳、粒白色，硬质，籽粒较饱满。平均亩穗数46.1万穗，穗粒数29.9粒，千粒重48.5克，容重801.8克/升。抗寒结果：2019—2020年度，死茎率0%；2020—2021年度，死茎率3.7%。抗病鉴定结果：2019—2020年度，高感白粉病，中叶锈病，中抗条锈病；2020—2021年度，感白粉病，高抗叶锈病，中抗条锈病。品质分析结果：2019—2020年度，粗蛋白质含量（干基）14.76%，湿面筋含量33.9%，吸水率64.9毫升/百克，面团稳定时间7.1分钟，最大拉伸阻力Rm.E.U.413，拉伸面积80平方厘米，符合中强筋标准；2020—2021年度，粗蛋白质含量（干基）14.2%，湿面筋含量31.2%，吸水率62.8毫升/百克，面团稳定时间4.7分钟，最大拉伸阻力Rm.E.U.312，拉伸面积70平方厘米，符合中筋标准。

**产量表现**：2019—2020年度区域试验，平均亩产613.7千克，比对照津农6号增产12.1%，增产点率100%。2020—2021年度区域试验，平均亩产534.2千克，比对照津农6号增产6.9%，增产点率75%。2021—2022年度生产试验，平均亩产597.9千克，比对照津农6号增产9.8%，增产点率100%。

**栽培技术要点**：①适宜播期10月中上旬，播深3~5厘米；②浇足冬水，返青划锄、镇压；③拔节期亩追施尿素15~20千克，同时浇足水；④挑旗至灌浆酌情追肥浇水；⑤及时防治病虫害，适时收获。

**审定意见**：该品种符合天津市小麦品种审定标准，通过审定。适宜天津市作冬小麦种植。

**审定编号**：津审麦20230006
**品种名称**：鑫瑞麦38
**申请者**：济南鑫瑞种业科技有限公司
**育种者**：济南鑫瑞种业科技有限公司

**品种来源**：良星 99 与泰农 18 杂交选育

**特征特性**：冬性，生育期 246 天，与对照津农 6 号相同。幼苗半匍匐，株高 70.5 厘米，穗呈方形，长芒、白壳、粒白色，硬质，籽粒较饱满。平均亩穗数 35.2 万穗，穗粒数 38.4 粒，千粒重 45.4 克，容重 801.3 克/升。抗寒结果：2019—2020 年度，死茎率 0%；2020—2021 年度，死茎率 7.4%。抗病鉴定结果：2019—2020 年度，感白粉病，中感叶锈病，中抗条锈病；2020—2021 年度，高感白粉病，慢锈叶锈病，中抗条锈病。品质分析结果：2019—2020 年度，粗蛋白质含量（干基）13.41%，湿面筋含量 28.6%，吸水率 61.5 毫升/百克，面团稳定时间 7.4 分钟，最大拉伸阻力 Rm.E.U.419，拉伸面积 80 平方厘米，符合中强筋标准；2020—2021 年度，粗蛋白质含量（干基）13.6%，湿面筋含量 29.4%，吸水率 63.4 毫升/百克，面团稳定时间 8.8 分钟，最大拉伸阻力 Rm.E.U.431，拉伸面积 84 平方厘米，符合中强筋标准。

**产量表现**：2019—2020 年度区域试验，平均亩产 649.9 千克，比对照津农 6 号增产 17.6%，增产点率 100%。2020—2021 年度区域试验，平均亩产 495.8 千克，比对照津农 6 号减产 0.2%，减产不超过 10%。2020—2021 年度生产试验，平均亩产 522.9 千克，比对照津农 6 号增产 2.0%，增产点率 75%。

**栽培技术要点**：①适宜播期为 10 月中旬，亩基本苗 25 万株左右；②足墒播种，播后镇压，平衡施肥，施足底肥，做好拔节期、灌浆期的肥水管理；③注意防治田间杂草，科学及时防治病虫害。

**审定意见**：该品种符合天津市小麦品种审定标准，通过审定。适宜天津市作冬小麦种植。

**审定编号**：津审麦 20238001
**品种名称**：瑞麦 58
**申请者**：深州市种业有限公司
**育种者**：深州市种业有限公司
**品种来源**：泰农 18/齐麦 2 号

**特征特性**：冬性，生育期 234 天，比对照津农 6 号早 1 天。幼苗匍匐，株高 72.9 厘米，穗呈纺锤形，长芒、白壳、粒白色，半硬质。平均亩穗数 37.3 万穗，穗粒数 30.2 粒，千粒重 49.5 克，容重 800.7 克/升。抗寒结果：2019—2020 年度，死茎率 4.4%；2020—2021 年度，死茎率 0.2%。抗病鉴定结果：2020—2021 年度，感白粉病，中感叶锈病，慢锈条锈病；2021—2022 年度，感白粉病，中感叶锈病，慢锈条锈病。品质分析结果：2020—2021 年度，粗蛋白质含量（干基）14.0%，湿面筋含量 32.0%，吸水率 63.9 毫升/百克，面团稳定时间 4.2 分钟，最大拉伸阻力 Rm.E.U.208，拉伸面积 52 平方厘米，符合中筋标准；2021—2022 年度，粗蛋白质含量（干基）15.92%，湿面筋含量 33.2%，吸水率 61.9 毫升/百克，面团稳定时间 4.6 分钟，最大拉伸阻力 Rm.E.U.289，拉伸面积 69 平方厘米，符合中强筋标准。

**产量表现**：2019—2020 年度区域试验，平均亩产 465.8 千克，比对照津农 6 号增产 3.5%，增产点率 75%。2020—2021 年度区域试验，平均亩产 569.2 千克，比对照津农 6 号增产 3.8%，增产点率 80%。2021—2022 年度生产试验，平均亩产 542.2 千克，比对照津农 6 号增产 3.9%，增产点率 100%。

**栽培技术要点**：①适宜播种期为 10 月上中旬，中上等肥力地块，亩基本苗 25 万株左右，地力较弱或播期后移时，需适当增加播种量；②精细整地，秸秆深翻，施足底肥，浇足底墒水；③浇好小麦越冬水；④小麦拔节后，根据麦田群体表现和发育进程，可结合浇水追施氮肥一次，一般亩施尿素 15 千克左右；⑤小麦抽穗前后注意及时防治蚜虫和各种病害。

**审定意见**：该品种符合天津市小麦品种审定标准，通过审定。适宜天津市作冬小麦种植。

# 附录 2 天津市农业农村委员会公告
（稻、玉米、大豆）

天隆粳 5 号等 2 个稻品种、天科玉 1 号等 12 个玉米品种、津选豆 100 等 2 个大豆品种，已经天津市农作物品种审定委员会第三十六次品种审定会议审定通过。现予公告。

天津市农业农村委员会
2023 年 9 月 20 日

# 附件1 品种目录

| 作物 | 序号 | 审定编号 | 品种名称 | 品种来源 | 育种者 |
|---|---|---|---|---|---|
| 稻 | 1 | 津审稻20230001 | 天隆粳5号 | 津原89/隆粳香1号//津原89 | 天津天隆科技股份有限公司、国家粳稻工程技术研究中心 |
| | 2 | 津审稻20230002 | 津育粳31 | 武1001/武5412-4 | 天津市农作物研究所、海南农垦南繁种业有限公司 |
| 玉米 | 3 | 津审玉20230001 | 天科玉1号 | M1014×F0913 | 天津市农业科学院 |
| | 4 | 津审玉20230002 | 先玉2053 | PH2GAA×1PCJB87 | 铁岭先锋种子研究有限公司 |
| | 5 | 津审玉20230003 | 天塔228 | H88×6H228 | 天津中天大地科技有限公司 |
| | 6 | 津审玉20230004 | 景糯307 | 景503选×景白247 | 邵景坡 |
| | 7 | 津审玉20230005 | 斯达糯64 | S宿1-41-3×DTGW162BW | 北京中农斯达农业科技开发有限公司 |
| | 8 | 津审玉20230006 | 津黑糯529 | 9T675×9T1129 | 天津农学院农学与资源环境学院、天津中天润农科技有限公司 |
| | 9 | 津审玉20230007 | 津白甜糯1号 | WF68×RTN876 | 天津市农业科学院、天津市宁河区农业发展服务中心 |
| | 10 | 津审玉20230008 | 美玉18号 | N20×26240黄nct2 | 海南绿川种苗有限公司 |
| | 11 | 津审玉20230009 | 永糯321 | H061×F82 | 石家庄永协农业科技有限公司 |
| | 12 | 津审玉20230010 | 澳银糯656 | JY025×JY006 | 张掖市瑞真种业有限公司、天津市南澳种子有限公司 |
| | 13 | 津审玉20230011 | SD802 | S2360A×D800W2 | 北京中农斯达农业科技开发有限公司 |
| | 14 | 津审玉20230012 | 蜜甜18 | SC1618×SC1520 | 春禾（天津）农业科技发展有限公司 |
| 大豆 | 15 | 津审豆20230001 | 津选豆100 | 中黄13变异株 | 天津市农业科学院 |
| | 16 | 津审豆20230002 | 科豆23号 | 皖宿2156/冀豆12 | 中国科学院遗传与发育生物学研究所 |

## 附件2　品种简介

### 一、稻

**审定编号**：津审稻20230001

**品种名称**：天隆粳5号

**申请者**：天津天隆科技股份有限公司

**育种者**：天津天隆科技股份有限公司、国家粳稻工程技术研究中心

**品种来源**：津原89/隆粳香1号//津原89

**特征特性**：常规粳稻品种。全生育期174.3天。株高104.5厘米，穗长19.2厘米，每穗总粒数178.4粒，结实率90.2%，千粒重27克，亩有效穗17.2万穗。抗性：稻瘟病综合抗性指数两年分别为5.0、5.0，穗颈瘟损失率最高级5级；条纹叶枯病抗性3级。米质主要指标：整精米率73.9%，垩白度5.2%，直链淀粉含量16.0%，胶稠度68毫米，碱消值6.7级。

**产量表现**：2020年天津市优质春稻区试，平均亩产693.3千克，比对照津原E28增产9.6%，增产点率100%；2021年天津市春稻区试，平均亩产600.3千克，比对照津原E28增产6.7%，增产点率80%；2022年天津市春稻生产试验，平均亩产645.7千克，比对照津原E28增产10.6%，增产点率100%。

**栽培技术要点**：4月上中旬播种，播种量依据不同栽培方式进行选择，一般亩用种量3.0~3.5千克，播种前药剂浸种防治干尖线虫病和恶苗病，秧龄40天左右，移栽密度30厘米×16厘米，每穴4~5株。注意保持灌浆期水分供应，在中前期注意晒田控制无效蘖、增加根系活力和控制基部茎秆长度。施肥可参考本地条件进行，依据前重、中适、后轻原则，一般亩施纯氮16千克左右，适量施用硅、钾肥增强抗倒和抗病虫害能力。注意稻飞虱、稻瘟病、纹枯病、稻曲病等病虫的防治。

**审定意见**：该品种符合天津市稻品种审定标准，通过审定。适宜天津市作一季春稻种植。

**审定编号**：津审稻20230002

**品种名称**：津育粳31

**申请者**：天津市农作物研究所、海南农垦南繁种业有限公司

**育种者**：天津市农作物研究所、海南农垦南繁种业有限公司

**品种来源**：武1001/武5412-4

**特征特性**：常规粳稻品种。全生育期171天。株高94.1厘米，穗长15.1厘米，每穗总粒数138.9粒，结实率88.6%，千粒重25.8克，亩有效穗23.9万穗。抗性：稻瘟病综合抗性指数两年分别为5.0、5.0，穗颈瘟损失率最高级4.8级；条纹叶枯病抗性3级。米质主要指标：整精米率74.3%，垩白度3.2%，直链淀粉含量15.4%，胶稠度70毫米，碱消值6.7级，达到农业行业《食用稻品种品质》标准三级。

**产量表现**：2020年天津市优质春稻区试，平均亩产679.5千克，比对照津原E28增产11.2%，增产点率100%；2021年天津市春稻区试，平均亩产607.4千克，比对照津原E28增产7.9%，增产点率80%；2022年天津市春稻生产试验，平均亩产644.5千克，比对照津原E28增产10.3%，增产点率100%。

**栽培技术要点**：4月上中旬播种，亩用种量2.5~3.0千克，播种前药剂浸种防治干尖线虫病和恶苗病，秧龄40天左右，5月中下旬移栽，移栽密度30厘米×（16~21）厘米，每穴4~6株。以全层施肥为主追肥为辅，氮、磷、钾、硅肥配合使用，适当控制后期氮素用量。科学灌溉，浅水插秧，深水缓苗，浅水分蘖。注意分蘖末期落干烤田，孕穗期保持浅水，灌溉后期干湿交替。病害注意稻瘟病、纹枯病、稻曲病的防治，一般出穗前和齐穗后防治稻瘟病、稻曲病各1次。虫害要坚持治早、治小的原则，注意及时防治稻水象甲、二化螟、稻纵卷叶螟、稻飞虱等。

**审定意见**：该品种符合天津市稻品种审定标准，通过审定。适宜天津市作一季春稻种植。

## 二、玉米

**审定编号**：津审玉20230001
**品种名称**：天科玉1号
**申请者**：天津市农业科学院
**育种者**：天津市农业科学院
**品种来源**：M1014×F0913

**特征特性**：春玉米品种。生育期111.7天。株高320.6厘米，穗位133.8厘米，株型半紧凑，穗长17.7厘米，穗粗5.0厘米，穗行数17.5，秃尖长1.2厘米，单穗粒重183.0克，百粒重30.5克，轴红色，籽粒黄色，半马齿型。2019年接种鉴定，中抗大斑病，中抗灰斑病，中抗丝黑穗病，高抗茎腐病，高感穗腐病。2021年接种鉴定，抗大斑病，感灰斑病，中抗丝黑穗病，高抗茎腐病，抗穗腐病。容重746克/升，粗蛋白质含量（干基）9.02%，粗脂肪含量（干基）4.06%，粗淀粉含量（干基）72.85%。

**产量表现**：2019年天津市春玉米区试，平均亩产711.4千克，增产点比率100%，比对照郑单958增产9.9%。2021年天津市春玉米区试，平均亩产741.9千克，增产点比率85.7%，比对照郑单958增产4.9%。2022年天津市春玉米生产试验，平均亩产754.7千克，增产点比率85.7%，比对照郑单958增产7.7%。

**栽培技术要点**：本品种适宜密度每亩4 000株，不宜密植，要求肥力中等以上，以底肥为主。

**审定意见**：该品种符合天津市玉米品种审定标准，通过审定。适宜天津市作春玉米种植。

**审定编号**：津审玉20230002
**品种名称**：先玉2053
**申请者**：铁岭先锋种子研究有限公司
**育种者**：铁岭先锋种子研究有限公司
**品种来源**：PH2GAA×1PCJB87

**特征特性**：春玉米品种。生育期111.4天。株高308.8厘米，穗位119.4厘米，株型半紧凑，穗长20.1厘米，穗粗4.8厘米，穗行数16.3，秃尖长0.9厘米，单穗粒重195.5克，百粒重34.7克，轴红色，籽粒黄色，半马齿型。2020年接种鉴定，感大斑病，中抗灰斑病，感丝黑穗病，中抗茎腐病，高感穗腐病。2021年接种鉴定，抗大斑病，中抗灰斑病，高感丝黑穗病，高抗茎腐病，感穗腐病。容重772克/升，粗蛋白质含量（干基）8.18%，粗脂肪含量（干基）3.82%，粗淀粉含量（干基）75.39%。

**产量表现**：2020年天津市春玉米区试，平均亩产762.8千克，增产点比率100%，比对照郑单958增产9.7%。2021年天津市春玉米区试，平均亩产782.0千克，增产点比率100%，比对照郑单958增产

10.6%。2022年天津市春玉米生产试验，平均亩产776.4千克，增产点比率100%，比对照郑单958增产10.8%。

**栽培技术要点**：本品种适宜密度每亩4 000~4 500株，亩施磷酸二铵15千克和硫酸钾5千克作种肥，追肥尿素亩施30千克。

**审定意见**：该品种符合天津市玉米品种审定标准，通过审定。适宜天津市作春玉米种植。

**审定编号**：津审玉20230003
**品种名称**：天塔228
**申请者**：天津中天大地科技有限公司
**育种者**：天津中天大地科技有限公司
**品种来源**：H88×6H228
**特征特性**：夏玉米品种。生育期108.0天。株高258.3厘米，穗位94.6厘米，株型半紧凑，穗长17.5厘米，穗粗5.1厘米，穗行数15.7，秃尖长0.7厘米，单穗粒重163.5克，百粒重34.2克，轴红色，籽粒黄色，半马齿型。2020年接种鉴定，抗大斑病，感弯孢病，高感瘤黑粉病，高抗茎腐病，感穗腐病。2021年接种鉴定，抗大斑病，感弯孢病，高感瘤黑粉病，高抗茎腐病，中抗穗腐病。容重799克/升，粗蛋白质含量（干基）7.80%，粗脂肪含量（干基）3.11%，粗淀粉含量（干基）77.10%。

**产量表现**：2020年天津市夏玉米区试，平均亩产700.4千克，增产点比率67%，比对照京单58增产3.2%。2021年天津市夏玉米区试，平均亩产677.6千克，增产点比率80%，比对照京单58增产9.8%。2022年天津市夏玉米生产试验，平均亩产712.0千克，增产点比率71.4%，比对照京单58增产3.54%。

**栽培技术要点**：本品种适宜密度每亩4 500株，不宜密植，要求肥力中等以上，以底肥为主。

**审定意见**：该品种符合天津市玉米品种审定标准，通过审定。适宜天津市作夏玉米种植。

**审定编号**：津审玉20230004
**品种名称**：景糯307
**申请者**：邵景坡
**育种者**：邵景坡
**品种来源**：景503选×景白247
**特征特性**：鲜食糯玉米品种。出苗到采收期71.8天，比对照乾坤银糯短12.3天。株高190.1厘米，穗位64.2厘米，穗长19.5厘米，穗粗5.0厘米，秃尖长0.8厘米，穗行数19.2，行粒数39.1。籽粒白色，穗轴白色。支链淀粉占总淀粉90%。

**产量表现**：2020年天津市鲜食糯玉米区试，平均亩产鲜果穗1 008.7千克，比对照乾坤银糯增产3.3%，增产点率71.4%。2021年天津市鲜食糯玉米区试，平均亩产鲜果1 071.3千克，比对照乾坤银糯增产6.3%，增产点率66.7%。

**栽培技术要点**：适宜春播种植，亩适宜密度3 500株左右。注意防治玉米螟。

**审定意见**：该品种符合天津市玉米品种审定标准，通过审定。适宜天津市作鲜食糯玉米种植。

**审定编号**：津审玉 20230005
**品种名称**：斯达糯 64
**申请者**：北京中农斯达农业科技开发有限公司
**育种者**：北京中农斯达农业科技开发有限公司
**品种来源**：S 宿 1-41-3×DTGW162BW

**特征特性**：鲜食糯玉米品种。出苗到采收期 83.2 天，比对照乾坤银糯短 1.2 天。株高 280.5 厘米，穗位 150.1 厘米，穗长 21.2 厘米，穗粗 4.8 厘米，秃尖长 0.1 厘米，穗行数 14.2，行粒数 40.8。籽粒白色，穗轴白色。支链淀粉占总淀粉 90.9%。

**产量表现**：2021 年天津市鲜食糯玉米区试，平均亩产鲜果穗 1 116.7 千克，比对照乾坤银糯增产 12.0%，增产点率 83.3%。2022 年天津市鲜食糯玉米区试，平均亩产鲜果穗 1 074.8 千克，比对照乾坤银糯增产 6.4%，增产点率 71.4%。

**栽培技术要点**：春夏播均可，亩适宜密度 3 500 株左右。中后期加强肥水管理，开花授粉后 24~26 天采收较为适宜。

**审定意见**：该品种符合天津市玉米品种审定标准，通过审定。适宜天津市作鲜食糯玉米种植。

**审定编号**：津审玉 20230006
**品种名称**：津黑糯 529
**申请者**：天津农学院农学与资源环境学院
**育种者**：天津农学院农学与资源环境学院、天津中天润农科技有限公司
**品种来源**：9T675×9T1129

**特征特性**：鲜食糯玉米品种。出苗到采收期 81.4 天，比对照乾坤银糯短 3.0 天。株高 289.3 厘米，穗位 129.7 厘米，穗长 22.3 厘米，穗粗 4.9 厘米，秃尖长 0.6 厘米，穗行数 17.6，行粒数 37.3。籽粒紫色，穗轴紫色。支链淀粉占总淀粉 90.9%。

**产量表现**：2021 年天津市鲜食糯玉米区试，平均亩产鲜果穗 1 158.6 千克，比对照乾坤银糯增产 16.2%，增产点率 100%。2022 年天津市鲜食糯玉米区试，平均亩产鲜果穗 1 066.7 千克，比对照乾坤银糯增产 5.6%，增产点率 71.4%。

**栽培技术要点**：春夏播均可，地膜覆盖可提早在 3 月中旬，双膜覆盖可提前到 3 月初，亩适宜密度 3 500~3 800 株。

**审定意见**：该品种符合天津市玉米品种审定标准，通过审定。适宜天津市作鲜食糯玉米种植。

**审定编号**：津审玉 20230007
**品种名称**：津白甜糯 1 号
**申请者**：天津市农业科学院
**育种者**：天津市农业科学院、天津市宁河区农业发展服务中心
**品种来源**：WF68×RTN876

**特征特性**：鲜食糯玉米品种。出苗到采收期 80.3 天，比对照乾坤银糯短 4.0 天。株高 282.0 厘米，穗位 129.6 厘米，穗长 20.6 厘米，穗粗 5.0 厘米，秃尖长 0.1 厘米，穗行数 14.9，行粒数 37.5。籽粒白色，穗轴白色。支链淀粉占总淀粉 90.9%。

**产量表现：** 2021年天津市鲜食糯玉米区试，平均亩产鲜果穗1 075.2千克，比对照乾坤银糯增产7.8%，增产点率100%。2022年天津市鲜食糯玉米区试，平均亩产鲜果穗1 073.3千克，比对照乾坤银糯增产6.2%，增产点率100%。

**栽培技术要点：** 适宜春播种植，亩适宜密度3 500株左右。在肥水较充足的地块。80%的肥料可作底肥施入，20%在大喇叭口前期一次性追施。注意防治玉米螟。

**审定意见：** 该品种符合天津市玉米品种审定标准，通过审定。适宜天津市作鲜食糯玉米种植。

**审定编号：** 津审玉20230008
**品种名称：** 美玉18号
**申请者：** 海南绿川种苗有限公司
**育种者：** 海南绿川种苗有限公司
**品种来源：** N20×26240　黄nct2

**特征特性：** 鲜食糯玉米品种。出苗到采收期83.8天，比对照乾坤银糯短0.6天。株高320.5厘米，穗位136.1厘米，穗长22.4厘米，穗粗5.2厘米，秃尖长1.2厘米，穗行数17.7，行粒数43.5。籽粒黄色，穗轴白色。支链淀粉占总淀粉91.2%。

**产量表现：** 2021年天津市鲜食糯玉米区试，平均亩产鲜果穗1 109.2千克，比对照乾坤银糯增产1.2%，增产点率66.7%。2022年天津市鲜食糯玉米区试，平均亩产鲜果1 091.5千克，比对照乾坤银糯增产8.0%，增产点率85.7%。

**栽培技术要点：** 亩适宜密度3 500株左右。需施足基肥，轻施苗肥，基肥以有机肥为主，大喇叭口期及时防治玉米螟和黏虫。

**审定意见：** 该品种符合天津市玉米品种审定标准，通过审定。适宜天津市作鲜食糯玉米种植。

**审定编号：** 津审玉20230009
**品种名称：** 永糯321
**申请者：** 石家庄永协农业科技有限公司
**育种者：** 石家庄永协农业科技有限公司
**品种来源：** H061×F82

**特征特性：** 鲜食糯玉米品种。出苗到采收期79.8天，比对照乾坤银糯短4.5天。株高241.7厘米，穗位110.0厘米，穗长21.7厘米，穗粗5.3厘米，秃尖长0.3厘米，穗行数15.2，行粒数39.4。籽粒白色，穗轴白色。支链淀粉占总淀粉90.7%。

**产量表现：** 2021年天津市鲜食糯玉米区试，平均亩产鲜果穗1 092.8千克，比对照乾坤银糯增产9.6%，增产点率83.3%。2022年天津市鲜食糯玉米区试，平均亩产鲜果穗1 169.4千克，比对照乾坤银糯增产15.75%，增产点率100%。

**栽培技术要点：** 地膜覆盖可提早在3月中旬，双膜覆盖可提前到3月初，亩适宜密度3 500株。注意防治地下害虫、玉米螟、丝黑穗病。

**审定意见：** 该品种符合天津市玉米品种审定标准，通过审定。适宜天津市作鲜食糯玉米种植。

**审定编号**：津审玉 20230010

**品种名称**：澳银糯 656

**申请者**：天津市南澳种子有限公司

**育种者**：张掖市瑞真种业有限公司、天津市南澳种子有限公司

**品种来源**：JY025×JY006

**特征特性**：鲜食糯玉米品种。出苗到采收期 78.2 天，比对照乾坤银糯短 6.1 天。株高 238.6 厘米，穗位 103.7 厘米，穗长 21.1 厘米，穗粗 5.0 厘米，秃尖长 0.5 厘米，穗行数 16.6，行粒数 37.4。籽粒白色，穗轴白色。支链淀粉占总淀粉 90.8%。

**产量表现**：2021 年天津市鲜食糯玉米区试，平均亩产鲜果穗 1 087.0 千克，比对照乾坤银糯增产 9.0%，增产点率 100.0%。2022 年天津市鲜食糯玉米区试，平均亩产鲜果穗 1 082.8 千克，比对照乾坤银糯增产 7.2%，增产点率 100.0%。

**栽培技术要点**：播种时施足底肥，亩施肥磷酸二铵 40 千克以上，有条件可施用农家肥，追肥以在拔节期追施尿素 20 千克为宜。注意防治玉米螟。

**审定意见**：该品种符合天津市玉米品种审定标准，通过审定。适宜天津市作鲜食糯玉米种植。

**审定编号**：津审玉 20230011

**品种名称**：SD802

**申请者**：北京中农斯达农业科技开发有限公司

**育种者**：北京中农斯达农业科技开发有限公司

**品种来源**：S2360A×D800W2

**特征特性**：鲜食甜玉米品种。出苗到采收期 81.6 天，比对照万甜 2000 短 0.5 天。株高 260.9 厘米，穗位 102.6 厘米，穗长 19.4 厘米，穗粗 5.3 厘米，秃尖长 0.4 厘米，穗行数 19.1，行粒数 42.9。籽粒黄色，穗轴白色。支链淀粉占总淀粉 88.5%。

**产量表现**：2021 年天津市鲜食甜玉米区试，平均亩产鲜果穗 1 169.5 千克，比对照万甜 2000 增产 3.4%，增产点率 71.4%。2022 年天津市鲜食甜玉米区试，平均亩产鲜果穗 1 094.1 千克，比对照万甜 2000 增产 6.8%，增产点率 71.4%。

**栽培技术要点**：春夏播均可，亩适宜密度 3 500 株，加强中后期肥水管理，开花授粉后 21~24 天采收为宜。

**审定意见**：该品种符合天津市玉米品种审定标准，通过审定。适宜天津市作鲜食甜玉米种植。

**审定编号**：津审玉 20230012

**品种名称**：蜜甜 18

**申请者**：春禾（天津）农业科技发展有限公司

**育种者**：春禾（天津）农业科技发展有限公司

**品种来源**：SC1618×SC1520

**特征特性**：鲜食甜玉米品种。出苗到采收期 84.8 天，比对照万甜 2000 长 2.8 天。株高 308.4 厘米，穗位 126.6 厘米，穗长 22.0 厘米，穗粗 5.0 厘米，秃尖长 1.2 厘米，穗行数 17.3，行粒数 45.4。籽粒黄色，穗轴白色。支链淀粉占总淀粉 88.0%。

**产量表现**：2021年天津市鲜食甜玉米区试，平均亩产鲜果穗1 198.7千克，比对照万甜2000增产6.0%，增产点率85.7%。2022年天津市鲜食甜玉米区试，平均亩产鲜果穗1 089.1千克，比对照万甜2000增产6.3%，增产点率85.7%。

**栽培技术要点**：地膜覆盖栽培3月中下旬播种，露地直播4月初播种。综合防治地老虎和玉米螟等虫害。

**审定意见**：该品种符合天津市玉米品种审定标准，通过审定。适宜天津市作鲜食甜玉米种植。

## 三、大豆

**审定编号**：津审豆20230001
**品种名称**：津选豆100
**申请者**：天津市农业科学院
**育种者**：天津市农业科学院
**品种来源**：中黄13变异株
**特征特性**：生育期115天。卵圆叶型，白花，灰毛，有限结荚习性。株高95.1厘米，主茎17.0节，有效分枝3.3个，单株有效荚数58.7个，单株粒数109.9粒，单株粒重21.9克，百粒重22.0克，籽粒圆形，种皮黄色，褐脐，籽粒微光泽。接种鉴定：抗花叶病毒病流行株系SC3，中抗花叶病毒病流行株系SC7。籽粒粗蛋白质含量（干基）42.24%，粗脂肪含量（干基）20.39%。

**产量表现**：2018年天津市夏大豆区域试验，平均亩产194.32千克，比对照中黄13增产19.7%。2019年天津市夏大豆区域试验，平均亩产237.06千克，比对照中黄13增产5.1%。2019年天津市夏大豆生产试验，平均亩产217.33千克，比对照中黄13增产6.5%。

**栽培技术要点**：6月中旬播种，种植密度1.5万株/亩，建议施底肥。注意病虫害防治。

**审定意见**：该品种符合天津市大豆品种审定标准，通过审定。适宜天津市作夏大豆种植。

**审定编号**：津审豆20230002
**品种名称**：科豆23号
**申请者**：中国科学院遗传与发育生物学研究所
**育种者**：中国科学院遗传与发育生物学研究所
**品种来源**：皖宿2156/冀豆12
**特征特性**：生育期116.5天。卵圆叶型，白花，灰毛，有限结荚习性。株高95.1厘米，主茎17.0节，有效分枝3.3个，单株有效荚数58.7个，单株粒数109.9粒，单株粒重21.9克，百粒重22.0克，籽粒圆形，种皮黄色，褐脐，籽粒微光泽。接种鉴定：中抗花叶病毒病流行株系SC3，中感花叶病毒病流行株系SC7。籽粒粗蛋白质含量（干基）43.39%，粗脂肪含量（干基）19.66%。

**产量表现**：2018年天津市夏大豆区域试验，平均亩产191.91千克，比对照中黄13增产18.3%。2019年天津市夏大豆区域试验，平均亩产248.4千克，比对照中黄13增产10.1%。2019年天津市夏大豆生产试验，平均亩产230.38千克，比对照中黄13增产12.9%。

**栽培技术要点**：6月中旬播种，种植密度1.5万株/亩，及时除草和防治病虫害。

**审定意见**：该品种符合天津市大豆品种审定标准，通过审定。适宜天津市作夏大豆种植。

# 附录3 天津市农作物品种审定委员会文件（津品审〔2023〕1号）

## 天津市农作物品种审定委员会关于印发
## 天津市稻玉米品种审定标准（2022年修订）的通知

专业委员会：

根据《中华人民共和国种子法》《主要农作物品种审定办法》，现将2022年修订的天津市稻、玉米品种审定标准印发给你们，于2023年3月21日起实施。请遵照执行。

附件：1. 天津市稻品种审定标准（2022年修订）
   2. 天津市玉米品种审定标准（2022年修订）

2023年3月15日

# 附件1 天津市稻品种审定标准（2022年修订）

## 1 基本条件

### 1.1 抗病性

每年品种稻瘟病综合抗性指数≤5、穗瘟损失率最高级≤5级、条纹叶枯病抗性最高级≤5级。

### 1.2 生育期

不超出安全生产和耕作制度允许范围。

### 1.3 结实率

常规稻品种年度平均结实率≥85%；杂交稻品种年度平均结实率≥75%。

### 1.4 抗倒性

品种年度区域试验、生产试验发生倒伏的试验点（审定品种品质达到部标2级及以上，倒伏面积≥50%；其他审定品种，倒伏面积≥30%）占总试验点的比例≤20%。

### 1.5 真实性和差异性（SSR分子标记检测）

同一品种在不同试验年份、不同试验组别、不同试验渠道中DNA指纹检测差异位点数应当<2个。

申请审定品种应当与已知品种DNA指纹检测差异位点数≥3个；申请审定品种与已知品种DNA指纹检测差异位点数=2个，需进行田间小区种植鉴定证明有重要农艺性状差异。

## 2 分类品种条件

### 2.1 高产稳产品种

审定品种与对照同为常规稻，每年区域试验、生产试验产量均比对照品种增产≥4.0%，每年区域试验、生产试验增产试验点比例均≥65%；审定品种为杂交稻，对照品种为常规稻，每年区域试验、生产试验产量均比对照品种增产≥6.0%，每年区域试验、生产试验增产试验点比例均≥75%。

审定品种品质未达到《食用稻品种品质》（NY/T 593—2021）优质食用稻标准的审定品种，每年区域试验、生产试验增产幅度比照第一款，相应增加1个百分点；每年区域试验、生产试验增产试验点比例均≥75%。

### 2.2 优质品种

审定品种品质达到部标1级，每年区域试验、生产试验产量比对照品种减产≤5%；审定品种品质达到部标2级，每年区域试验、生产试验产量比对照品种减产≤3%。

### 2.3 特殊类型品种

糯稻、有色稻等特殊类型品种，申请者可根据生产实际需求提出品种审定标准，报天津市农作物品种审定委员会审核同意，可自行安排品种试验。

# 附件2 天津市玉米品种审定标准（2022年修订）

**1 基本条件**

1.1 抗病性

1.1.1 籽粒用玉米品种

春玉米：大斑病、茎腐病、穗腐病田间自然发病和人工接种鉴定均未达到高感。需对丝黑穗病和灰斑病进行抗病性鉴定。

夏玉米：小斑病、茎腐病、穗腐病田间自然发病和人工接种鉴定均未达到高感。需对弯孢叶斑病、南方锈病、瘤黑粉病进行鉴定。

1.1.2 鲜食甜玉米品种、糯玉米品种

瘤黑粉病、丝黑穗病、大斑病、矮花叶病、小斑病田间自然发病未达到高感。

1.2 生育期

夏玉米：两年区域试验生育期平均≤100天，或比对照不长于3天。

当对照品种进行更换时，由专业委员会对生育期指标作出相应调整。

1.3 真实性和差异性（SSR分子标记检测）

同一品种在不同试验年份、不同试验组别、不同试验渠道中DNA指纹检测差异位点数应当<2个。

申请审定品种应当与已知品种DNA指纹检测差异位点数≥4个；申请审定品种与已知品种DNA指纹检测差异位点数=3个，需进行田间小区种植鉴定证明有重要农艺性状差异。

**2 分类品种条件**

2.1 高产稳产品种

2.1.1 产量

区域试验产量比对照品种平均增产≥5.0%，且每年增产≥3.0%，生产试验比对照品种增产≥2.0%。每年区域试验、生产试验增产的试验点比例≥60%。

2.1.2 抗倒伏性

每年区域试验、生产试验倒伏倒折率之和平均分别≤8.0%，且倒伏倒折率之和≥10.0%的试验点比例不超过20%。

2.1.3 品质

普通玉米品种籽粒容重≥720克/升，粗淀粉含量（干基）≥69.0%，粗蛋白质含量（干基）≥8.0%，粗脂肪含量（干基）≥3.0%。

2.2 鲜食甜玉米品种、鲜食糯玉米品种

2.2.1 产量

每年试验鲜果穗平均产量比对照品种不减产；审定品种生育期比对照品种早熟≥5天，每年试验鲜果穗平均产量比对照品种减产≤10%；品种生育期比对照品种早熟≥10天，每年试验鲜果穗平均产量比对照品种减产≤20%。

2.2.2 抗倒性

每年平均倒伏倒折率之和≤10.0%。

2.2.3 品质

外观品质和蒸煮品质评分不低于对照（85.0分）。鲜食甜玉米品种：需检测鲜样品可溶性总糖含量。鲜食糯玉米品种：需检测直链淀粉（干基）占粗淀粉总量比率。甜加糯型（同一果穗上同时存在甜和糯两种类型籽粒，属糯玉米中的一种特殊类型）：需检测直链淀粉（干基）占粗淀粉总量比率。

2.3 其他类型玉米品种

青贮玉米等其他类型玉米品种，申请者可根据生产实际需求提出品种审定标准，报天津市农作物品种审定委员会审核同意，可自行开展品种试验。

# 附录4 2023年撤销审定公告

依据《中华人民共和国种子法》《主要农作物审定办法》有关规定，经天津市农作物品种审定委员会第三十六次品种审定会议审议，决定撤销天津市农作物品种审定委员会审定的7个小麦、玉米、大豆等品种，现予公告。

上述撤销审定品种自本公告发布之日起停止生产、广告，自本公告发布一个生产周期后停止推广、销售。

附件：2023年天津市撤销审定品种目录

天津市农业农村委员会<br>
2023年3月15日

# 附件  2023年天津市撤销审定品种目录

| 作物 | 序号 | 审定编号 | 品种名称 | 育种者 |
| --- | --- | --- | --- | --- |
| 小麦 | 1 | 津审麦 2010003 | 津麦 0109 | 天津市蓟县良种繁殖场 |
| 玉米 | 2 | 津审玉 2011003 | 君玉 129（HC903） | 韩君辉 |
| | 3 | 津审玉 2011009 | 津科糯 209 | 天津市农作物研究所 |
| | 4 | 津审玉 2011002 | 天单 20（津 0802） | 天津市农作物研究所 |
| | 5 | 津审玉 2010005 | 津单 19（津 0806） | 天津市农作物研究所 |
| | 6 | 津审玉 2016002 | 津糯 215 | 天津中天大地科技有限公司 |
| 大豆 | 7 | 津审豆 2011002 | 滨豆 5 号 | 河北省农林科学院滨海农业研究所 |